# Blütenökologie

## Band 2: Sexualität und Partnerwahl im Pflanzenreich

**Michael Schwerdtfeger**

**Hans-Joachim Flügel**

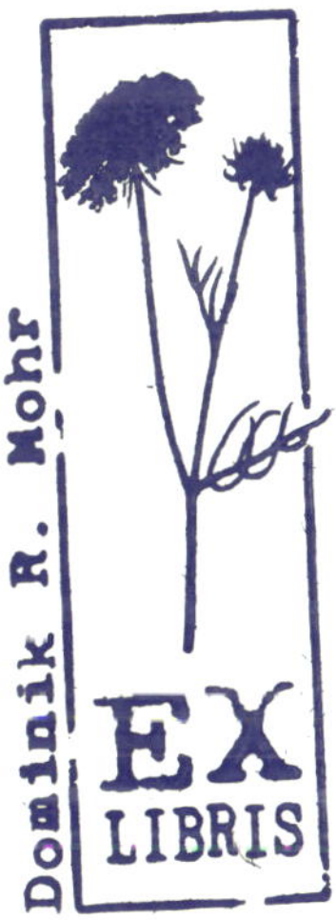


Die Neue Brehm-Bücherei Bd. 43/2
VerlagsKG Wolf · 2015

VerlagsKGWolf

mit 334 Farbfotos, 23 Grafiken und 4 Tabellen

**Titelbild:** Königin der Nacht, *Selenicereus grandiflorus.*
Foto: MICHAEL SCHWERDTFEGER.



ISSN: 0138-1423
ISBN: 978-3-89432-265-6

Lektorat: Dr. Günther Wannenmacher · www.lektorat-wannenmacher.de
Satz und Layout: ISM Satz- und Reprostudio GmbH
Herstellung: Westarp & Partner Digitaldruck. Printed in Serbia.

DIE NEUE BREHM-BÜCHEREI

43/2

# Vorwort

»Sexualität und Partnerwahl im Pflanzenreich« ist die konsequente Fortsetzung des 2013 erschienenen Buchs »Blütenökologie. Band 1: Die Partner der Blumen«. Wie im Vorwort zum ersten Band dargestellt, hatte es die Blütenökologie – also die Wissenschaft von den Blüten und ihren Bestäubern – von jeher schwer, ihren Platz zwischen Zoologie und Botanik zu finden: Behandelt man sie, wie meist üblich, von der botanischen Seite her, bleiben Einordnung der Tiere und ihres Verhaltens oft belanglos ungenau; umgekehrt werden aus zoologischem Blickwinkel die Pflanzen leicht zu austauschbarem »Futter«. Weder das eine noch das andere würde den faszinierenden Tier-Pflanze-Interaktionen gerecht. Versucht man dennoch eine ausgewogene Darstellung in *einem* Buch, so können unübersichtliche, sich überschneidende oder wiederholende Gliederungen herauskommen wie bei Kugler 1970, einer der umfassendsten (und der letzten!) Behandlungen des Themas in deutscher Sprache. Es schien daher lohnend, all dies nach so langer Zeit einmal wieder in deutscher Sprache zusammenzufassen, dabei bewusst eine Zweiteilung in Zoologie und Botanik vorzunehmen und so eine möglichst ausgewogene Behandlung beider zu erreichen. Dabei hatten wir es in gewisser Weise sogar leichter als viele Vorgänger, die ja z.B. bei der Behandlung der Blütenfarben sozusagen »nebenbei« auch den Farbsinn der Bestäuber abzuhandeln hatten. »Die Partner der Blumen«, ihre systematische Vielfalt, Sinnesleistungen, Verhalten etc. waren aber ja bereits in Band 1 behandelt worden, sodass hier in vielen Fällen nur kurz darauf zu verweisen ist.

Seit Erscheinen des Buches von Kugler sind 45 Jahre vergangen – eine für eine so junge und aktive Wissenschaft lange Zeit! Technisch-apparativer Fortschritt macht heute die Analyse z.B. von Duftstoffen oder Nektar einfacher, der Computer ermöglicht ein statistisch-modellierendes Herangehen an blütenökologische Beobachtungen und moderne Kameratechnik beschert uns Naturaufnahmen, von denen unsere Vorgänger nur träumen konnten. Vor allem aber sind die Tropen zugänglicher geworden und ermöglichen es, in ehemals »entlegensten Gebieten« modernes Equipment einzusetzen und bis heute immer wieder neue überraschende Details zu enthüllen. Die Folge ist eine Flut aktueller Einzelveröffentlichungen in der internationalen Literatur und im Internet.

Daher füllt auch »das Botanische« immer noch genug Seiten – vor allem dann, wenn man das spannende Thema »von vorne« inklusive der notwendigen Grundlagen entwickelt. Wir wollen uns nämlich nicht darauf beschränken, nur einen bunten Blumenstrauß aus lauter schillernden blütenökologischen Sensationen zu binden, wie es in so vielen populären Darstellungen und Fernsehdokumentationen geschieht. In solchen Beiträgen scheint die Blütenökologie überwiegend aus Superlativen und Anzüglichkeiten wie Sexualtäuschblumen und *Amorphophallus titanum* zu bestehen, während die grundlegenden Fakten um Nektar und Pollen, Bestäubung und Befruchtung kaum Erwähnung finden.

Der vorliegende Band 2 gibt jedoch zuerst einen Überblick über die geschlechtliche Fortpflanzung im Pflanzenreich »von der Alge bis zur Zimmerlinde« und über den typischen Aufbau der Blüte. Man kann diese ersten Kapitel auch überspringen und sich ab Kapitel 4 gleich *in medias res* begeben. Andererseits werden interessierte Studentinnen und Studenten von Biologie und Biodiversität vielleicht zu schätzen wissen, den prüfungsrelevanten Lernstoff um Reifeteilung und Befruchtung, Rekombination und Generationswechsel hier noch einmal in prägnanter und lesbarer Form zusammengefasst zu finden. Denn auch für unsere Studierenden wurde dieses Buch geschrieben.

Die übrigen Kapitel schöpfen aus dem Reichtum blütenökologischer Arbeiten der letzten 60 Jahre. Grundlegendes zu Bauplan, Gestalttyp und Stil, zu Nektar, Pollen und den ausgefalleneren Lockmitteln wurde bereits von dem großen Blütenökologen Stefan Vogel und seinen Zeitgenossen publiziert, und das damals gezeichnete Bild hat im Licht moderner Forschungsarbeiten immer nur noch klarere Konturen bekommen. Brandaktuelle, sehr ins Detail gehende Einzelarbeiten, wie sie z.B. in Willmer 2011 zitiert werden, wurden berücksichtigt, aber nur in Auswahl zitiert, um nicht den Roten Faden der guten Lesbarkeit zu verlieren und das Ziel eines deutschsprachigen, aktuellen Überblicks über die Blütenökologie nicht zu verfehlen. Der fachlich gebildete Leser wird sicher einige Zitate von Lieblingspublikationen vermissen. Willmer 2011 bringt auf fast 800 Seiten ca. 2600 Zitate, und es war nicht das Ziel, solches auf Deutsch zu wiederholen.

Anders als bei den Klassikern mitteleuropäischer blütenökologischer Literatur, finden sich in diesem Buch keine Millimeterangaben, Aufblühfolgen oder Systematisierungen bescheidener Blütchen unserer heimischen Flora. Statt des Aufzählens von Details ging es uns um die Darstellung des Zusammenhangs, der mit Worten beschrieben, vor allem aber mit Fotos illustriert wird.

Der auf die Tiere fokussierte erste Band wurde von einem kenntnisreichen und erfahrenen Entomologen, Imker und Blütenökologen geschrieben. Das jetzt vorliegende »pflanzliche Gegenstück« stammt sozusagen überwiegend aus dem Herzen eines Botanischen Gartens. Im Botanischen Garten der Universität Göttingen wird seit 1736 Botanik betrieben und unterrichtet, und der Erstautor ist selbst seit über 25 Jahren im botanischen Grundunterricht engagiert. Darüber hinaus hatte er das Glück, auf zahlreichen Exkursionen und Forschungsreisen ins Mittelmeergebiet und auf die Kanaren, in die Karibik und nach Mittel- und Südamerika die Blütenökologie auch über den mitteleuropäischen Tellerrand hinaus aus erster Hand kennenzulernen. Andererseits ließ sich in den überragenden Sammlungen im Botanischen Garten manche seltene Pflanze »unter Studiobedingungen« fotografieren, an die am natürlichen Standort, etwa im Kronendach des tropischen Regenwaldes, schwer heranzukommen ist. Beides resultierte in einem Fundus von über 10 000 Pflanzenporträts, aus dem für dieses Buch geschöpft werden konnte. Die schönen Bilder stellen, genau wie in Band 1, eine wertvolle Bereicherung des Buches dar, und wir sind dem Verlag überaus dankbar für die Möglichkeit zu so prachtvoller Illustration.

Was jedoch die botanischen Pflanzennamen betrifft, so wird der sehr fortgeschrittene Leser nicht immer die neuesten nomenklatorischen Änderungen umgesetzt finden. Dank molekulargenetischer Methoden sind die Auffassungen über Gattungen weiter im Fluss; Abgrenzungen werden anders gezogen, altbekannte Gattungen neu definiert und neue, nie gehörte Gattungsnamen und -kombinationen geschaffen. Bei einem Fundus von Abertausenden von Artennamen ist es jedoch nicht möglich, immer alle tagesaktuell zu halten. So wurde z.B. die artenreiche, weltweit verbreitete Gattung *Aster,* Prototyp und Namenspate der gesamten Familie der Korbblütler (Asteraceae), in mehrere neue Gattungen aufgeteilt – wir konnten uns aber nicht durchringen, ausgerechnet unsere allbekannten Herbstastern jetzt als »*Symphyotrichum*« zu bezeichnen.

Wir hoffen, dass auch dieser zweite Band bei seinen beiden Zielgruppen gute Aufnahme findet: Einerseits bei engagierten Studentinnen und Studenten von Biologie und Biodiversität, die hier »relevante Lehrinhalte« in gut lesbarer Form an die Hand bekommen, anderseits aber – außerhalb der Universitäten – bei interessierten Pflanzen-, Garten- und Naturfreunden, die sich mit Kenntnis der hier dargestellten Hintergründe auf ihren Fernreisen in tropische Länder, in der heimischen Natur oder im eigenen Garten an dem faszinierenden Beziehungsgefüge rund um »Bienchen und Blümchen« dann noch mehr erfreuen können.

# Danksagung

Die in diesem Buch dargestellten Fakten und die schönen Bilder schöpfen zum großen Teil aus dem Reichtum der Sammlungen Botanischer Gärten. Für fruchtbaren und freundschaftlichen Austausch – nicht nur von Pflanzenmaterial – danken wir stellvertretend den Kolleginnen und Kollegen Rolf Callauch (Göttingen), Volker Meng (Göttingen), Stephan Anhalt (Köln), Clemens Bayer (Frankfurt), Michael Burkart (Potsdam), Barbara Ditsch (Dresden), Andreas Franzke (Heidelberg), Nikolai Friesen (Osnabrück), Günter Gerlach (München), Andreas Gröger (München), Andreas Koenig (Frankfurt), Nils Köster (Berlin), Wolfram Lobin (Bonn), Ludwig Martins (Magdeburg), Martin Nickol (Kiel), Ulrich Pietzarka (Tharandt), Björn Schäfer (Wilhelma Stuttgart), Boris Schlumpberger (Hannover-Herrenhausen), Stefan Schneckenburger (Darmstadt), Wolfgang Stein (Saarbrücken), Hilke Steinecke (Frankfurt), Andreas Titze (Marburg), Gerd Vogg (Würzburg). Damit ist nur eine Auswahl der wissenschaftlichen Kustoden genannt. Für Schönheit und Gesundheit der Botanischen Gärten nicht minder wichtig sind aber die technischen und gärtnerischen Mitarbeiterinnen und Mitarbeiter, denen hier ausdrücklich ebenso herzlich gedankt sei, allen voran den Gärtnerinnen und Gärtnern im Alten Botanischen Garten der Universität Göttingen. Für die Bereitstellung ihrer Bilder danken wir Hermann Behling, Agnes S. Dellinger, Tina Gasch, Leonard Georg, Günter Gerlach, Dennis Hansen, Björn Schäfer und Keng Hong Tan.

Herrn Dr. Günther Wannenmacher von der VerlagsKG Wort sei für die Geduld im Prozess der Entstehung des Buches und die fachliche Begleitung ebenfalls herzlicher Dank gesagt.

Zum Schluss danken wir unseren lieben Frauen Jutta Berle-Schwerdtfeger mit den Kindern Lukas und Johanna sowie Erika Geiseler mit den Töchtern Aline und Cosmina mit den Enkeln Flora, Emma, Rosa und Hanna für die Opfer, die unsere Familien einem solchen Projekt unweigerlich zu bringen hatten, die vielen anregenden und wertvollen Gespräche sowie ganz allgemein für seit vielen Jahren geübte Geduld, Verständnis und Gelassenheit für all die Überraschungen im Zusammenleben mit »Vollblutbiologen«.

# Inhaltsverzeichnis

# 1 Sexualität bei Pflanzen

## 1.1 Ein geschichtlicher Rückblick: Haben Pflanzen Sex?

Heute haben wir dank liberaler Erziehung, Biologie- und Aufklärungsunterricht sowie der Medien ein relativ unverkrampftes Verhältnis zur Sexualität. Wir wissen, dass Geschlechtlichkeit der Vereinigung von mütterlichem und väterlichem Erbgut und der Entstehung neuen, individuellen Lebens dient.

Das war jedoch nicht immer so. Für unsere Vorfahren war die menschliche Sexualität vor allem notwendiges Instrument zum Erlangen des gottgewollten Kindersegens; die »ehelichen Pflichten« fanden in der bürgerlichen Welt hinter schamhaft geschlossenen Vorhängen im Dunkeln statt, gesprochen wurde darüber nicht. Sich paarende Vögel oder Hunde waren ein Anblick, den man anständigen Mädchen möglichst ersparte, sodass diese in der Hochzeitsnacht oft kaum wussten, worum es geht.

Als Refugium der Keuschheit und Unschuld galt dagegen die Welt der Blumen, und so war z.B. im 17. Jahrhundert das Interesse an unseren Wild- und Gartenblumen und die Blumenstickerei eine bevorzugte Beschäftigung für »tugendhafte Frauenzimmer« und Höhere Töchter. Die Künstlerin Maria Sibylla Merian (1647-1717), die später mit ihrer Tochter nach Surinam ging, um dort exotische Pflanzen und Tiere zu porträtieren, hat viele ihrer frühen Kunstwerke als Büchlein mit Stickvorlagen für solch anständiges Tun herausgegeben.

Umso unerwarteter waren vor diesem Hintergrund Veröffentlichungen wie *De sexu plantarum epistola* (Über das Geschlecht der Pflanzen, Rudolf Jakob Camerarius 1694) oder *Vorläufige Nachricht von einigen, das Geschlecht der Pflanzen betreffenden Versuchen* (Joseph Gottlieb Koelreuter 1761-1766, ihm zu Ehren wurde die Blasenesche *Koelreuteria paniculata* benannt). Eigentlich hatte man es sich seit den Anfängen von Landwirtschaft und Gartenbau – immerhin wurden im alten Persien schon vor 4500 Jahren Rosen gezüchtet – denken können, aber nun war es durch ernstzunehmende Wissenschaftler sozusagen »amtlich«: Offenbar entstanden auch bei Pflanzen die Nachkommen als Produkt der Vereinigung mütterlicher und väterlicher Eigenschaften (man glaubte damals an die Vermischung von »Säften«; über Gene und Chromosomen wusste man noch nichts). Der Blütenstaub war die »Farina fecundens« (das »befruchtende Mehl«), welches, ganz wie die Spermien bei Mensch und Tier, Nachkommen entstehen ließ. Auch Pflanzen hatten also Sexualität.

Zweifellos war die Sexualität der Tiere den Menschen deshalb von jeher besser vertraut, da fast alle Tiere getrenntgeschlechtlich sind, also entweder Männchen oder Weibchen, und sich daher offenkundig immer zwei Exemplare unterschiedlichen Geschlechts paaren müssen. Die Mehrheit der Pflanzen ist jedoch zwittrig, hat in ihren Blüten also sowohl Staub- als auch Fruchtblätter, und so schien zunächst für Pflanzen die Selbstbefruchtung das Normale zu sein. Besonderes Interesse genossen daher Pflanzen mit getrenntgeschlechtlichen Blüten, bei denen männliche und weibliche Blüten zweihäusig (Kap. 2.3.1) auf verschiedene Pflanzen verteilt sind. Dem Direktor des Botanischen Gartens Berlin-Dahlem, JOHANN GOTTLIEB GLEDITSCH (auch sein Name ist in einem schönen winterharten Gehölz verewigt: *Gleditsia triacanthos*) gelang 1749 eine besonders spektakuläre »Heiratsvermittlung«, die als »Experimentum berolinense« bekannt wurde (SUKOPP 2011, Bd. I, S. 17): Im Botanischen Garten Berlin blühte ein weibliches Exemplar der Europäischen Zwergpalme (*Chamaerops humilis*, Abb. 1), das verständlicherweise kinderlos blieb. Als im Botanischen Garten Leipzig zeitgleich eine männliche Pflanze blühte, wurde deren Pollen mit der Postkutsche nach Berlin gebracht, um dort tatsächlich Samenansatz zu erzielen – ein weiterer wichtiger Schritt zum Verständnis der pflanzlichen Sexualität. Es bleibt anzumerken: Wie in vielen vergleichbaren Fällen, ist auch bei der Zwergpalme die Getrenntgeschlechtlichkeit bei vielen Individuen nur unvollkommen ausgeprägt, sodass man auch »ziemlich weibliche« findet, bei denen dennoch einzelne Staubblätter ausgebildet sind. Die uralten Zwergpalmen im Botanischen Garten der Universität Göttingen etwa haben auf ein und derselben Pflanze Staub- und Fruchtblätter und fruchten regelmäßig mit ihrem eigenen Pollen, sodass man ein entsprechendes »Experimentum Goettingense« nicht hätte durchführen können.

---

**Abb. 1:** Die Europäische Zwergpalme *Chamaerops humilis* ist zweihäusig und spielte bei der Aufklärung der geschlechtlichen Fortpflanzung bei Pflanzen im »Experimentum Berolinense« von GLEDITSCH (1749) eine große Rolle.

**Kleines Bild:** *Sigesbeckia cordifolia.* Dieses hässliche, drüsig-klebrige Unkraut benannte LINNÉ nach seinem Gegner JOHANN GEORG SIEGESBECK, der ihn als »Sexualisten« kritisierte.

Ein Zeitgenosse von Gleditsch war Carl von Linné (Carolus Linnaeus, 1707-1778). Die Vorstellung, dass auch Pflanzen Geschlechtlichkeit haben und dass die Staubblätter den männlichen, die Fruchtblätter den weiblichen Organen entsprechen, begeisterte ihn so, dass er sein System der Einteilung der Pflanzen darauf aufbaute. In jener Zeit kamen so unüberschaubar viele neue Pflanzenarten aus den entlegensten Regionen Europas, Russlands und den gerade entdeckten Gebieten in Übersee, dass diese Fülle nach einem sinnvollen, zeitgemäßen System der Einteilung verlangte. Linnés System war ebenso einfach wie praktisch und wie ein Schubladenschrank aufgebaut: die senkrechten Spalten und waagerechten Zeilen entsprachen den unterschiedlichen Zahlen der Staub- bzw. Fruchtblätter. Jeder Pflanzenart konnte ein Platz in einer der »Schubladen« zugewiesen werden, und zwar durch genaues Untersuchen und Auszählen ihrer Geschlechtsorgane – weshalb Linné von den prüderen seiner Zeitgenossen, z.B. dem in St. Petersburg lehrenden Johann Georg Siegesbeck, als »Sexualist« abgetan wurde. Linné benannte zu Ehren seines Gegners die Gattung *Sigesbeckia* – ein hässliches, drüsig-klebriges Unkraut! Christian Konrad Sprengel (1750-1816), der bereits erwähnte »Vater der Blütenökologie« (Band 1, S. 19), stellte in der Folge als erster fest »... so scheint es die Natur nicht haben zu wollen, dass irgendeine Blume durch ihren eigenen Staub befruchtet werde ...« und gab damit quasi den Ausblick auf das erst viel später einsetzende Verständnis des genetischen Wertes der Fremdbestäubung. Doch erst mit Charles Darwin (1809-1882) rundete sich das Bild von der Sexualität der Tiere und der Pflanzen als Quelle von Variation, genetischer Vielfalt und Voraussetzung für die Evolution. Mendel, de Vries, Morgan, Watson, Crick und ihre Nachfolger haben unser Verständnis um die Genetik ausgebaut, die heute eine der wichtigsten Wissenschaften unserer Zivilisation ist – eigentlich erstaunlich, dass vor 300 Jahren noch zur Debatte stand, ob Pflanzen überhaupt Geschlechtlichkeit haben.

## 1.2 Auf der sicheren Seite – ungeschlechtliche Fortpflanzung

Neben der geschlechtlichen (generativen) Fortpflanzung steht fast allen Pflanzen – im Gegensatz zu den meisten Tieren – grundsätzlich auch die Möglichkeit der ungeschlechtlichen (vegetativen) Fortpflanzung offen. Ausläufer, Ableger, Absenker, Brutzwiebeln oder Brutpflanzen sind natürliche Methoden der vegetativen Fortpflanzung. Und durch gärtnerische Methoden wie Stecklinge oder Veredelung (»Pfropfen«) kann der Mensch auch solche Pflanzen vegetativ vermehren, die dies in der Natur kaum tun würden. Der fundamentale Unterschied zwischen generativer und vegetativer Vermehrung ist: Geschlechtliche Fortpflanzung schafft Vielfalt; jeder Nachkomme ist eine nie da gewesene Neukombination mütterlichen und väterlichen Erbgutes. Ungeschlechtliche Fortpflanzung dagegen führt zu identischer Vervielfältigung der Mutterpflanze, und alle Nachkommen sind mit ihr in allen erblich verankerten Merkmalen absolut identisch. Einen Vater haben sie nicht. Das bezieht sich nicht nur auf sichtbare Merkmale, sondern auch auf physiologische Ansprüche, das Reagieren auf Umweltreize, Empfindlichkeit bzw. Resistenz gegenüber Krankheiten und Schädlingen etc.

Das Geheimnis der Fähigkeit zu vegetativer Vermehrung liegt in der offenen Organisation der Pflanzen begründet: Zum Grundbauplan der höheren Pflanzen gehört, dass sie normalerweise in jeder Blattachsel eine Achselknospe mit einem Vegetationspunkt (gärtnerisch: ein »Auge«) tragen. Diese Vegetationspunkte, nur Bruchteile von Millimetern groß, bestehen aus Zellen, die zeitlebens teilungsfähig (»meristematisch«) bleiben. Während die Jungpflanze heranwächst und sich das embryonale Gewebe fortlaufend in Grund-, Festigungs- oder Leitgewebe ausdifferenziert, bleibt die Teilungsfähigkeit der meristematischen Zellen quasi »für immer« erhalten. Verliert ein Spross die Spitze, so können Vegetationspunkte in den Blattachseln austreiben und für Verzweigung sorgen. Und selbst große, alte Bäume können, nachdem man sie »auf den Stock gesetzt« (d.h. am Erdboden abgesägt) hat, aus »schlafenden Augen« an der Stammbasis austreiben und wieder neue Stämme bilden. Dies ist übrigens die Grundlage für die sogenannte Niederwaldwirtschaft vergangener Jahrhunderte. Das Auf-den-Stock-Setzen vertragen z.B. Hasel, Linde, Hainbuche und Eiche, nicht aber die Rotbuche.

Jeder Spross kann folglich aus jedem seiner Vegetationspunkte identische Duplikate seiner selbst erzeugen, und so wird aus einem Haselsämling ein mehrstämmiger, reich verzweigter Strauch, aus einem Taubnesselstängel ein quadratmetergroßer Bodendecker mit vielen blühenden Trieben. Um so wichtiger ist es, dass die ausgebreitete, vielkopfige Pflanze ihre Wasser- und Nährstoffversorgung nicht über das »Nadelöhr« der ursprünglichen, dünnen Wurzel des Sämlings bestreiten muss, sondern dass die einzelnen Triebe ihrerseits sprossbürtige Wurzeln (Adventivwurzeln) bilden und so die Versorgung der heranwachsenden Pflanze auf eine breitere Basis stellen können. Wenn sich nun die selbstständig bewurzelten Triebe voneinander lösen, ist aus der Verzweigung ganz unspektakulär vegetative Vermehrung geworden. Die »Abnabelung« erfolgt in der Natur meist, indem bei einer vieltriebigen Staude die ältesten, zentralen Teile absterben und so die peripheren Bereiche zu eigenständigen Pflanzen werden. Bei Weide, Hasel,

Schneeball, Heckenkirsche, Johannisbeere, Forsythie und vielen anderen Gehölzen können sich hängende Triebe bei Bodenkontakt bewurzeln und, wenn der verbindende Sprossteil irgendwann einmal abstirbt, später als eigenständige Sträucher weiterwachsen. Besonders verbreitet sind oberirdische oder unterirdische Kriechtriebe, sogenannte Ausläufer. Viele Wildstauden (Brennnessel, Weiße Taubnessel, Schmalblättriges Weidenröschen, Seifenkraut), Gartenstauden (Gilbweiderich, Herbstaster) und Gehölze (einige Rosen, Hartriegel, Schneebeere) senden kriechende Triebe (Sprosse) aus, bei denen aus jedem Vegetationspunkt eine Jungpflanze entstehen kann. Himbeere und Schlehe machen sogar Wurzelbrut: Hier entstehen die Tochterpflanzen als Adventivsprosse aus der Wurzel, wo sie – ganz ohne ursprüngliche Vegetationspunkte – an jeder beliebigen Stelle aus dem Wurzelgewebe oft in großer Zahl erscheinen. Bei vielen Brombeeren biegen sich die Spitzen der Langtriebe zu Boden, bewurzeln sich und lassen im nächsten Jahr eine Jungpflanze entstehen. Die Zaunwinde (*Calystegia sepium*) macht sogar beides gleichzeitig: unterirdische Ausläufer und meterlange oberirdische Kriechtriebe, deren Spitzen zum Herbst in den Boden eintauchen.

In all diesen Fällen dient die vegetative Vermehrung vor allem der Nahausbreitung, also der »Auffüllung« eines bereits besiedelten Lebensraums. Aber es lassen sich auch Beispiele für Fernausbreitung durch vegetative Pflanzenteile finden. Hierfür kommt allerdings weniger die Luft (es bedarf schon schwerer Stürme, dass ganze Pflanzenteile durch die Luft fliegen) als vielmehr das Wasser infrage: Viele Wasserpflanzen bilden Triebe, die sich zu Winterknospen verdichten, sich von der Pflanze lösen und z.B. durch das Frühjahrshochwasser von Gewässer zu Gewässer verbreitet werden. Und bei der wichtigsten Gehölzgattung unserer Flussufer, den Weiden, können sogar große Äste oder Teilstämme durch Winterstürme, Eisgang oder Frühjahrsüberschwemmung losgerissen und verfrachtet werden, um sich kilometerweit flussabwärts wieder zu bewurzeln. Aber es geht auch ganz klein: Bei den Wasserlinsen sind die vegetativ erzeugten Teilpflänzchen nur Millimeter groß und besonders leicht als »Entengrütze« z.B. durch Wasservögel – und damit doch durch die Luft – über weite Strecken zu verbreiten.

Wo die Natur nicht spontan für vegetative Vermehrung sorgt, kann der Mensch mit gärtnerischen Methoden nachhelfen. So werden sich die harten, verholzten Wurzelstöcke von Pfingstrose, Tränendem Herz oder anderen kostbaren Stauden kaum von selbst teilen; der Gärtner kann sie jedoch mit Geschick und Sachverstand sehr wohl in Einzelstücke zerlegen. Und noch faszinierender: Die meisten strauchig wachsenden Pflanzen lassen sich, selbst wenn sie das in der Natur nie tun würden, in Kultur durch

Stecklinge vermehren: Beblätterte Sprosse werden abgeschnitten und unter geeigneten Bedingungen zur Wurzelbildung angeregt; ausgereifte, im Winter geschnittene Stecklinge nennen wir Steckhölzer. Bei einigen tropischen Pflanzen und Sukkulenten lassen sich sogar einzelne Blätter als Blattstecklinge zur Bewurzelung bringen und bilden Jungpflanzen.

Viele Ziergehölze der Gartencenter und die meisten Topfpflanzen des Zimmerpflanzensortiments sind durch Stecklinge vermehrt. Der Vorteil für den Kunden wie für den Gärtner ist die genetische Uniformität der vegetativ vermehrten Pflanzen. Man kann sicher sein, dass – als Beispiele – jede der *Hibiscus*-Jungpflanzen in genau der gleichen erwünschten, intensiv strahlenden Farbe blüht oder dass alle 10 000 Weihnachtssterne eines Gewächshauses in genau gleicher Weise auf Düngung, Pflanzenschutz oder Beleuchtungssteuerung reagieren und alle gleichzeitig verkaufsfertig sind.

Noch wichtiger ist die Uniformität aus vegetativer Vermehrung für die Landwirtschaft. So gehen alle Kartoffeln eines Feldes aus ungeschlechtlicher Vermehrung hervor. Nicht auszudenken, wenn sie Nachkommen einer Aussaat und damit genetisch verschieden wären: Sie wären höher oder niedriger, die eine wüchsig und gesund, die andere pilzanfällig, die Reifezeit hier früher, da später, eine wäre schmackhaft, die andere wässrig, eine nach 20 Minuten Kochzeit noch hart, ihre Schwester schon zu Brei zerfallen.

Die meisten vom Menschen gezüchteten Sorten, seien es Zier- oder Nutzpflanzen, lassen sich nur vegetativ vermehren und bilden jeweils einen Klon, also ein vielfach identisch multipliziertes Individuum. Sind diese von Bakterien oder Viren befallen, werden die Krankheitserreger bei jeder vegetativen Vermehrung weitergegeben an die Duplikate. In der Pflanzenzüchtung hat sich aber mit der Zell- und Meristemkultur eine Technik entwickelt, die es ermöglicht, die Sorten von den Krankheitserregern zu befreien. Dazu werden Zellen aus dem Wachstumsgewebe (Meristem) der betreffenden Kulturpflanze entnommen, desinfiziert und danach auf besonderen Nährgeweben im Labor zu neuen Pflanzen aufgezogen (Miedaner 2010). Von diesen lassen sich dann auf konventionelle Weise krankheitsfreie Klone dieser Sorte gewinnen.

## 1.3 Nützlicher Sex – vom Vorteil der Geschlechtlichkeit

Die Theorie von der Entwicklung der Organismen durch natürliche Zuchtwahl, die Charles Darwin 1859 formulierte, ist in ihren Kernaussagen heute gültiger denn je und besagt, stichwortartig zusammengefasst, Folgendes:

- Die Organismen produzieren erheblich mehr Nachkommen, als überleben können. Der Großteil der Nachkommen unterliegt im Kampf ums Dasein.
- Die Organismen weisen kleine, erblich fixierte Unterschiede auf, durch die sie an die Anforderungen ihrer Umwelt entweder besser oder schlechter angepasst sind.
- Die Träger von unter den gegebenen Umweltbedingungen günstigeren Eigenschaften und Erbanlagen haben eine höhere Chance, diese an ihre Nachkommen weiterzugeben. Dabei überlebt nicht unbedingt der Stärkere, sondern der Fittere, also der an die jeweiligen Umweltbedingungen besser angepasste Nachkomme.
- Der Austausch und die Rekombination von Erbgut ermöglichen es, sich von negativen Mutationen schneller und wirkungsvoller zu trennen, ohne die wenigen »guten« Mutationen mit zu verlieren.
- Die Anhäufung veränderter, meist günstiger Erbanlagen führt über lange Zeiträume zu veränderten neuen Formen, Varietäten und Arten.

Einer der Kernpunkte dieser Theorie ist, dass die Individuen einer Art erbliche Unterschiede aufweisen. Wie wir jedoch gesehen haben, liefert die vegetative Fortpflanzung identische, erbgleiche Individuen – und der Begriff »In-dividuum«, also »Un-teilbares«, ist hier, genau betrachtet, absurd: Schließlich sind die Nachkommen ja tatsächlich Teile der Mutterpflanze, und man müsste von »Dividuen« sprechen! Die ungeschlechtliche Fortpflanzung dient dazu, Bewährtes identisch zu reproduzieren. Veränderung, Entwicklung und Anpassung, vor allem aber das Reagieren auf veränderte Anforderungen der Umwelt sind dabei kaum möglich. Organismen mit unterschiedlicher genetischer Ausstattung erhalten wir überwiegend durch den gegenseitigen Austausch von in den Genen liegenden Eigenschaften, und man kann also sagen: Evolution in der uns bekannten Form ist nur möglich durch Sex.

An dieser Stelle ist nun endlich Zeit, sich über das Thema der Blütenökologie Gedanken zu machen: Sexualität. Nach dem heutigen Wissensstand erfolgte die Fortpflanzung »mehr als 2 Milliarden Jahre lang ungeschlechtlich [...] Später begannen Einzeller, genetisches Material von zwei ‚Eltern' zu kombinieren [...] Solche Konjugationen zwischen Einzellern, die wie ‚Paarungen' wirken, haben jedoch nichts mit Fortpflanzung und Vermehrung zu tun. Sie dienen ausschließlich der genetischen Durchmischung des Erbguts [...] Man bezeichnet diese Vorgänge als Parasexualität [...] Erst bei mehrzelligen, höher entwickelten Organismen kommt es zur

Zweigeschlechtlichkeit, wobei spezielle Keimzellen – Samen- und Eizellen – in eigenen Organen gebildet und deren Träger als männlich oder weiblich bezeichnet werden [...] Auch hier kommt es zur genetischen Rekombination. Allerdings schließen sich diese und die Fortpflanzung nicht mehr gegenseitig aus. Sie sind nun miteinander verbunden« (Beier et al. 2005).

Nach dieser Definition haben Blütenpflanzen eindeutig Sex. Dass die Definition der Sexualität allerdings auf den Genaustausch inklusive der Vermehrung festgelegt wird, bringt erhebliche Probleme mit sich. So dient die Sexualität nicht nur bei uns Menschen auch und oft als Mittel zur sozialen Kontaktpflege und ist in der Regel mit Lust verbunden, ohne dass zugleich die Absicht einer Vermehrung besteht. Danach müssten auch sexuelle Handlungen ohne Vermehrungsabsicht bei mehrzelligen Tieren als Schein- oder Parasexualität bezeichnet werden. In diesem Zusammenhang ist es auch fraglich, ob der Genaustausch der »Einzeller« ohne Vermehrung als Parasexualität bezeichnet werden kann. Neben diesen »parasexuellen« Konjugationen ganzer Zellen stehen weiterhin viele weitere Mechanismen zum Genaustausch wie Transduktion, Transformation, mitotisches Crossing-over oder die Haploidisierung durch schrittweisen Verlust von Chromosomen (Spektrum der Wissenschaft 2001). Und was ist dann der freie Genaustausch zwischen Viren oder Bakterien, die ihre positiven Erbanlagen, z. B. Resistenzen gegen Antibiotika, freisetzen und so selbst an völlig andere Arten weitergeben? Tatsächlich gibt es für das Phänomen »Sexualität« noch keine Antwort, die alle Phänomene der Geschlechtlichkeit und des Austauschs von Erbgut befriedigend erklären könnte, weshalb wir hier weiter mit den eigentlich unbefriedigenden Begriffen arbeiten müssen.

## 1.4 Geschlechtlichkeit – genetisch betrachtet

Es ist an dieser Stelle nötig, die genetischen Grundlagen der geschlechtlichen Fortpflanzung, wie sie uns zumindest bei unserer eigenen Art im Prinzip aus dem Schulunterricht bekannt sind, kurz zu rekapitulieren, um dann zu schauen, auf welche erstaunliche und andersartige Weise die Geschlechtsvorgänge bei den Pflanzen ablaufen (Abb. 2).

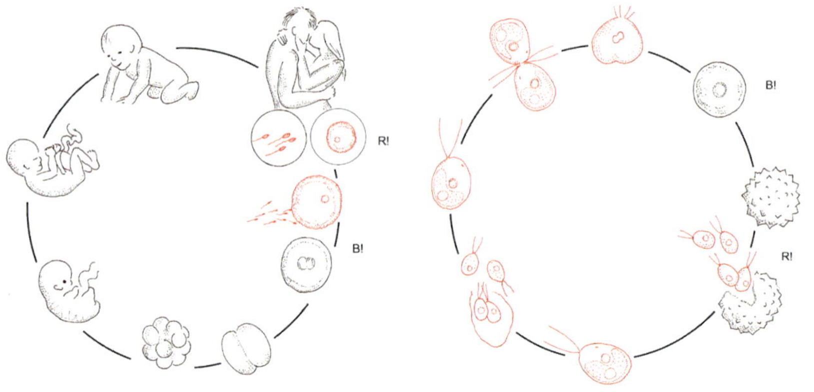


**Abb. 2 und 3:** Vergleich des Kernphasenwechsels von Mensch und Grünalge (*Chlamydomonas*).

**Abb. 2:** Beim Menschen sind alle Körperzellen diploid (schwarz); nur die aus der Reifeteilung (Meiose) hervorgehenden Keimzellen (Gameten: Ei- und Spermazellen) sind haploid. Bereits die daraus durch Verschmelzung entstandene Zygote ist wieder diploid. In der haploiden Phase finden keine Zellteilungen (Mitose) statt, der Mensch hat also keine haploide Generation und keinen Generationswechsel, er ist ein reiner Diplont.

(schwarz: diploid, rot: haploid,
R!: Reduktionsteilung, B!: Befruchtung)

**Abb. 3:** Umgekehrt ist es bei Chlamydomonas: Alle Zellen sind haploid (rot), zur Gametenbildung ist also keine Meiose nötig. Nur die Zygote ist diploid (schwarz), bereits die daraus durch Meiose hervorgehenden Zellen sind wieder haploid. In der diploiden Phase finden keine Zellteilungen (Mitosen) statt, *Chlamydomonas* hat also keine diploide Generation und keinen Generationswechsel, sie ist ein reiner Haplont.

(schwarz: diploid, rot: haploid,
R!: Reduktionsteilung, B!: Befruchtung)

Wir erinnern uns: Wir Menschen sind diploide Organismen, d.h., wir haben einen doppelten Chromosomensatz. Von unseren 23 Paaren von Chromosomen stammt je eines von der Mutter, eines vom Vater. Zusammen bestimmen die Erbanlagen unserer beiden Eltern unsere erblichen Eigenschaften. Haben wir zum Beispiel eine blonde Mutter und einen dunkelhaarigen Vater, wird unsere Haarfarbe mit hoher Wahrscheinlichkeit in einem mittleren, dunkelblonden Bereich liegen, d.h., unsere Haarbalgzellen produzieren aufgrund der in ihnen enthaltenen Erbinformation dunkelblonde Haare. Sogenannte modifikatorische Änderungen können an den erblich fixierten Anlagen nichts ändern: Wir können unsere Haare noch so oft blondieren, färben oder abrasieren, immer wird das genetische Programm dunkelblonde Haare nachwachsen lassen.

Wie fast alle Zellen unseres Körpers sind jedoch auch die Haarbalgzellen in ständiger Teilung und Erneuerung begriffen, indem aus einer alten Mutterzelle zwei neue Tochterzellen mit gleicher Erbinformation hervorgehen. All diese Zellteilungen sind sogenannte Mitosen, deren Zweck es ist, die

Chromosomen mit der darauf enthaltenen Erbinformation identisch – und möglichst ohne »Schreibfehler« – zu kopieren. Jedes unserer 46 Chromosomen wird dazu, bildlich gesprochen »längs halbiert«, also in seine beiden Chromatiden aufgetrennt. Der Spindelapparat zieht die 46 aus je nur einem Chromatid bestehenden Chromosomen in die beiden Zellpole, worauf in der Äquatorebene die Teilung der Zelle erfolgt. Während der zwischen den Teilungen liegenden Interphase wird die Erbinformation verdoppelt, sodass die Chromosomen wieder aus je zwei Chromatiden bestehen und sich die nächste Teilung anschließen kann. Läuft alles reibungslos, schreiben die durch Mitosen erzeugten Tochterzellen die Erbinformation der Ursprungszelle unverändert fort, sodass wir in unserem Beispiel, obwohl sich die Zellen ständig erneuern, jahrzehntelang Haare der ererbten Haarfarbe produzieren, bis wir schließlich im Alter ergrauen.

Wie lange kann die Erbinformation unverändert fortgeschrieben werden? Bei uns Menschen gilt: Dank der Zellerneuerung durch Mitosen begleiten uns unsere ererbten Eigenschaften bis zum Tode. Um vieles faszinierender ist es jedoch bei Pflanzen, die ja zu vegetativer Vermehrung fähig sind: Sie können sich durch Ausläufer, Teilung etc. ständig verjüngen, haben daher kein biologisches Alter und keinen natürlichen Tod. Wir kennen zahllose Stauden, Zierpflanzen und Gehölze, die wir seit Jahrhunderten vegetativ vermehren. So lassen sich einige Rosensorten bis ins Mittelalter zurückverfolgen und die charakteristische rot-weiß gestreifte Blüte von *Rosa gallica* ′Versicolor′ erblüht – sozusagen dank der verlässlichen Arbeit der Mitosen – heute ganz genau so wie in den Klostergärten von Hildegard von Bingen und Albertus Magnus (Abb. 4a, b).

**Abb. 4a, b:** Dank der Möglichkeit zu vegetativer Vermehrung sind viele Pflanzen im Prinzip »unsterblich«. *Rosa gallica* ′Versicolor′ und *Paeonia officinalis* ′Rubra Plena′ sind Pflanzenklone, die seit dem Mittelalter bekannt sind und seit 1000 Jahren vegetativ vermehrt werden.

Das Spiel der Evolution braucht jedoch genetische Vielfalt, und um diese zu erzeugen, hat die Natur eine zweite, grundverschiedene Art der Zellteilung parat: die Reduktionsteilung (Reifeteilung, Meiose). Anders als die Mitose dient die Meiose nicht dazu, Zellen zu vermehren und Gewebe, Organe und Organismen wachsen zu lassen. Ihr einziger Zweck ist die Bereitstellung von Geschlechtszellen (Gameten). Bei Tier und Mensch finden die Meiosen in den Eierstöcken und Hoden statt und dienen der Produktion von Eizellen und Spermien.

Gameten (von griechisch »sich vereinigen, heiraten«) sind Zellen, die miteinander verschmelzen können. Brächten aber Eizelle und Spermazelle je ihren menschentypischen Satz von 46 Chromosomen mit, hätte der daraus entstehende Embryo bereits 92, die nächste Generation 184 Chromosomen usw. Damit die Chromosomen der vereinigten mütterlichen und väterlichen Keimzellen zusammen wieder 46 ergeben, müssen die Gameten mit halbiertem Chromosomensatz zur Verschmelzung antreten. Bei der Meiose ordnen sich also mütterliche und väterliche Chromosomen in der Mitte der Zelle einander gegenüber an, und der Spindelapparat zieht nun (Achtung: nicht die einzelnen Chromatiden jedes Chromosoms auseinander wie bei der Mitose!) von jedem Pärchen je ein vollständiges Chromosom in einen der beiden Zellpole. An diese Aufteilung der Chromosomen schließt sich dann noch eine zweite Teilung an, die einer Mitose entspricht, sodass die Meiose aus einer diploiden Ausgangszelle immer vier haploide Tochterzellen produziert. Und ganz wichtig: Die Chromosomen werden nicht etwa vor der Verteilung nach ihrer Herkunft von Großvater oder Großmutter auseinandersortiert, sondern die Aufteilung erfolgt nach dem Zufallsprinzip, sodass ein Elternpaar seinen Kindern unzählige Kombinationsmöglichkeiten mit nie dagewesenen Zusammenstellungen mit auf den Weg gibt. Daher kommt es, dass, egal wie viele Kinder ein Elternpaar auch haben mag, dennoch alle komplett unterschiedliche, einzigartige Individuen sein werden.

## 1.5 Von der Alge zur Eiche – Geschlechtlichkeit im Pflanzenreich

Sexualität im eigentlichen Sinne ist an Zellkerne und Chromosomen gebunden und daher nur den Organismen mit echten Zellkernen, den Eukaryoten, eigen. Erdgeschichtlich älter sind die Prokaryoten, also die Bakterien und Cyanobakterien (»Blaualgen«), die keine Zellkerne haben. Statt Reifeteilung und Verschmelzung findet hier eine einfache Form der Parasexualität statt, bei der immerhin Teile der DNA von Zelle zu Zelle transferiert werden können. Dieser natürliche gegenseitige Austausch von Genmaterial bei den zellkernlosen Bakterien und Archaeen – und selbst bei Viren, allerdings nur mithilfe von »höheren« Lebewesen – wird übrigens in der modernen Gentechnik genutzt, um mithilfe von Viren als Transportvehikel (Vektoren) Gensequenzen verschiedenster Organismen in andere zu platzieren.

Andererseits ist die echte Sexualität als Quelle genetischer Vielfalt bei den Eukaryoten keinesfalls an »Blümchen und Bienchen« gebunden, sondern findet sich von den einfachsten einzelligen Grünalgen an, die seit wohl etwa 1,2 Milliarden Jahren von der geschlechtlichen Fortpflanzung Gebrauch machen.

### 1.5.1 Algen

Nehmen wir eine der einfachsten und bestuntersuchten Grünalgen: *Chlamydomonas* (Abb. 3) ist ein typischer Einzeller, die Zellen bleiben also nach der Teilung nicht beieinander, sie bilden keine Zellverbände oder Gewebe, sondern jede Zelle führt als einzelliger Organismus ein eigenständiges Leben. Die Zellen sind mit zwei Geißeln ausgestattet und können so im Wasser umherschwimmen, Orte günstiger Beleuchtung aufsuchen oder vor grellem Licht und Hitze fliehen. Unter guten Bedingungen können sich die Zellen in schneller Folge teilen, sich rasant vermehren und »Algenblüten« bilden – alles mithilfe von Mitosen, also vegetativer Vermehrung.

Aber *Chlamydomonas* kann auch zur geschlechtlichen Fortpflanzung schreiten, was wie bei vielen Algen durch einen Wechsel der Umweltbedingungen ausgelöst werden kann. Dann werden die Einzelzellen – äußerlich ist ihnen nichts anzumerken – zu Gameten, die miteinander verschmelzen und eine befruchtete Zygote mit doppeltem Chromosomensatz bilden. Und nun kommt ein fundamentaler Unterschied zu uns Menschen: Bei uns würde die befruchtete Eizelle nun durch Mitosen zu einem Embryo und einem diploiden Organismus heranwachsen, der erst im geschlechtsreifen Alter wieder Reduktionsteilungen macht, um Gameten zu produzieren. Bei *Chlamydomonas* jedoch gibt es keinen diploiden Organismus, denn unsere Alge ist ein Haplont: Der »Körper« (wenn man bei einem Einzeller davon sprechen will) ist haploid, alle Lebensvorgänge finden in der haploiden Phase statt und zur Bildung von haploiden Gameten ist daher auch gar keine Reduktionsteilung nötig. Das einzige diploide Stadium im Leben von *Chlamydomonas* ist die Zygote. Und dieses ist denkbar kurz, denn die erste Teilung der Zygote ist sogleich eine Meiose! Der kurzfristig erreichte diploide Zustand wird also umgehend wieder aufgegeben: Aus der Meiose mit zufallsbedingter Aufteilung der Chromosomen gehen vier haploide Zellen hervor, die sich zu normalen, genetisch verschiedenen *Chlamydomonas*-Zellen entwickeln und sich erneut durch Mitosen vermehren können.

Da bei uns Menschen das gesamte Leben – mit Ausnahme der Geschlechtszellen – in der diploiden Kernphase abläuft, ist uns der Lebenszyklus solcher »niederer Pflanzen« derartig fremd, dass es um des Verständnisses willen nochmals lehrsatzmäßig zusammengefasst sei: Der Mensch ist ein Diplont, seine Lebensvorgänge finden im diploiden Stadium statt. Einzig die Gameten sind haploid, bereits die Zygote und der daraus entstehende Embryo sind wieder diploid. *Chlamydomonas* ist ein Haplont, alle Lebensvorgänge finden im haploiden Stadium statt. Einzig die Zygote ist diploid, die erste Zellteilung ist eine Reduktionsteilung, die daraus hervorgehenden vegetativen Algenzellen sind wieder haploid.

Unter der Bezeichnung »Algen« verbergen sich die unterschiedlichsten Organismengruppen, und in Bezug auf Bau, Physiologie, Photosynthesemechanismen und Fortpflanzungsstrategien übertreffen die Algen die »höheren Pflanzen« bei Weitem, sodass einige Botaniker alle Pflanzen vom Moos bis zum Mammutbaum als »besonders hoch differenzierte Grünalgen« ansehen. Neben den Einzelligen Algen gibt es solche, bei denen die aus Teilung hervorgehenden Zellen beieinanderbleiben und Kolonien oder einen einfachen, faden- oder lappenförmigen Zellkörper bilden, den sogenannten Thallus (Mehrzahl: Thalli). Bei einigen Fadenalgen differenzieren sich die Inhalte einzelner Zellen zu Gameten, die miteinander verschmelzen und eine diploide Zygote bilden. Aber auch hier schließt sich gleich eine Meiose an, die den hapoiden Zustand wiederherstellt; auch diese Fadenalgen sind also Haplonten.

Bei der Armleuchteralge *Chara* (Abb. 5) sind die Thalli so groß und so schön in Stängel und blattquirlartige Seitenzweige gegliedert, dass man *Chara* fast für eine normale Wasserpflanze nach Art von Wasserpest, Hornblatt oder Tausendblatt halten könnte. Kaum zu glauben, dass auch diese stattlichen, halbmeterhohen Wasserpflanzen reine Haplonten sind.

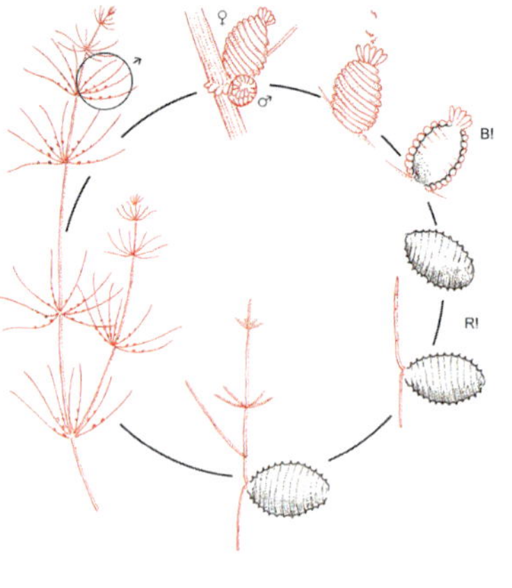


**Abb. 5:** Entwicklungszyklus der Armleuchteralge *Chara*. Auch wenn der Vegetationskörper (Thallus) Aussehen und Größe normaler Wasserpflanzen erreicht, sind jedoch alle Zellen wie bei *Chlamydomonas* haploid (rot). Auch hier ist zur Gamentenbildung also keine Meiose nötig, und das einzige diploide Stadium (schwarz) ist die Zygote. Diese keimt – unter Umständen nach jahrelanger Ruhezeit – unter Meiose aus, die daraus hervorgehende Pflanze ist wieder haploid. Auch *Chara* ist also ein reiner Haplont ohne Generationswechsel.

(schwarz: diploid, rot: haploid, R!: Reduktionsteilung, B!: Befruchtung)

Bei den zuvor beschriebenen Algen sind die verschmelzenden Gameten gänzlich ununterscheidbar, es liegt Isogametie vor, man kann also nicht von »männlich« und »weiblich«, nicht von Sperma- und Eizellen sprechen. Im Unterschied dazu bildet *Chara* zweierlei Gameten aus: große, unbewegliche Eizellen und um vieles kleinere, geißelbewegliche Spermatozoide, die aktiv durchs Wasser schwimmen und mittels chemischer Lockstoffe zu den Eizellen geführt werden, um diese zu befruchten. Diese uns so vertrauten Verhältnisse, wo wir kleine bewegliche Gameten als männlich und einen großen, unbeweglichen Gameten, eine Eizelle, als weiblich ansprechen können, bezeichnet man als Eibefruchtung (Oogametie). Aber nochmals: Auch bei *Chara* ist die ganze große Pflanze haploid, das einzige diploide Stadium ist die Zygote. Diese ist bei *Chara* mit bloßem Auge sichtbar, hat eine charakteristische tönnchenförmige Gestalt und kann nach Austrocknen des Gewässers wie ein Same jahrelang im Boden ruhen. Wenn aber das Wasser zurückkehrt, keimt sie unter Reduktionsteilung aus und stellt den haploiden Zustand wieder her.

So »pflanzlich« *Chara* vom Wuchs auch aussehen mag, als reiner Haplont kann sie zu unserem Verständnis der Geschlechtlichkeit der höheren Pflanzen nur wenig beitragen.

### 1.5.2 Moose

Auf unserem Gedankenweg »Pflanzliche Sexualität von der Alge bis zur Samenpflanze« betreten wir mit den Moosen das Reich der Archegoniaten, zu denen neben den Moosen die Farne und die Samenpflanzen gehören. Die Gameten, die bei den Algen einfach durch Zweiteilung oder offen am Thallus entstehen, werden bei den Archegoniaten in speziellen mehrzelligen Organen, den sogenannten Gametangien produziert. Die männlichen Gametangien, die die Spermatozoide produzieren, heiße Antheridien; die weiblichen sind die flaschenförmigen Archegonien.

Wie läuft nun die geschlechtliche Fortpflanzung der Moose ab? Beginnen wir mit dem bekannten Moosrasen, der zu bestimmten Jahreszeiten braune oder strohfarbene Kapseln trägt. Bei den Frauenhaarmoosen der Gattung *Polytrichum*, den größten und stattlichsten Laubmoosen unserer Flora, ist alles besonders gut zu erkennen (Abb. 6). Die Mooskapseln setzen bei der Reife ein staubfeines, gelbliches Pulver frei, und auch der botanische Laie kann sich denken, dass dies so etwas wie der »Samen« der Moose ist, der der Vermehrung dient. Diese Annahme ist im Ergebnis fast richtig, nicht aber im Vokabular. Im Gegensatz zu den komplexeren, vielzelligen und mit Hüllen versehen Samen der Samenpflanzen sind die Sporen der Moose mikroskopisch klein und nur einzellig. Die Sporen sind aus Meiose entstanden und haploid. An geeigneter Stelle keimen sie zu einem Protonema (wörtlich übersetzt »Vorfaden«), das zunächst wie ein mikroskopisch dünner, einzellreihiger Faden einer Fadenalge anmutet, sich aber bald stark verzweigt und als dichte grüne Matte den Untergrund überzieht. Schließlich entstehen auf dem Protonema – immer noch in der haploiden Kernphase – die beblätterten Moosstämmchen, deren dichten Wald wir als Moosrasen wahrnehmen. Vegetative Vermehrung ist für Moose gang und gäbe, und so kann sich das Protonema üppig ausbreiten und aus kleinsten Stücken weiterwachsen. Und auch die Moospflanze kann zerfallen, zerbröseln, zertreten werden und aus kleinsten Stücken, ja sogar winzigen Fragmenten der Blätter, neue Moosrasen entstehen lassen.

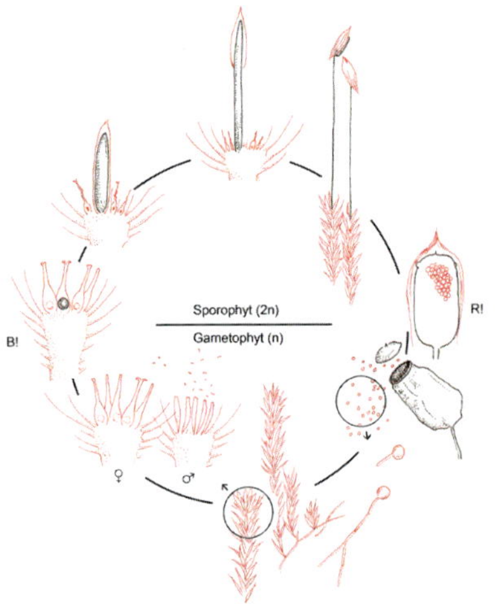


**Abb. 6:** Generationswechsel der Moose (*Polytrichum*).

Aus der haploiden Spore entwickelt sich ein fadenförmiges Protonema, das schließlich Knospen bildet, aus denen die beblätterten Moosstämmchen hervorgehen. Diese stellen den Gametophyten (rot) dar, der bei der Reife (bei dem hier abgebildeten *Polytrichum* getrenntgeschlechtlich auf verschiedenen Pflanzen) männliche und weibliche Gametangien entwickelt: die Antheridien und Archegonien, die Spermatozoide bzw. Eizellen bilden. Aus der befruchteten Eizelle geht die diploide Generation, der Sporophyt (schwarz) hervor, der bei den Moosen jedoch mit dem Gametophyten verbunden bleibt und ihm als »Kapsel« aufsitzt. Darin entstehen aus einem diploiden Muttergewebe durch Meiose die haploiden Sporen.

(schwarz: diploid, rot: haploid,

R!: Reduktionsteilung,
B!: Befruchtung; Gametangien zur Verdeutlichung im Verhältnis zu groß dargestellt)

Aber es soll uns hier nicht um die ungeschlechtliche, sondern um die geschlechtliche Fortpflanzung gehen: Zu bestimmten Zeiten bilden die Moosstämmchen an ihrer Spitze Gametangien, also »männliche« Antheridien, die Spermatozoide produzieren, und »weibliche« Archegonien, in deren flaschenförmigem Bauch je eine Eizelle auf Befruchtung wartet. Bei manchen Moosen finden sich in einem Gametangienstand gleichzeitig männliche und weibliche Gametangien, bei anderen finden sich diese einhäusig verteilt an verschiedenen Stellen der Moospflanze, bei wieder anderen, so auch bei unserem *Polytrichum*, sind Archegonien und Antheridien zweihäusig auf verschiedene Moospflanzen verteilt. Bei einigen Moosen ist die Ansammlung von Gametangien von einer blumenblattartigen Anordnung von Moosblättchen umrahmt, sodass man solche auffällig dekorierten Gametangienstände als »Moosblüte« bezeichnet.

Sind die Gametangien reif, kann bei ausreichender Feuchtigkeit die Befruchtung stattfinden. Die Spermatozoide schwimmen, von chemischen Lockstoffen geleitet, zu den Archegonien, und eines dringt in den Hals des Archegoniums vor und befruchtet die Eizelle. Erst mit dieser Vereinigung findet der Kernphasenwechsel vom haploiden zum diploiden Stadium statt, und aus der Zygote geht ein diploider Embryo hervor, der sich zu der bekannten Mooskapsel entwickelt. Im Inneren trägt die Kapsel ein Sporenmuttergewebe, dessen Zellen schließlich Reduktionsteilungen machen und die – nun wieder haploiden, genetisch verschiedenen – Sporen produzieren. Damit ist der Zyklus geschlossen, bei dem zwei Generationen, eine haploide und eine diploide, einander abwechseln: der Generationswechsel der Moose. Die eigentliche Moospflanze ist die haploide Generation, die die Gameten produziert und daher als Gametophyt bezeichnet wird, die Mooskapsel ist die diploide Generation, die schließlich unter Meiose die Sporen produziert und daher den Sporophyt repräsentiert. Dass die Mooskapsel eine eigene Generation darstellen soll, ist zugegebenermaßen etwas gewöhnungsbedürftig; immerhin führt der Moossporophyt niemals ein eigenständiges Leben, sondern sitzt zeitlebens auf dem Gametophyten und wird von ihm ernährt.

Wir sehen: Auch bei den Moosen bestehen nebeneinander zwei Vermehrungsarten, eine ungeschlechtliche, die durch Zerfall und Regeneration aus kleinsten Stücken für Vervielfältigung und Ausbreitung sorgt, und eine geschlechtliche, die der Rekombination der Erbanlagen dient und genetische Vielfalt produziert. Und wir sehen auch: Meiose und Befruchtung müssen nicht direkt aneinander anschließen wie bei uns oder – in umgekehrter Reihenfolge – bei den haplontischen Algen, sondern können durch eine ganze »Generation« mit vielen mitotischen Teilungen getrennt sein. Und noch deutlicher als bei den Moosen erkennen wir diesen Generationswechsel bei den Farnen.

### 1.5.3 Farnpflanzen

Auch bei den Farnen gibt es den diploiden Sporophyten, der die Sporen bildet, und den haploiden Gametophyten, auf dem die Gameten entstehen. Beginnen wir wie bei den Moosen mit den Sporen (Abb. 7). Diese sind ebenfalls mikroskopisch klein und einzellig, und wie bei jenen gehen sie aus Meiosen hervor und sind daher haploid. Bei der Keimung entsteht wiederum für sehr kurze Zeit ein fadenförmiges Gebilde, das aber bald eine zweischneidige Scheitelzelle bekommt, mit deren Hilfe es als band-

oder lappenförmiger Vorkeim (Prothallium, Abb. 8) weiterwächst. Dieser stellt den haploiden Gametophyten dar und entwickelt nach ein paar Wochen wie bei den Moosen Antheridien und Archegonien. Auch bei bester Entwicklung ist das Farnprothallium ein breit-herzförmiges Gebilde von kaum 1 cm Größe, das keine Gliederung in Stamm und Blätter erkennen lässt und daher einem Lebermoos nach Art von *Pellia* oder *Marchantia* viel ähnlicher sieht als einem Farn. Zudem hat es, genau wie diese, statt echter Wurzeln nur Rhizoide, die es am Substrat befestigen, aber kaum zur Wasserversorgung beitragen. Und die biologisch wichtigste Gemeinsamkeit: Wie die Moospflanze ist auch das Farnprothallium haploid. Auf dem Prothallium entstehen schließlich die »männlichen« Antheridien sowie die »weiblichen« Archegonien, in denen wiederum die Eizellen die befruchtenden Spermatozoide erwarten. Sobald eine der Eizellen befruchtet und der Kernphasenwechsel vollzogen ist, sendet die sich entwickelnde Zygote chemische Botenstoffe aus, die die Entwicklung weiterer Eizellen hemmen, sodass sich in der Regel trotz vieler Archegonien auf jedem Prothallium dennoch nur ein einziger Sporophyt entwickelt. Diese diploide Generation erkennen wir nun gleich als typischen Farn mit echten Blättern und Wurzeln, und als Sporophyt erweist sich die Farnpflanze spätestens dann, wenn sie auf der Unterseite ihrer reifen Blätter die braunen Häufchen von Sporangien entwickelt, in denen die Meiosen stattfinden, die die haploiden, genetisch verschiedenen Sporen produzieren.

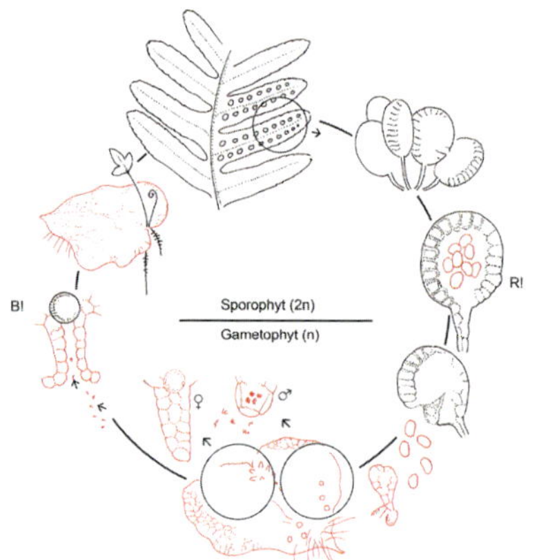


**Abb. 7:** Generationswechsel der Farne (*Polypodium*).

Aus der haploiden Spore entwickelt sich ein flächiger Vorkeim (Prothallium), der den Gametophyten (rot) darstellt und männliche und weibliche Gametangien bildet: die bläschenförmigen Antheridien und die flaschenförmigen Archegonien. Die Antheridien entlassen Spermatozoide, die die Eizellen in den Archegonien befruchten. Aus der Zygote geht die diploide Generation, der Sporophyt (schwarz) hervor, die in Sprossachse, Blätter und Wurzeln gegliederte Farnpflanze. Auf der Unterseite der Blätter bilden sich mikroskopisch kleine Sporangien, deren Häufchen als Sori (Einzahl: Sorus) erkennbar sind. In den Sporangien entstehen durch Meiosen die haploiden Sporen.

(schwarz: diploid, rot: haploid,
R!: Reduktionsteilung, B!: Befruchtung)

**Abb. 8:** Farnprothallien (*Todea barbara*) entsprechen in Bau und Organisation eher einem Lebermoos als einer »höheren Pflanze«. Auf ihrer Unterseite entstehen die mikroskopisch kleinen Archegonien und Antheridien.

**Abb. 9:** *Selaginella kraussiana*.

Diese bekannteste Moosfarn-Art ist in den frostfreien Gebieten in aller Welt eingebürgert und als Zimmer- oder Terrarienpflanze oder aus Gewächshäusern vertraut. Die gescheitelte Beblätterung ist typisch für die meisten Moosfarne.

**Abb. 10:** Sporophyllstände einer tropischen *Selaginella*-Art (Fotos: LEONARD GEORG).

Vieles am Generationswechsel der Farne erinnert also an die Verhältnisse bei den Moosen. Während aber bei den Moosen die eigentliche Moospflanze der haploide Gametophyt ist und der diploide Sporophyt diesem quasi wie eine Frucht aufsitzt, sind bei den Farnen beide Generationen als eigenständige pflanzliche Organismen lebensfähig, und die dominierende Generation, die eigentliche Farnpflanze, ist nicht die haploide, sondern die diploide Generation.

Soweit die Geschlechtsverhältnisse, wie wir sie bei den vertrauten Farnen unserer Wälder finden. Um aber den roten Faden zur geschlechtlichen Fortpflanzung der Samenpflanzen weiter zu spinnen, ist es hilfreich, die Fortpflanzungsweise einer etwas exotischeren Gruppe von Farnpflanzen kennenzulernen, die der Moosfarne (*Selaginella*, Abb. 9, 10, 11).

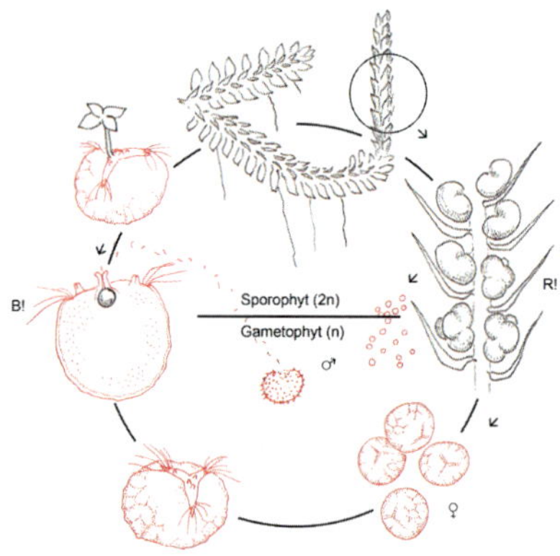


**Abb. 11:** Generationswechsel eines Moosfarns (*Selaginella*).

In den Sporophyllständen entstehen durch Meiose zweierlei verschiedene Formen von Sporen: Die nierenförmigen Mikrosporangien bilden viele kleine Mikrosporen, die vierteiligen Megasporangien jeweils nur vier große Megasporen. Aus den unterschiedlich großen Sporen (»Heterosporie«) gehen verschiedene, getrenntgeschlechtliche Gametophyten (rot) hervor: In den Mikrosporen entwickeln sich mikroskopisch kleine, wenigzellige Mikroprothallien, die Spermatozoide entlassen, in den Megasporen vielzellige Megaprothallien mit Archegonien und Eizellen. Aus der befruchteten Eizelle entsteht der diploide Sporophyt (schwarz) mit seiner charakteristischen gescheitelten Beblätterung, der schließlich Sporophyllstände mit Mikro- und Megasporangien bildet.

(schwarz: diploid, rot: haploid, R!: Reduktionsteilung, B!: Befruchtung)

Innerhalb der vielgestaltigen Gruppe der Farnverwandten gehören die Selaginellen der erdgeschichtlich alten Gruppe der Bärlappgewächse an. Weltweit kennen wir ca. 700 Arten, im mitteleuropäischen Raum wachsen jedoch nur *Selaginella selaginoides* und *S. helvetica*; die Letztere können wir z.B. bereits im Schweizer Kanton Tessin antreffen. Im Gegensatz zu ihren ausgestorbenen, baumhohen Verwandten der Steinkohlenzeit sind die heutigen Selaginellen zierliche Pflänzchen mit moosartig dünnen Stängeln und millimetergroßen Blättern. Wie die oben besprochenen Farne haben auch die Selaginellen einen Generationswechsel mit diploidem Sporophyten und haploidem Gametophyten. Der große, wichtige Unterschied ist jedoch: Die meisten echten Farne haben nur eine Sorte von Sporen, sie sind isospor. *Selaginella* jedoch ist heterospor, d.h., es bildet zweierlei Sporangien, Mikrosporangien und Megasporangien, in denen Sporen unterschiedlicher Größe gebildet werden, die kleinen Mikrosporen und die viel größeren Megasporen. Und folgerichtig sind die sich daraus entwickelnden Gametophyten die Mikroprothallien und Megaprothallien. Der Sinn des Ganzen: Die Prothallien sind getrenntgeschlechtlich! Die Mikroprothallien bleiben mikroskopisch klein, und ihre einzige Funktion ist es, Spermatozoide in die Welt zu entsenden. Die großen Megaprothallien sind vielzellig und bilden die Archegonien mit den Eizellen. Im ausgewachsenen Zustand sind sie sandkorngroß, also immerhin gerade mit bloßem Auge erkennbar, aber sie befreien sich gar nicht aus der Megasporenhülle, sondern ragen nur etwas über die Oberfläche der aufgeplatzten Spore hinaus wie ein Muffin aus seinem Förmchen (Abb. 11).

Rückblickend hat die haploide Generation, der Gametophyt, also eine zunehmende Reduktion erfahren. Bei den Moosen war es noch der ganze Moosrasen, also die Hauptmasse der Moospflanze, bei den Farnen immerhin noch ein zentimetergroßer grüner Vorkeim, bei *Selaginella* jedoch passt das ausgewachsene weibliche Prothallium immerhin noch in seine kaum sandkorngroße Sporenhülle, während das wenigzellige männliche Prothallium nur noch unter dem Mikroskop zu erkennen ist.

Die vielleicht bekannteste *Selaginella*-Art ist *S. kraussiana* (Abb. 9). Ursprünglich aus Südafrika stammend, ist sie mittlerweile als Zimmerpflanze, als Bodendecker in tropischen Parkanlagen oder »Rasen« in Terrarien weltweit verbreitet. Besonders beliebt ist sie auch als Unterwuchs in den Gewächshäusern botanischer Gärten, wo sie sich von selbst aussport und wo wir nach den Sporlingen schauen können, die das Aussehen eines winzigen vierzackigen Sterns haben. Überall hier muss eine Megaspore gekeimt sein, ein Megaprothallium mit Archegonien gebildet haben und durch ein Spermatozoid aus einem Mikroprothallium befruchtet worden sein.

Bei einigen *Selaginella*-Arten wächst das Megaprothallium schon heran, wenn die Megaspore ihr Sporangium noch gar nicht verlassen hat, und selbst die Befruchtung findet statt, während das Megaprothallium noch auf der Mutterpflanze sitzt. Hier haben wir, auf die Kernphase bezogen, nach der Befruchtung drei Generationen ineinander: die *diploide* Zygote (daraus entsteht der neue Sporophyt) im haploiden Megaprothallium, und dieses wieder im diploiden Sporangium der Mutterpflanze, also dem alten Sporophyten. Und damit sind wir schon bei den Samenpflanzen angelangt.

### 1.5.4 Samenpflanzen

Der Leser wird sich fragen, warum für das Verständnis der Geschlechtlichkeit der Samenpflanzen zunächst über viele Seiten die Verhältnisse bei den »niederen Pflanzen« behandelt wurden, bei denen alles so kompliziert ist, bei denen es Sporen und Gameten, Kernphasen- und Generationswechsel gibt, und er wird hoffen, dass wir jetzt bei den Samenpflanzen wieder vertrautes Terrain betreten. Immerhin könne man doch davon auszugehen, dass die Geschlechtlichkeit der Samenpflanzen vergleichbar ist mit der der Tiere, dass die Pollenkörner quasi die »Spermien« der Pflanze sind und die Samenanlage der Eizelle entspricht. Aber weit gefehlt!

Tiere und Menschen sind, wie wir gesehen haben, reine Diplonten. Die Reduktionsteilung führt direkt zur Bildung der Geschlechtszellen (Gameten). Die können nur verschmelzen oder sterben, aber Teilungen gibt es in der haploiden Phase nicht, und damit auch keinen Gametophyten und keinen Generationswechsel. Die Pflanzen dagegen haben von den Algen über die Moose und Farne bis zu den Samenpflanzen die haploide Generation zwar schrittweise immer stärker reduziert, aber den völligen Wegfall von Teilungen im haploiden Stadium, also die »Abschaffung des Gametophyten« haben auch die Samenpflanzen bis heute nicht erreicht. Waren die Gametophyten bei *Selaginella* schon klein, sind sie bei den Samenpflanzen bis zur Unkenntlichkeit reduziert und versteckt, und wir brauchen ein Mikroskop (Abb. 12).

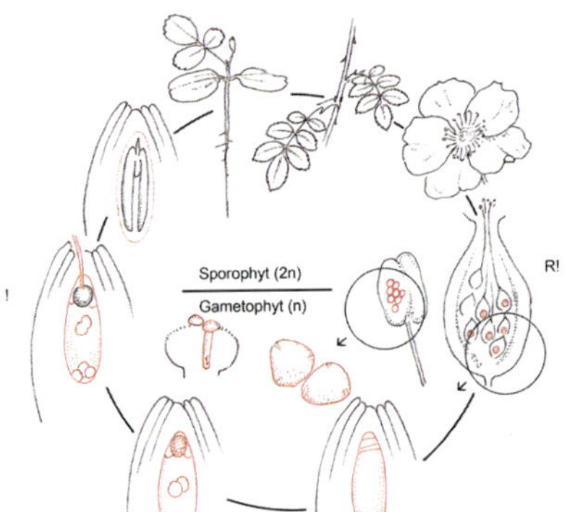


**Abb. 12:** Generationswechsel einer bedecktsamigen Samenpflanze (Angiosperme).

Die Staubblätter und Fruchtblätter in der Blüte sind die Orte der Meiose (R!). Der Pollensack des Staubblattes und der Nucellus in der Samenanlage entsprechen dem Mikro- bzw. Megasporangium, darin bilden sich durch Meiose viele Mikrosporen (= Pollenkörner) bzw. vier Megasporen, von denen nur eine zur Embryosackmutterzelle wird. Wie bei *Selaginella* gehen aus den unterschiedlichen Sporen durch Zellteilungen getrenntgeschlechtliche Gametophyten (rot) hervor: das dreizellige Pollenkorn bzw. der achtkernige Embryosack.

Das Pollenkorn landet auf der Narbe, und ein Pollenschlauch bringt die beiden Spermakerne zum Embryosack, wo der eine die Eizelle befruchtet, der andere die Entwicklung des sekundären Endosperms einleitet (doppelte Befruchtung der Angiospermen). Aus der Zygote wird der diploide Sporophyt (schwarz), der schließlich in seinen Blüten wieder durch Meiose »Sporen« bildet: die Pollenkörner und Embryosackmutterzellen.

(schwarz: diploid, rot: haploid, R!: Reduktionsteilung, B!: Befruchtung. Die Embryosackentwicklung ist im Detail von Pflanzengruppe zu Pflanzengruppe unterschiedlich und hier schematisch und vereinfacht dargestellt).

Die Eizellen in den Samenanlagen sind die Gameten, die nach Befruchtung eine Zygote, einen Embryo und schließlich die neue Pflanze bilden. Aber diese Gameten gehen nicht direkt aus Meiosen hervor, sondern werden, wie bei Moosen und Farnen, durch Gametophyten produziert. Wenn die diploide Mutterpflanze (der Sporophyt) die Samenanlagen entwickelt, finden in einem bestimmten Gewebe der Samenanlage, dem Nucellus, Reduktionsteilungen statt, die zur Bildung von je einer großen Megaspore pro Samenanlage führen (es entstehen wie bei jeder Meiose zuerst vier Abkömmlinge, von denen aber hier gleich drei zugrunde gehen und spurlos verschwinden). Dies ist der Kernphasenwechsel zur haploiden Generation, denn diese Megaspore fängt nun an, sich mitotisch zu teilen und einen Gametophyten zu bilden. Bei den nacktsamigen Pflanzen (Gymnospermen), z.B. unseren Nadelgehölzen, ist dieser Gametophyt tatsächlich noch, wie bei den Selaginellen, ein vielzelliges, mit Reservestoffen vollgespeichertes Gebilde, in dem wir mit etwas gutem Willen sogar ein paar Archegonien mit Eizellen erkennen können. Bei den Bedecktsamern (Angiospermen) bleiben von der Entwicklung eines vielzelligen Prothalliums immerhin noch drei Zellteilungen übrig, die zur Bildung eines achtkernigen Embryosacks führen und in denen die Eizelle befruchtet wird (Abb. 12). Archegonien oder auch nur Zellwände sind hierin nicht mehr zu erkennen, aber immerhin: Mitotische Zellteilungen in der haploiden Phase, wenn auch nur noch drei an der Zahl, qualifizieren sie als eigene Generation, und so müssen wir selbst den mikroskopischen Embryosack im Inneren der Samenanlage als weiblichen Gametophyten, als Megaprothallium anerkennen.

Und im männlichen Geschlecht? Sind wenigstens die Pollen die Geschlechtszellen und damit den Spermien vergleichbar? Klein genug wären sie immerhin. Aber auch hier gilt, dass die Pollenkörner zwar in den Staubbeuteln der diploiden Mutterpflanze durch Meiosen produziert werden und somit haploid sind, dass aber auch diese noch einige wenige mitotische Teilungen machen. Im Pollenkorn der Gymnospermen sind es fünf Teilungen, bei den Angiospermen nur noch drei, aber immerhin noch genug, um auch den Inhalt des Pollenkorns als reduzierte haploide Generation, als männlichen Gametophyten bzw. Mikroprothallium anzusprechen. Erst dieses bildet, wie von Gametophyten zu erwarten, letztlich die Gameten in Form von zwei Spermakernen, die bei den Angiospermen mithilfe eines Pollenschlauchs zur Eizelle gebracht werden.

Erinnern wir uns noch einmal an die Selaginellen, bei denen die Befruchtung der Megaprothallien bei einigen Arten schon erfolgt, während diese noch im Megasporangium auf der Mutterpflanze sitzen. Genau so ist es jetzt bei den Samen der Samenpflanzen: In den reifenden Samen stellen die diploiden Embryonen die jungen Sporophyten dar. Der Embryosack, in dem die Eizelle befruchtet wurde, ist der haploide, weibliche Gametophyt, und umhüllt wird das Ganze von der Samenschale, also diploidem Gewebe des alten Sporophyten. Also auch hier: Drei Generationen ineinander wie bei den russischen Matrjoschkas.

Geschlechtliche Fortpflanzung dient der Rekombination des Erbgutes mithilfe des Wechselspiels von Reduktionsteilung und Verschmelzung und fördert so die genetische Vielfalt als Triebfeder der Evolution. Tier und Mensch sind Diplonten; bei ihnen folgt auf die Meiose gleich die Befruchtung. Die meisten Pflanzen erreichen dasselbe Ergebnis – variable Nachkommenschaft – auf völlig unterschiedlichem Weg: durch einen Generationswechsel, bei dem diploide und haploide Generationen einander abwechseln. Auch wenn die haploide Generation bei den Samenpflanzen schließlich bis auf wenige Zellen reduziert ist, durchzieht der Generationswechsel wie ein roter Faden die geschlechtliche Fortpflanzung der Pflanzen, von den Algen über die Moose und Farne bis hin zu Mammutbaum, Sonnenblume oder Orchidee.

# 2 Was ist eine Blüte?

## 2.1 Definitionen

Die für den Laien vielleicht nächstliegende Definition einer Blüte wäre wohl: »Die Blüte ist die auffällige, bunte Struktur an der Pflanze, die mit Farbe und Duft Bestäuber anlockt.« Auf den ersten Blick treffend, würde diese Definition aber die unscheinbaren Blüten von windbestäubten oder selbstbestäubten Pflanzen ausschließen und andererseits die bunten Köpfchen der Korbblütler als Blüten begreifen, obwohl sie, wie wir sehen werden, ganze Blütenstände darstellen.

Man könnte also vielleicht besser sagen: »Die Blüte ist der Teil der Pflanze, in dem die Samen gebildet werden.« Diese Definition würde immerhin, statt sich auf die Optik zu beschränken, die Funktion der Blüte für die geschlechtliche Fortpflanzung berücksichtigen. Was ist aber dann mit den männlichen Blüten, die Staubblätter, aber keine Fruchtblätter haben und daher zwar Pollen produzieren, aber keinen empfangen und auch keine Samen bilden?

Auch wenn sie sehr sperrig und akademisch klingt, ist die folgende Definition die umfassendste: »Die Blüte ist ein Spross mit begrenztem Wachstum, der spezialisierte Blattorgane trägt, die die Geschlechtsprodukte bilden.« Oder, um uns wieder des Vokabulars aus dem vorangegangenen Kapitel zu bedienen: Die Blüte ist ein Sporophyllstand. Aber wir werden diese trockenen Formulierungen mit Leben füllen.

Wir haben in Kapitel 1 gesehen, dass die Pollen den Mikrosporen und die Embryosack-Mutterzelle der Megaspore der Farnpflanzen entsprechen. Die Blattorgane, die sie produzieren, sind die Mikrosporophylle bzw. Megasporophylle, die wir bei den Samenpflanzen als Staubblätter bzw. Fruchtblätter bezeichnen. Aber erklären wir damit nicht jeden mit Sporophyllen besetzten Spross, auch bei den Farnpflanzen, automatisch zur Blüte? Wichtig sind hier die Formulierungen: »Spross *mit begrenztem Wachstum*« bzw. Sporophyll*stand*. Bei den Blüten trägt die Sprossachse nicht abwechselnd Sporophylle und dann wieder normale Laubblätter (Trophophylle). Vielmehr stellt die Blütenachse nach Ausbildung von Staubblättern und Fruchtblättern ihr Wachstum ein, sodass in jeder Blüte endständig die Fruchtblätter bzw. der Fruchtknoten stehen. Nur ausnahmsweise und als Folge eines regulatorischen Fehlers setzt der Vegetationspunkt der Blüte sein Wachstum fort; ein solches seltenes Kuriosum war die »durchwachsene Rose«, die GOETHE so faszinierte (Abb. 13).

**Abb. 13:** Die »durchwachsene Rose« nach einer Zeichnung von GOETHE.

Normalerweise stellt der Vegetationspunkt der Blüte nach der Ausbildung von Staubblättern und Fruchtblättern sein Wachstum ein; ein solcher seltener Ausnahmefall einer »durchwachsenen« Blüte hat GOETHE für seine Studien zur Metamorphose der Pflanzen sehr fasziniert.

Wenn die Blüte ein Sporophyllstand ist, dann hätten ja streng genommen auch die Bärlappe Blüten, denn auch bei ihnen stehen die Sporophylle am Ende eines Sprosses, der danach sein Wachstum einstellt. Aber das ist natürlich eine Spitzfindigkeit; nach allen sonstigen Kriterien gehören die Bärlappe selbstverständlich nicht zu den Blütenpflanzen, sondern zu den Farnverwandten.

Und die »spezialisierten Blattorgane«, die Sporophylle (von griechisch »phýllon = Blatt«)? Bei den Blütenblättern mag es noch angehen, aber was haben Staubbeutel und Fruchtknoten mit Blättern zu tun?

Nun, schon GOETHE erkannte, dass die Blütenorgane modifizierte Blätter sein müssen (GOETHE 1790). Inzwischen wissen wir, dass die Blütenbildung durch diverse Gene ausgelöst und reguliert wird. Nachdem durch entsprechende Gene (Heterochroniegene) das Meristem vom vegetativen in ein generatives Meristem umgewandelt wurde, treten nacheinander verschiedene weitere Gene in Aktion. Die Symmetriegene legen die Struktur und Symmetrieebene der Blüten fest. Die Blütenidentitätsgene sorgen für das richtige Timing, sodass Langtagpflanzen erst ab einer bestimmten Tageslänge zu blühen beginnen. Dann werden die Blütenorgane festgelegt durch die Organidentitätsgene (PURVES et al. 2006, Wikipedia 2014c). Hier ist ein Modell entwickelt worden, das zuerst als ABC-Modell beschrieben wurde. Verschiedene Unzulänglichkeiten und neuere Erkenntnisse führten zur Erweiterung in das ABCDE-Modell, das allerdings immer noch nicht für eine vollständige, befriedigende Erklärung aller Blühphänomene genügt (LEINS & ERBAR 2008, THEISSEN & MEL-

ZER 2007). So ist die scharfe Trennung in Blüten-, Staub- und Fruchtblätter bei den ursprünglichen Blütenpflanzen noch nicht voll ausgeprägt: Beispielsweise gibt es bei Seerosen Übergänge zwischen Blüten- und Staubblättern. Und während bei den ursprünglichen Blütenpflanzen fast alle Blüten zwittrig und vorweiblich (proterogyn) sind, gibt es bei den höheren Mono- und Dicotylen sehr viel differenziertere Ausprägungen (ENDRESS 2010).

## 2.2 Die Blattorgane der Blüte

### 2.2.1 Staubblätter

Die Staubblätter (Stamina, Einzahl Stamen) produzieren die Pollenkörner (Mikrosporen) und entsprechen daher den Mikrosporophyllen. Bei den meisten modernen Blütenpflanzen lassen sie jedoch wenig Blattartiges erkennen, sondern zeigen in der Regel den typischen Aufbau aus Staubfaden (Filament) und Staubbeutel (Anthere, Abb. 14). Zum Verständnis der Blattnatur der Staubblätter, deren Gesamtheit man als Androeceum (griechisch »Männerhaus«) bezeichnet, hilft der Blick in die Blüte einer Seerose *(Nymphaea)*. Sowohl Blütenhüllblätter wie Staubblätter liegen hier in großer Zahl vor, und wir finden, von außen nach innen, einen fließenden Übergang von Blütenhüllblättern zu Staubblättern (Abb. 15). Die äußersten Blätter sind die größten, nach innen werden sie immer kleiner und schmaler, tragen schließlich an ihren Rändern schmale Antheren, und endlich ist der weiße, blattartige Teil zum Staubfaden, sind die pollenproduzierenden Ränder zum Staubbeutel geworden. Auch bei der Blüte des Blumenrohrs (*Canna*, Abb. 16), auf den im Übrigen sehr komplizierten Blütenbau sei hier nicht eingegangen), sind einige Staubblätter »petaloid«, also blütenblattartig ausgebildet oder gar zur Hälfte Blütenblatt, zur Hälfte Staubblatt. Und bei *Calothamnus rupestris* ist der Grund der Staubfäden wieder blattartig verbreitert, außerdem leuchtend rot gefärbt und übernimmt so die Rolle der Blütenblätter (Abb. 17). Ähnlich bei den Ingwergewächsen (Zingibe-

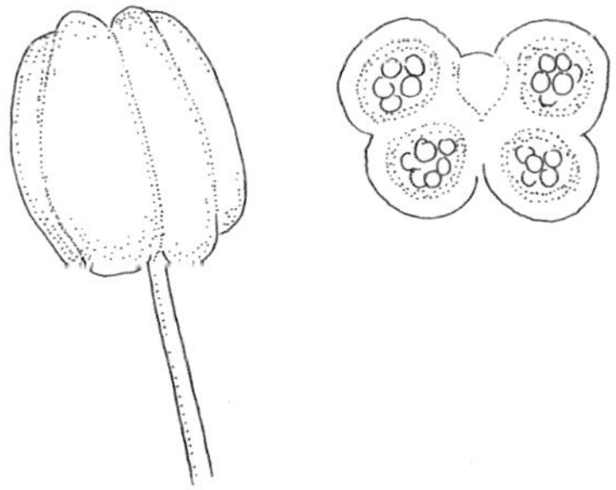

**Abb. 14:** Der Staubfaden (Filament) setzt sich in den Staubbeutel (Anthere) fort; dieser trägt an einem sterilen Konnektiv beidseitig je eine Theke, die wiederum aus je zwei Pollensäcken besteht. Im Querschnitt ergibt sich daraus eine oft schmetterlingsförmige Struktur. Die Pollensäcke entsprechen den Mikrosporangien (Kap. 1.5.4), in ihnen entstehen aus einem diploiden Pollenmuttergewebe durch Meiose die haploiden Sporen = Pollenkörner).

raceae): Hier ist von den ursprünglich sechs Staubblättern nur eines voll entwickelt. Die übrigen sind teilweise reduziert, teilweise umgewandelt zu blütenblattähnlichen Gebilden und locken so die Besucher an.

Der Staubfaden (Filament) setzt sich in den Staubbeutel (Anthere) fort; dieser trägt an einem sterilen Konnektiv beidseitig je eine Theke, die wiederum aus je zwei Pollensäcken besteht. Im Querschnitt ergibt sich daraus eine oft schmetterlingsförmige Struktur. Die Pollensäcke entsprechen den Mikrosporangien (Kap. 1.5.4); in ihnen entstehen aus einem diploiden Pollenmuttergewebe durch Meiose die haploiden Sporen = Pollenkörner).

Wie nahe Blütenblätter und Staubblätter entwicklungsgeschichtlich und genetisch beieinander liegen, beweisen vor allem die gefüllten Blüten, die der Mensch besonders liebt und die in den Gärten eine so große Rolle spielen. Es handelt sich grundsätzlich um Mutationen, bei denen »versehentlich« einige oder alle Staubblätter als Blütenblätter ausgebildet sind. Aus Sicht der Pflanze sind diese Mutationen nichts als Behinderungen, die die normale Funktion der Blüte, nämlich Pollen abzugeben und zu empfangen, unmöglich machen. Der Mensch jedoch liebt die gefüllten Blumen seit Tausenden von Jahren, und so wurden seit dem klassischen Altertum wie auch – Tausende von Kilometern weiter östlich – seit den ältesten Dynastien in China gefüllte Ranunkeln, Nelken, Rosen, Kirschen und Paeonien, wann immer sie als Laune der Natur auftraten, weiter vermehrt und als gefüllte Gartensorten eingeführt. Heute existieren bei zahllosen Gattungen von Wild- und Gartenpflanzen gefüllte Sorten (Abb. 18, 19), wobei man über deren Schönheit und Attraktivität geteilter Meinung sein kann. Für den Freund duftender Blumen mag ein voll gefülltes Maiglöckchen oder eine gefüllte Rose eine Steigerung darstellen, da hier die Blütenblätter den Duft produzieren und dieser bei mehr Blüten-

---

**Abb. 15:** *Nymphaea colorata* (Nymphaeaceae).

Die erdgeschichtlich alten Seerosengewächse zeigen einen »archaischen Blütenbau«: Die vielen Blütenhüllblätter und Staubblätter sind spiralig gestellt, und die äußeren Staubblätter zeigen teilweise blattartig verbreiterte (»petaloide«) Staubfäden.

**Abb. 16:** Bei der kompliziert gebauten, asymmetrischen Blüte von *Canna indica* (Cannaceae, hier eine Gartenform) beruht die optische Wirkung auf den »petaloiden« (kronblattartigen) Staubblättern. Nur eines der sechs Staubblätter trägt hier eine Anthere.

**Abb. 17:** Bei dem in Südwest-Australien endemischen Myrtengewächs *Calothamnus rupestris* ist der Grund der Staubfäden stark verbreitert und leuchtend rot gefärbt und übernimmt so die Rolle der Blütenblätter. Foto: Tina Gasch.

**Abb. 18:** Ein Zufallsfindling des Gelben Windröschens *(Anemone ranunculoides):* Einige Staubblattanlagen werden hier regelmäßig als zusätzliche Blütenhüllblätter ausgebildet, sodass statt der fünfblättrigen eine »halbgefüllte« Blüte mit zehn oder mehr Blütenhüllblättern resultiert.

**Abb. 19:** Gefüllte Blüten, bei denen sich die vielen Staubblattanlagen zu Kronblättern entwickeln. Stark gefüllte *Rosa-gallica*-Abkömmlinge sind als »*Rosa centifolia* (die »Hundertblättrige«) bekannt und für ihren starken Duft berühmt.

15

16

17

18

19

blättern umso intensiver ist. Bei Blüten mit ursprünglich einzigartigem und charaktervollem Aufbau, etwa bei denen von Löwenmäulchen, *Hibiscus* und *Impatiens* kann das blütenökologisch interessierte Auge diese geschwürartig gefüllten Blütenbälle jedoch nur als unförmige Verkrüppelung empfinden.

Ein ebenso unattraktives, aber aussagekräftiges Lehrstück der Blattnatur der Blütenorgane ist auch die »Grüne Rose« (*Rosa chinensis* 'Viridiflora' (Abb. 20). Diese »hässlichste Rose der Welt« ist seit 1833, nach anderer Lesart schon seit 1743 in Kultur, und bei ihr sind alle Blütenorgane, also neben den Kelchblättern auch die Kronblätter, Staubblätter und Fruchtblätter, sämtlich laubblattartig ausgebildet, also grün und mit der rosentypischen Zähnelung des Blattrandes versehen.

Im Normalfall sieht das Staubblatt der Bedecktsamigen Blütenpflanzen (Angiospermen) jedoch wenig blattartig aus, sondern zeigt eine typische Gliederung in Staubfaden (Filament) und Staubbeutel (Anthere, Abb. 14). Die Anthere besteht aus zwei Theken und diese wieder aus je zwei Pollensäcken. Die Pollensäcke entsprechen den Mikrosporangien der Farnpflanzen, und in ihnen werden aus einem Sporenmuttergewebe durch Meiose die Mikrosporen, also die Pollenkörner gebildet. Bei der Reife öffnen sich die Antheren meist durch einen Längsschlitz, um die Pollen freizusetzen, wobei sich oft zum Zwecke vollständiger Entleerung das Innere der Wand der Pollensäcke nach außen rollt. Die Öffnung kann an der Naht zwischen den beiden Pollensäcken oder genau auf dem Rücken der Pollensäcke erfolgen. Auf einige wenige Pflanzengruppen beschränkt ist ein porizides Öffnen der Antheren. Hier öffnen sich anstelle langer Schlitze nur kleine Löcher an der Spitze der Antheren, um den Pollen wie Salz aus einem Salzstreuer freizusetzen. Solche poriziden Antheren finden sich z.B. bei einigen Heidekrautgewächsen, Raublattgewächsen, unter den Hülsenfrüchtlern bei der Gattung *Cassia* und vor allem bei der Riesengattung der Nachtschatten (*Solanum*). In der Regel gehen sie mit besonderen blütenökologischen Spezialisierungen einher und werden in Kap. 5.2.3 näher behandelt.

Besonders interessant – und im Pflanzenreich gar nicht einmal so selten – ist das Phänomen der Heterantherie (»Verschieden-Staubblättrigkeit«): Hier finden sich innerhalb einer Blüte zwei oder selten sogar drei unterschiedliche Typen von Staubblättern, von denen die »Beköstigungsantheren« dem Besucher Pollen zum Sammeln anbieten, während die »Bestäubungsantheren« ihn sozusagen hinterrücks mit Pollen belegen. Abb. 21a und 21b zeigen zwei Vertreter der Commelinaceae, wo die Beköstigungsantheren auffällig

**Abb. 20:** Nicht schön, aber botanisch bemerkenswert: *Rosa chinensis* 'Viridiflora'. Bei dieser Mutation werden die Anlagen der Kronblätter, Staubblätter und Fruchtblätter sämtlich als grünliche, gezähnte Kelchblätter ausgebildet.

und »pollengelb«, die Bestäubungsantheren aber unscheinbar sind. In ähnlicher Form wurde dieses Prinzip in verschiedenen Verwandtschaftskreisen konvergent entwickelt und findet sich etwa auch bei unseren heimischen Königskerzen (*Verbascum*), die ebenfalls reine Pollenblumen sind (Abb. 21c). Beeindruckend sind die riesigen Blüten des »Kanonenkugelbaums« *Couroupita guianensis*, wo die großen bestäubenden Holzbienen, um zu dem Kranz der Beköstigungsantheren zu gelangen, über die halbkugelig-schalenförmige Anordnung der Bestäubungsantheren laufen müssen (Abb. 21d).

Heterantherie findet sich auch bei dem im Kap. 3.4 im Zusammenhang mit der Enantiostylie näher behandelten *Solanum rostratum*, wo vier der fünf Staubblätter ganz normal gestaltet sind, während eines als lang vorstehendes »Horn« den Bestäubungspollen birgt.

## 2.2.2 Fruchtblätter

Bei den Staubblättern, dem Androeceum, hatten wir, um uns ihre Blattnatur zu erklären, Übergänge zwischen Staubblättern und Fruchtblättern oder blattartige Bildungsabweichungen betrachtet. Im Bereich der Fruchtblätter, dem Gynoeceum (griechisch »Frauenhaus«) ist zunächst noch weniger Blattartiges erkennbar, zumal die Fruchtblätter bei der Mehrheit der modernen Blütenpflanzen zu einem einheitlichen Stempel mit dem Fruchtknoten verwachsen sind. Auch hier ist es hilfreich, sich dem Thema über erdgeschichtlich ältere Blütenpflanzen zu nähern, bei denen die Verhältnisse weniger abgeleitet und daher übersichtlicher sind.

Zu den größten und prachtvollsten Blüten des Pflanzenreichs gehören die Magnolien. Bei der in unseren Gärten verbreiteten Sternmagnolie (*Magnolia stellata*) erreichen sie 8-10 cm Durchmesser, während sie bei *Magnolia grandiflora* oder *M. campbellii* und ihren Hybriden 25 cm übersteigen können. Bei den Magnolien liegen Blütenhüllblätter, Staubblätter und Fruchtblätter in großer Zahl vor und stehen spiralig umlaufend wie eine Wendeltreppe an einer zapfenartig verlängerten Blütenachse (Abb. 22a-c). Die meisten Magnolien blühen in unseren Gärten im April und Mai, und hinterher lohnt es sich, die reifenden Früchte genau zu betrachten. Nach dem Abfallen von Blütenhüll- und Staubblättern ist ihre spiralige Stellung noch an ihren Abbruchnarben erkennbar. Die Fruchtblätter jedoch bleiben erhalten und lassen den oberen Teil der Blüte zu einem tannenzapfenartigen Gebilde heranwachsen. Bei der Reife öffnet sich jedes Fruchtblatt an seiner nach außen weisenden Rückennaht und entlässt einen einzigen, großen Samen (Abb. 23).

**Abb. 21a-d:** Heterantherie. 21b: Daniel L. Nickrent.

**a** *Aneilema papuanum*

**b** *Commelina communis*

**c** *Verbascum densiflorum*

**d** *Couroupita guianensis*

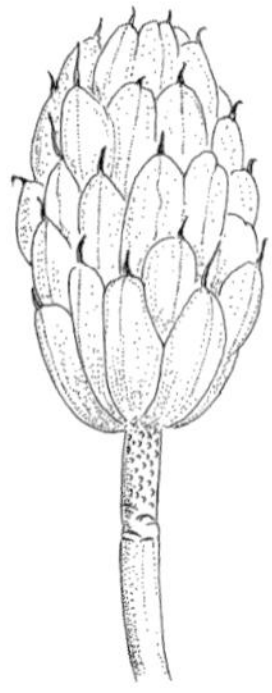

Abb. 23: Früchte wie zur Dinosaurierzeit: Bei *Magnolia grandiflora* sind die einzelnen Fruchtblätter nur lose verbunden und noch gut als solche unterscheidbar.

Die erdgeschichtlich alte Gruppe der Magnolienverwandten (Magnoliopsida) ist heute weitgehend auf tropische Wälder oder auf Reliktstandorte entlegener ozeanischer Inseln beschränkt. Im Tertiär waren Magnolien auch in Europa vertreten, doch haben die Eiszeiten sie hier vollständig ausgerottet. Heute sind Magnolien noch in Nordamerika, vor allem aber in China und Japan verbreitet, bei uns wachsen sie nur noch als prachtvoll blühende Ziergehölze der Gärten und Parks.

Sehr hilfreich für das Verständnis des Gynoeceums ist auch die Familie der Hahnenfußgewächse (Ranunculaceae), die im Gegensatz zu den Magnolien auch in unserer Heimat mit über 100 Arten in nicht weniger als 20 Gattungen vertreten ist. Besonders groß und gut erkennbar sind die Blütenverhältnisse bei der Gattung *Helleborus,* also Christrose, Lenzrose oder Nieswurz. Zur Blütezeit ragen nur die verlängerten Griffel mit den Narben aus der Masse der Staubblätter heraus, um den Pollen zu empfangen. Nach Abfallen der Staubblätter wächst der Stempel heran und lässt erkennen, dass die meist drei bis fünf Fruchtblätter bis zur Basis getrennt sind und dass auch hier kein verwachsener Fruchtknoten, sondern einzelne, freie Fruchtblätter vorliegen. Nicht wenige Hahnenfußgewächse sind beliebte Zierpflanzen unserer Gärten. An ihnen können wir sogar innerhalb dieser einen Familie alle Übergänge von der ursprünglichen, in einzelne Fruchtblätter getrennten Balgfrucht zum »modernen«, verwachsenen Fruchtknoten erkennen (Abb. 24, 25).

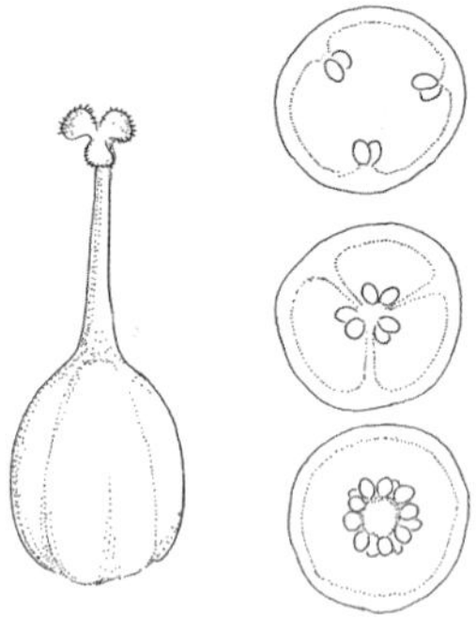

**Abb. 24:** Aufbau eines typischen, »modernen« Stempels aus verwachsenen Fruchtblättern.

Der Stempel (Pistill) besteht aus einer Narbe (Stigma), die den Pollen empfängt, einem Griffel (Stylus) und einem fertilen Fruchtknoten (Ovarium), der die Samenanlagen enthält. Meist geben die Narbenlappen und/oder der Querschnitt des Fruchtknotens Auskunft über die Anzahl der beteiligten Fruchtblätter. Rechts: Querschnitte durch verschiedene Fruchtknotentypen: wandständige, zentralwinkelständige oder freie zentrale Plazentation.

---

**22a-c:** Wie die Seerosen geben uns auch die Magnolien einen Eindruck vom Bau der ursprünglichsten Blütenpflanzen: Blütenhüllblätter, Staubblätter und Fruchtblätter sind hier zahlreich und stehen spiralig an einer verlängerten Blütenachse.

**a** *Magnolia grandiflora*

**b** *M. liliiflora* 'Nigra'

**c** *M. stellata*

**Abb. 25:** Bei den Hahnenfußgewächsen können wir innerhalb einer Pflanzenfamilie alle Übergänge von der ursprünglichen, aus einzelnen Fruchtblättern bestehenden Frucht zum »modernen« verwachsenen Fruchtknoten erkennen: Von links: *Actaea, Clematis, Ranunculus, Aconitum, Aquilegia, Nigella.*

## 2.2.3 Blütenhüllblätter

Die Staubblätter und Fruchtblätter sind die essenziellen Bestandteile jeder Blüte. Meist sind aber unterhalb der Staubblätter noch weitere Blattorgane entwickelt, die zwar selber weder Pollen noch Eizellen produzieren, aber z.B. als Knospe die jungen, sich entwickelnden Blütenorgane schützend umhüllen oder zur Reife eine Rolle bei der Fruchtverbreitung spielen. In den meisten Fällen sind jedoch die Blütenhüllblätter die Organe, die mit Farbe und Duft auf die Blüte erst aufmerksam machen, die also die Blüte zur Blume machen.

**Einfache Blütenhülle (Perigon)**

Betrachten wir wieder zuerst die ursprünglich gebaute Blüte der Magnolie: An der Spitze der zapfenförmig verlängerten Blütenachse stehen die vielen Fruchtblätter, darunter die zahlreichen Staubblätter, und noch darunter die großen, weißen oder rosafarbenen Blütenhüllblätter. Diese mögen teils größer, teils kleiner sein, sind aber in Gestaltung, Farbe etc. untereinander gleich. Eine solche ungegliederte Blütenhülle wird als Perigon, die einzelnen Blütenhüllblätter werden als Tepalen bezeichnet. Ein Charakteristikum einiger ursprünglicher Pflanzenfamilien ist, dass die Blattorgane in großer und nicht genau festgelegter Anzahl vorliegen. Während die Blüten vieler moderner Pflanzengruppen z.B. genau fünf, vier-, oder dreizählig sind, sind Staubblätter und Fruchtblätter bei vielen Magnolien einfach »zahlreich«, und das gleiche gilt auch für die Blütenhüllblätter, von denen wir bei der Sternmagnolie (*Magnolia stellata*) etwa 14-16 zählen können.

Eine ähnliche ungegliederte Blütenhülle finden wir auch bei einigen Hahnenfußgewächsen wie Waldrebe (*Clematis*), Küchenschelle (*Pulsatilla*) und

Windröschen (*Anemone,* Abb. 26a). Zählen wir bei gelben Windröschen fünf, beim weißen meist sechs Blütenhüllblätter, so sind es bei der mediterranen *Anemone blanda* etwa 15-20.

Auch die Lilienverwandten haben häufig ein Perigon, besonders gut zu studieren bei den großblütigen Vertretern wie den Tulpen (Abb. 26b). Deut-

**Abb. 26a-d:** Einfache und doppelte Blütenhülle.

Bei *Anemone blanda* und *Tulipa kauffmanniana* ist die Blütenhülle als Perigon ausgebildet. Alle Blütenhüllblätter sind gleich, es lassen sich nicht Kelch und Krone unterscheiden. *Rubus parviflorus* (Rosaceae) zeigt die typische doppelte Blütenhülle aus äußeren, grünen Kelchblättern und inneren attraktiven Kronblättern. Bei *Abutilon megapotamicum* (Malvaceae) ist zusätzlich zur Krone (gelb) auch der Kelch (rot) attraktiv und trägt zur Schauwirkung der Blüte bei lich ist bei ihnen zu erkennen, dass es drei äußere und drei innere gibt, die äußeren werden dann als Sepalen, die inneren als Petalen bezeichnet. Ein kleiner Vorgeschmack: Bei den Orchideen wird eines der Petalen seinen großen »Auftritt« haben (Abb. 94).

**Doppelte Blütenhülle aus Kelch und Krone**

Bei der überwiegenden Mehrheit der modernen Pflanzenfamilien liegt jedoch eine doppelte Blütenhülle vor, die nicht als Perigon entwickelt, sondern in Kelch (Calyx) und Krone (Corolla) gegliedert ist. Äußere und innere Blütenhüllblätter sehen hier nicht nur ganz verschieden aus, sie erfüllen auch völlig unterschiedliche Funktionen. Die Kelchblätter (Sepalen) bilden die am weitesten außen stehenden Blütenorgane, sind oft derb und blattartig grün und weisen zuweilen auch in Nervatur und Zähnelung Anklänge an die Laubblätter auf. Lange vor dem Erblühen eilen sie in der Entwicklung voraus und umhüllen die sich entwickelnden, zarteren Kronblätter. Zur Blütezeit öffnen sie sich, und Kronblätter, Staubblätter und Fruchtblätter treten in Aktion. Nach erfolgter Bestäubung und Abfallen der Kron- und Staubblätter bleiben sie oft noch bis zur Reife an der Frucht erkennbar. In einigen Fällen machen die Kelchblätter oft noch auffällige Veränderungen durch, um zum Beispiel eine Rolle bei der Ausbreitung der Frucht durch den Wind oder durch Tiere zu spielen: Beispiele wären die aufgeblasenen, leuchtend bunten Fruchtkelche der Blasenkirsche (*Physalis alkekengi*) oder Lippenblütler wie Herzgespann (*Leonurus cardiaca*) und Andorn (*Marrubium vulgare*), bei denen die Zähne der Kelchblätter sich zu stechend-hakigen Fortsätzen entwickeln und die Frucht als Fellklette im Fell von Tieren verbreitet wird (Abb. 26 c, d).

Im Gegensatz zu den Kelchblättern sind die Kronblätter (Petalen) ausschließlich im Dienste der Attraktivitätssteigerung zu sehen. Sie sind es in der Regel, die aus der Blüte, also der funktionellen Anordnung der Sporophylle, eine Blume machen, also eine Struktur, die aufgrund von Farbe und Duft von Bestäubern wahrgenommen und besucht wird. Anders als die Kelchblätter, werden die Kronblätter zwar früh angelegt, verharren aber bis zuletzt platzsparend im Miniaturzustand, um erst kurz vor dem Erblühen (der Anthese) durch Aufnahme von Luft und Wasser die Endgröße zu erlangen. Diese Größenzunahme kann spektakulär schnell gehen, wie etwa bei Kakteen aus der Verwandtschaft der »Königin der Nacht« (*Selenicereus grandiflorus*, Titelbild), wo sich die Kronblätter vor dem abendlichen Erblühen in wenigen Stunden um etliche Zentimeter strecken, um eine bis zu 40 cm große Blüte zu entfalten. Während der Anthese tragen die Kronblätter die Farbe, die die bestäubenden Tiere anlockt, und sind zudem in vielen Fällen die Produzenten des Blütenduftes. Sehr wichtig ist aber auch die mechanische Funktion der Kronblätter: Blüten sind ja nicht einfach formlose Farbkleckse, sondern haben charakteristische Gestalt z.B. als Schalen- oder Röhrenblume, Fahnen-, Lippen- oder Rachenblume. Dabei sind Farbe, Duft und Blütengestalt kein Selbstzweck, sondern wesentliche Elemente für den eigentlichen Grund, der zur Entstehung von Blumen geführt hat. Dieser wird im Eifer des Gefechts bei der Beschreibung des Aufbaus von Blüten leicht aus dem Auge verloren. Schon bei der modernen Definition einer Blüte fehlte dieser Aspekt; wir erinnern uns: »Die Blüte ist ein Spross mit begrenztem Wachstum, der spezialisierte Blattorgane trägt, die die Geschlechtsprodukte bilden.« Für diese Funktion wäre die enorme Vielfalt, die sich bei den Blüten herausgebildet hat, völlig sinnlos und reine Materialverschwendung. Tatsächlich sind die Blüten die bisher erfolgreichste Erfindung im Pflanzenreich zur Erreichung des Genaustausches über die sexuelle Vermehrung. Und ähnlich, wie im Tierreich beispielsweise die üppigen Pfauenfedern und Hirschgeweihe entstanden sind, haben die Pflanzen auf dem sexuellen Experimentierfeld die vielfältigsten Wege gewählt, um die Kreuzbestäubung effektiver zu gestalten. Ihr Problem, dass sie selbst ortsgebunden sind und der Wind recht unzuverlässig ist, lies sie nach Partnern suchen. Die fanden sie in den Tieren, um die sie nun mit vielfältigsten Mitteln konkurrieren. Und diese Experimentierfreude hat ihren Niederschlag vor allem in der Ausstattung der Blumen gefunden.

## 2.3 Eingeschlechtliche und sterile Blüten

Nachdem nun die Komponenten der »Standardausstattung« einer vollständigen, zwittrigen Blüte ausführlich dargestellt sind, wird es nicht verwundern, dass von Fall zu Fall einzelne davon abgewandelt werden oder sogar fehlen können, was dann wiederum Auswirkungen auf das Bestäubungsgeschehen hat.

Wir haben gesehen, dass Kronblätter bei selbstbestäubenden oder windbestäubten Pflanzen fehlen können. Auch die Kelchblätter sind bei einzelnen Pflanzengruppen klein und unbedeutend (Rubiaceae, Apocynaceae, Apiaceae, Asteraceae), was blütenökologisch oft kaum von Bedeutung ist. Viel interessanter sind jedoch die Fälle, wo entweder die Staubblätter oder die Fruchtblätter fehlen und die Blüten also eingeschlechtlich sind, oder gar jene, wo sowohl Androeceum wie Gynoeceum funktionslos und die Blüten demzufolge steril sind.

### 2.3.1 Eingeschlechtliche Blüten und Geschlechterverteilung

Hat die Blüte keine Staubblätter, sondern nur Fruchtblätter bzw. einen Stempel, so ist sie funktionell weiblich, hat sie lediglich funktionsfähige Staubblätter, so ist sie männlich. Gegenüber dem »Normalfall« vollständiger, zwittriger Blüten, die bei ein und demselben Blütenbesuch Pollen zugleich empfangen und abgeben können, stellen die eingeschlechtlichen Blüten einen scheinbaren Nachteil dar, dennoch ist ihr Vorkommen im Pflanzenreich weit verbreitet. Die Verteilung eingeschlechtlicher Blüten hat nun ihre ganz spezielle Terminologie.

Bei einhäusigen (monözischen) Pflanzen finden sich männliche und weibliche Blüten »in einem Haus«, also auf ein und derselben Pflanze. Ein aus der Landwirtschaft bekanntes Beispiel ist der Mais (*Zea mays*), bei dem die Kolben mit den weiblichen Blüten seitlich an der Pflanze sitzen, die von einem hoch aufragenden männlichen Blütenstand gekrönt wird. Ähnlich ist es bei der Hasel (*Corylus avellana*), wo die bekannten windblütigen Kätzchen in großer Zahl lediglich männliche Blüten enthalten, während die viel selteneren weiblichen Blüten unauffällig an den Zweigen sitzen und sich zur Blütezeit nur durch die roten, herausragenden Narben verraten. Auch bei unseren Nadelgehölzen sind die Blüten einhäusig verteilt, und auch hier sind die männlichen Blüten viel auffälliger und zahlreicher.

Einhäusigkeit kommt aber nicht nur bei Windblütigen vor. Sehr häufig ist einhäusige Geschlechtsverteilung z.B. bei den Kürbisgewächsen (Cucurbitaceae), was wir bei den riesigen Blüten der Zucchini besonders gut beobachten können: Nur die weiblichen Blüten haben einen unterständigen Fruchtknoten, aus dem eine Frucht reift. Gurken, Kürbisse und Zucchini sind alte Kulturpflanzen, bei denen der Anteil an weiblichen Blüten durch Zuchtwahl erhöht wurde; unter natürlichen Verhältnissen sind die männlichen Blüten grundsätzlich stark in der Überzahl. Der biologische Sinn ist offensichtlich: Die weiblichen Blüten verursachen nach erfolgter Bestäubung »Folgekosten«, da dann ein Teil der Photosyntheseprodukte in die Ernährung der reifenden Samen fließen muss. Die fruchtknotenlosen männlichen Blüten dagegen fallen nach Abgabe des Pollens spurlos ab. Dieses natürliche Geschlechterverhältnis bei einhäusigen Pflanzen lässt sich bei »wild gebliebenen« Kürbisgewächsen wie dem Flaschenkürbis (»Kalebasse«, »Herkuleskeule«, *Lagenaria siceraria,* Abb. 27a) gut beobachten, dessen Kultur im Garten ohnehin ein interessantes und empfehlenswertes Erlebnis ist. Das Gleiche gilt für eine andere »Monumentalpflanze« tropischer Herkunft, den »Wunderbaum« (*Ricinus communis*) mit seinen gewaltigen Blättern; auch bei ihm sind die Blüten getrenntgeschlechtlich und einhäusig verteilt.

**Abb. 27a-e:** Getrenntgeschlechtliche Blüten in einhäusiger und zweihäusiger Verteilung.

**a** Der Flaschenkürbis *Lagenaria siceraria* ist wie die meisten Kürbisgewächse einhäusig (vorne männliche, dahinter weibliche Blüte mit unterständigem Fruchtknoten).
**b, c** *Begonia corallina* (Begoniaceae). Die männlichen Blüten (unten) zeigen gelbe Staubblätter, die weiblichen (oben) eine papillöse, gekräuselte Narbe und einen dreikantig geflügelten Fruchtknoten.
**d, e** Die Weiße Lichtnelke (*Silene latifolia*, Caryophyllaceae) ist zweihäusig: Weibliche und männliche Blüten stehen auf getrennten Pflanzen.

Besonders interessant ist die einhäusige Verteilung der männlichen und weiblichen Blüten bei der bekannten Gattung *Begonia* (Abb. 27b, c). In den oft reichblütigen Blütenständen entfallen auf viele männliche nur eine oder wenige weibliche, die sich durch oft interessant geformte, dreikantig-geflügelte unterständige Fruchtknoten verraten. In Frontalansicht gleichen sich männliche und weibliche Blüten jedoch sehr: Die männlichen haben die leuchtend gelborangen Staubblätter, bei den weiblichen ist die Narbe auffällig gekräuselt und ebenfalls gelb. Diese Ähnlichkeit hat ihren Grund: *Begonia* hat nektarlose, reine Pollenblumen, und Pollen bieten selbstredend nur die männlichen Blüten. Warum also sollten die pollensammelnden Bienen die weiblichen Blüten besuchen? Die weiblichen Blüten mischen sich hier in geringer Zahl unter die vielen männlichen und werden »aus Versehen« mit besucht. Hier imitiert also ein Geschlecht das andere – ein interessanter Spezialfall von »Täuschblumen«, wie sie in Kap. 6 noch ausführlicher besprochen werden.

Bei zweihäusigen (diözischen) Pflanzen sind männliche und weibliche Blüten tatsächlich auf verschiedene Pflanzen verteilt. Eines der auffälligsten Beispiele ist die Salweide (*Salix caprea*), eines unserer häufigsten Pioniergehölze. Zur Blütezeit können wir männliche und weibliche Bäume schon aus dem fahrenden Auto heraus unterscheiden: Die Attraktivität der beliebten »Weidenkätzchen« beruht auf den pollenbeladenen, goldgelben Staubbeuteln auf ihren silberweißen Staubfäden. Die weiblichen Bäume blühen nur trüb grün, Staubblätter fehlen hier, und die grünlichen Fruchtknoten sind wenig auffällig. Dennoch produzieren sie reichlich Nektar und werden daher von den Bienen gleichfalls besucht.

Bei allen bedecktsamigen Blütenpflanzen (Angiospermen) stellt die zwittrige Blüte den ursprünglichen Zustand dar, und die Eingeschlechtlichkeit kommt durch Reduktion jeweils eines Geschlechts zustande, dessen Reste bzw. Anlagen oft noch zumindest unter dem Elektronenmikroskop zu erkennen sind. »Von Haus aus eingeschlechtlich« sind die Blüten jedoch bei den nacktsamigen Blütenpflanzen (Gymnospermen), etwa unseren Nadelgehölzen.

Wie bei den Menschen ist auch bei den meisten Pflanzen das Geschlecht genetisch festgelegt und bleibt hier bei ungeschlechtlicher Vermehrung erhalten. Bei den Weiden ist die Neigung zu vegetativer Vermehrung so ausgeprägt, dass sich die zur Osterzeit in die Vase gestellten männlichen Kätzchenzweige oft von selbst bewurzeln. Gewöhnen wir die in Wasser gebildeten, brüchigen Wurzeln vorsichtig an Erdkultur und pflanzen sie in den Garten, erhalten wir männlich blühende Weidenbüsche. Unter den Weiden ist die Salweide aber auch eines unserer häufigsten Pioniergehölze: Zur Fruchtzeit im Frühsommer ist die Luft geschwängert von den flauschig-fedrig fliegenden Weidensamen, und die Sämlinge keimen überall.

Ziehen wir sie bis zur Blüte groß (das dauert bei der Salweide nur wenige Jahre!), erhalten wir zu gleichen Teilen männliche und weibliche Pflanzen.

Zweihäusig ist unter den Nadelgehölzen die für den Menschen giftige Eibe. Nur die weiblichen Bäume tragen die beerenartigen, ebenfalls giftigen Samen mit dem essbaren roten Samenmantel. Sehr bekannt ist die Zweihäusigkeit auch beim ebenfalls zu den Gymnospermen gehörenden Ginkgo (*Ginkgo biloba*), wobei wir hier mit den weiblichen Pflanzen jedoch kaum Bekanntschaft machen können. Die in Baumschulen und Gartencentern erhältlichen Pflanzen gehen auf vegetative Vermehrung männlicher Exemplare zurück, denn die weiblichen will keiner haben: Ihre aprikosenartigen Samen verbreiten einen abstoßenden Geruch nach Buttersäure – dem Geruch von Erbrochenem! Gerösteter Samen jedoch ist wohlschmeckend.

Unter den krautigen heimischen Wildpflanzen wären als Zweihäusige zu nennen: die windbestäubte Große Brennnessel (*Urtica dioica*), das Wald-Bingelkraut (*Mercurialis perennis*), die von der darauf spezialisierten Sandbiene *Andrena florea* besuchte Rote Zaunrübe (*Bryonia dioica*) (Flügel 2011) sowie die Rote und Weiße Lichtnelke (*Silene dioica, S. latifolia* (= *S. alba*, Abb. 27d, e). Bei der letzteren Art können wir besonders gut erkennen, dass auch hier, wie bei den Einhäusigen, die weiblichen Blüten stark in der Unterzahl sind: Bei den weiblichen Pflanzen fließt bald ein Großteil der Photosyntheseprodukte in die Entwicklung der dicken Fruchtkapseln; bei den fruchtknotenlosen männlichen fallen die Blüten nach der Blüte ab, sie bilden jedoch wochenlang weiter neue Blüten. Interessant dabei ist, dass die weiblichen Pflanzen der Lichtnelken am natürlichen Standort in der Regel in der Überzahl vorhanden sind. Dies ist mit dem unterschiedlich schnellen Wachstum der Pollenschläuche zu erklären: Jene der weibchenbestimmenden Pollen wachsen schneller im Griffel, wodurch mehr weibliche Samen gebildet werden. Erst, wenn sehr viel weniger männliche Pflanzen vorhanden sind, kommen die männchenbestimmenden Pollen wieder mehr zum Zuge und das Geschlechterverhältnis erreicht wieder das gewünschte Verhältnis (Hammer 1975).

Zweihäusige Laubbäume sind beispielsweise Kiwis (*Actinidia*) und und Eschenahorn, unter den Sträuchern ist die Alpen-Johannisbeere (*Ribes alpinum*) zweihäusig, unter den einjährigen Unkräutern das Garten-Bingelkraut (*Mercurialis annua*).

Neben solchen übersichtlichen Verhältnissen kann die Geschlechterverteilung aber auch komplizierter sein. Bei vielen Pflanzen ist ein Teil der Blüten zwittrig, während ein weiterer nur verkümmerte Fruchtknoten aufweist und daher funktionell männlich ist. So sind bei vielen Doldenblütlern nur die Blüten der ersten Dolden zweigeschlechtlich, die der später blühenden höheren Verzweigungsgrade nur männlich. Auch bei den Labkräutern (*Galium mollugo, Galium verum*) haben längst nicht alle Blüten funktionsfähige Fruchtknoten. Solche Pflanzen, wo »in einem Haus« zwittrige und männliche Blüten stehen, nennt man andromonözisch.

Gynomonözisch sind bei näherem Hinsehen viele Korbblütler, da die zentralen Blüten des Köpfchens zwittrig, die randständigen Zungenblüten oft nur weiblich sind (Abb. 66). Bei den meisten gynomonözischen Pflanzen sitzen die zwittrigen Einzelblüten eher im oberen, die rein weiblichen Blüten eher im unteren Bereich der Pflanze.

Bei gynodiözischen Pflanzen verbergen sich in einer Population zwittriger Pflanzen auch rein weibliche. Wenn bei den Lippenblütlern unbekannte Pflanzen mit einem Bestimmungsbuch bestimmt werden sollen, ist zu beachten: Beim Unterscheiden der Gattungen und Arten kommt es oft auf die Staubblätter an; ein unmögliches Unterfangen, wenn wir zufällig ein rein weibliches Exemplar in den Händen halten.

Als Beispiel einer triözischen Art wird oft unsere Esche genannt: Hier gibt es rein weibliche, rein männliche und zwittrige Bäume.

Wenn auch in den meisten Fällen genetisch fixiert, ist doch die Geschlechterverteilung bei den meisten Pflanzen oft weniger strikt festgelegt als bei den Menschen. Immer wieder einmal entwickelt z.B. ein männlicher Ginkgo auch ein paar weibliche Blüten, und auch die großzügige Auslegung der Diözie bei der Zwergpalme *Chamaerops humlis* wurde schon erwähnt. Sehr spektakulär sind die wenigen Fälle, bei denen die Ausbildung des Geschlechts von den Wachstumsbedingungen bestimmt wird. Dies ist z.B. bekannt von Aronstabgewächsen der Gattung *Arisaema* und von den Orchideen der Gattung *Catasetum*: Die Pflanzen blühen nur bei starker Entwicklung und unter besten Lichtverhältnissen weiblich, ansonsten männlich.

Getrenntgeschlechtliche Blüten haben gegenüber den zwittrigen den scheinbaren Vorteil, dass Selbstbestäubung und dadurch eine genetische Verarmung ausgeschlossen ist. Andererseits besteht bei ihnen der Nachteil, dass hier die in Notfällen bei ausbleibender Fremdbestäubung mögliche Selbstbestäubung innerhalb der Blüte ausgeschlossen ist und dass die männlichen Blüten niemals Früchte ansetzen, aber auch die weiblichen Pflanzen ohne die Nähe eines Männchens keine Nachkommen produzieren können. Die Quantität der Nachkommen mag also geringer sein, dafür ist die genetische Qualität erhöht, da jeder Sämling zwangsläufig das Resultat einer Fremdbestäubung mit Pollen durch ein genetisch verschiedenes Exemplar ist. Bei gynodiözischen Pflanzen ist es besonders raffiniert: Hier besteht die Population aus einer Mehrheit sicher fruchtender, notfalls auf Selbstbestäubung setzender Pflanzen und zusätzlich solchen, bei denen jeder Same Resultat einer Fremdbestäubung sein muss.

## 2.3.2 Sterile Blüten

Es gibt aber auch Blüten, die weder fertile Fruchtblätter noch funktionsfähige Staubblätter aufweisen und wo sich also die Funktion der Blüte als Träger der Mega- und Mikrosporophylle scheinbar ad absurdum führt. Aber diese sterilen Blüten übernehmen dennoch wichtige Funktionen im Bestäubungsgeschehen. So wie es in »normalen« Blüten eine Arbeitsteilung zwischen den fertilen Blütenorganen und den lockenden Kronblättern gibt, besteht bei reichblütigen Blütenständen oft eine solche zwischen den fertilen, aber unscheinbaren Blüten und jenen, die zwar selber weder Samen zeugen noch Frucht ansetzen, aber die anlockende Schauwirkung für den gesamten Blütenstand übernehmen.

Ein bekanntes Beispiel aus der heimischen Gehölzflora ist der gewöhnliche Schneeball (*Viburnum opulus*). Der Strauch bildet Scheindolden gelblich weißer, kleiner Blüten, aus denen sich später rote, saftige, sehr saure Beeren entwickeln. Die äußersten, an der Peripherie der Dolde stehenden Blüten haben weder Staubblätter noch Fruchtknoten und bilden keine Beeren; dafür sind bei ihnen die Kronblätter groß und strahlend weiß, sodass sie den gesamten Blütenstand optisch aufwerten.

Aber nicht alle Arten der Gattung *Viburnum* haben solche »Deko-Blüten«: In Norddeutschland ist *Viburnum opulus* die einzige heimische Schneeball-Art. Bereits in Süddeutschland kommt der Wollige Schneeball (*Viburnum lantana*) hinzu, bei dem der Blütenstand durch die dicht gepackte Fülle der gelblichen Blüten auch ohne sterile Randblüten wirkt. Auch bei den fernöstlichen Schneebällen unser Gärten (*Viburnum x burgkwoodii, V. carlesii, V. farreri*) fehlen die sterilen Randblüten (Abb. 28a-e).

Am Gewöhnlichen Schneeball lebt grundsätzlich eine Vielzahl von Insekten, die seine Blätter fressen, sodass er nach der kurzen Blütezeit oft ein trauriges Bild bietet. Er ist deshalb aus Parks und Anlagen als Ziergehölz nahezu vollständig verbannt worden. Seit langer Zeit kennen die Gärtner von dieser Art aber eine Mutation mit »gefüllten« Blütendolden, bei der alle Blüten weiß und vergrößert sind, sodass sich die eigentlich flache Scheindolde tatsächlich zu einem kugelförmigen Schneeball rundet. Viel bekannter ist aus den Gärten jedoch eine exotische Gehölzgattung, bei der genau dasselbe Prinzip steriler, lockender Zierblüten vorliegt: die Hortensien (Gattung *Hydrangea*). *Hydrangea serrata* aus Japan, *H. paniculata, H. petiolata, H. sargentiana* aus China und *H. quercifolia* aus den Wäldern des atlantischen Nordamerika zeigen ebenfalls eine Aufteilung in unscheinbare fertile und attraktive sterile Blüten. Bei der amerikanischen *H. arborescens* sind die Randblüten nur bei der Unterart *ssp. radiata* vergrößert und zierend. Die bekannteste Hortensie ist jedoch

*Hydrangea macrophylla* aus Japan, von der es in den Gärten zwei Formen gibt: die »Tellerhortensien« mit ihren flachen Blütendolden, bei denen nur die Randblüten vergrößert sind, und die stark gefüllten »Ball-Hortensien« der Cottage- und Bauerngärten, bei denen sämtliche Blüten des Blütenstandes vergrößert, aber steril sind und bei denen wir dann ebenfalls, wie bei der gefüllten Form des Schneeballs, einen ballförmigen Blütenstand erhalten. Wir haben also bei den beiden Gattungen *Viburnum* und *Hydrangea*, die völlig unterschiedlichen Pflanzenfamilien angehören, auffällige, bis ins Detail gehende Konvergenzen in Bezug auf die sterilen und fertilen Blüten (Abb. 28a-e).

Das Erfolgsprinzip der vergrößerten »Deko-Blüten«, die für den gesamten Blütenstand die Schaufunktion übernehmen, wurde bei den Korbblütlern (Asteraceae) in mannigfacher Weise vervollkommnet. Der Botanische Name der namengebenden Gattung *Aster* (griechisch »Stern«) beschreibt anschaulich, wie die vergrößerten Randblüten, die von den übrigen oft noch farblich abgesetzt sind, den köpfchenförmigen Blütenständen die Wirkung leuchtender, strahlender Sternchen verleihen – und zwar so vollkommen, dass die sympathischen Korbblütler vom Gänseblümchen-, Margeritenoder Astern-Typ für viele »die Blume schlechthin« sind (Abb. 29, 30a, b). Genaueres zum Aufbau des Korbblütler-Köpfchens in Kap. 5.3.8.

## 2.4 Farbwechsel der Blüten

Die vermutlich älteste Erwähnung eines Farbwechsels bei Blüten findet sich im 1743 erschienenen Band 3 des »Herbarium amboinense« (Rumpf 1743). Ausführlicher berichtet darüber dann fünfzig Jahre später Christian Konrad Sprengel in seinem Werk »Das entdeckte Geheimnis« (Sprengel 1793). Am Beispiel der Rosskastanie schreibt er: »Solange die Staubgefäße eines nach dem anderen blühen, ist das Saftmaal gelb; sobald sie verblühet sind, wird es purpurfarben.« und macht sich gleichzeitig Gedanken, wozu das dienen soll, da die rot gefärbten Blüten sichtlich weniger attraktiv für Insekten waren als die mit noch gelben Saftmalen: »Wenn aber die Blumen, sobald ihre Staubgefäße verblühet sind, von den Insekten nicht mehr be-

**Abb. 28a, b:** Sterile Randblüten.

Beim Wolligen Schneeball *(Viburnum lantana)* sind alle Blüten gleich gebaut, beim Gewöhnlichen Schneeball *(V. opulus)* werden die inneren, fertilen Blüten von äußeren, sterilen Schaublüten dekoriert.

**Abb. 28c:** Bei dem fernöstlichen *V. bitchiuense* sind alle Blüten dekorativ und stark duftend (hier hat eine Krabbenspinne eine Honigbiene erbeutet, siehe Bd. 1, S. 134 f.). Dasselbe Prinzip der sterilen, dekorierenden Randblüten finden wir bei den Hortensien (**d** *Hydrangea serrata*, **e** *H. macrophylla*).

a
b
c
d
e

sucht werden sollen: so würde diese Absicht besser dadurch erreicht werden, daß die Kronenblätter alsdenn abfielen, als dadurch, daß das Saftmaal seine Farbe ändert, und man begreift nicht, wozu dieselben noch hernach eine Zeitlang auf den Blumen sitzen bleiben.«

Im Folgenden überlegt er, welchen Grund dieser Farbwechsel sonst haben könnte: » Die Zwitterblumen sind also anfangs männliche Blumen, und haben ein gelbes Saftmaal, und werden in der Folge weibliche Blumen, und erhalten ein pupurfarbenes Saftmaal.« Weshalb aber ein geringerer Besuch der Blüten im weiblichen Zustand für die Pflanze günstiger sein soll, vermag er nicht zu sagen. In der Folge haben sich immer wieder Blütenökologen nebenbei mit dieser Frage beschäftigt, aber erst ziemlich genau 200 Jahre später wurde von Martha M. Weiss eine Zusammenfassung erstellt, in welchem Umfang dieser Farbwechsel in Blüten überhaupt auftritt (Weiss 1995).

Sie stellte fest, dass in mindestens 77 Pflanzenfamilien ein solcher Farbwechsel bei deren Blüten auftreten kann. Dabei zeigte sich, dass ein Farbwechsel der Blüten sowohl bei Ein- wie Zweikeimblättrigen Pflanzen fast ausschließlich in den höher entwickelten Gruppen auftritt, während er in den ursprünglicheren Familien wie den Magnoliidae oder Hamamaelidae weitestgehend fehlt. Innerhalb der Familien und Gattungen, zum Teil selbst innerhalb einer Art kann ein Farbwechsel auftreten oder nicht. Für den Farbwechsel konnte sie insgesamt sieben Ursachen ausmachen: den Einsatz bzw. Verlust von Anthocyanen oder Carotinoiden ohne oder mit dem Wechsel des pH-Wertes, den Einsatz von Betalainen, einem wasserlöslichen Farbstoff, der einzig in der Gruppe der Nelkenartigen (Caryophyllales) und in Blätterpilzen auftritt, sowie der Änderung der Stellung von Blütenteilen.

---

**Abb. 29:** Vergrößerte Randblüten sind auch für die dekorative Wirkung der Korbblütler verantwortlich.

*Aster novi-belgii* (hier die Gartensorte »Dauerblau« mit Honigbiene) mit der typischen Verteilung: Die Tiere sammeln an den zentralen Röhrenblüten Nektar und Pollen; die farblich abgesetzten, randlichen Zungenblüten sind hier nur weiblich (siehe auch Abb. 66, 67).

**Abb. 30a-c:** Andere Korbblütler haben nur einen Blütentyp: **a** *Centaurea montana* und **b** *C. phrygia* haben nur Röhrenblüten, **c** der Löwenzahn (*Taraxacum officinale*) hat nur Zungenblüten. Dennoch sind auch hier die äußeren dekorativ vergrößert.

29

30a

30b

30c

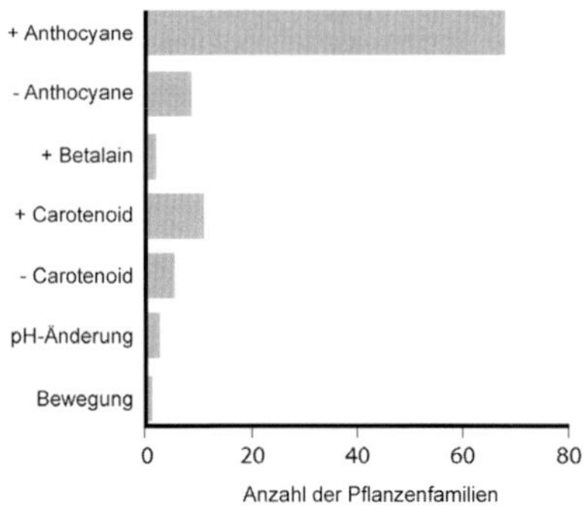


**Abb. 31:** Die sieben Mechanismen, um eine Farbänderung in den Blüten zu bewirken, und die Anzahl der Pflanzenfamilien, die diese jeweils einsetzen (nach Weiss 1995).

Interessant ist, dass dabei nur Farben im auch für uns Menschen sichtbaren Wellenlängenbereich geändert werden, obwohl es durchaus Pflanzenarten gibt, deren Blüten von Fledertieren oder nachtaktiven Schmetterlingen bestäubt werden und die einen Farbwechsel von hell nach dunkel vollziehen. Eine Änderung im UV-Bereich konnte bisher noch nicht nachgewiesen werden. Weiterhin hat Weiss insgesamt neun Blütenteile ermittelt, an denen – neben der gesamten Umfärbung der Blüte – ein Farbwechsel auftreten kann. Dabei sind die Art und der Ort des Farbwechsels bei den verschiedensten Pflanzengattungen in erster Linie abhängig von der Besuchergruppe, die bei der jeweiligen Art als Bestäuber auftritt. Die Nähe der Verwandtschaft innerhalb der Pflanzenfamilien spielt dagegen sowohl beim Mechanismus wie dem Ort des Farbwechsels eine geringere Rolle.

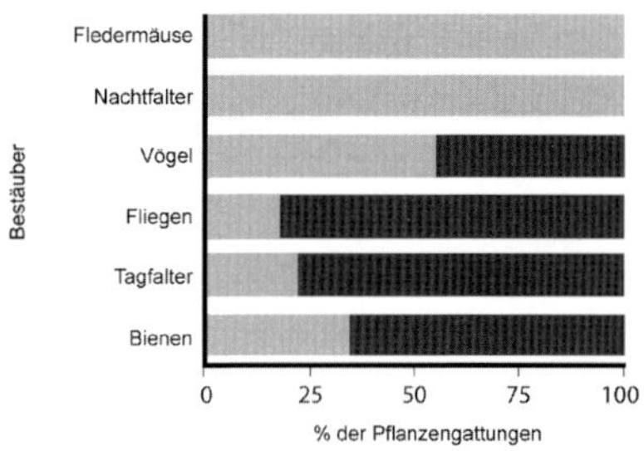


**Abb. 32:** Prozentualer Anteil der Pflanzengattungen, bei denen die gesamte Blüte umgefärbt wird (grau) oder bei denen jeweils nur einer der möglichen neun Blütenteile umgefärbt wird (schwarz) in Abhängigkeit von den Besuchergruppen (nach Weiss 1995).

Als Fazit ihrer umfangreichen Untersuchungen kommt Weiss allerdings wie bereits Sprengel wieder nur zu dem Schluss, dass der Farbwechsel den Besuchern hilft, junge von älteren Blüten zu unterscheiden. Ob allerdings der Bienenkäfer (*Trichodes alvearius*) bei der Suche nach Pollen sich auf den Weißdornblüten an deren Farbe orientiert, ist nicht sicher (Abb. 49a) (Flügel 2014). Welchen Sinn dies für die Pflanzen, die den Farbwechsel vollziehen, letztlich hat, konnte Weiss ebenfalls nicht beantworten. Neuere Untersuchungen kommen zu dem Schluss, dass der gesamte Blütenstand durch den Farbwechsel attraktiver wird, sodass die für Besucher unattraktivere Blüte trotzdem noch einen Nutzen für die Pflanze hat, bevor sie endgültig abblüht (Oberrath & Böhning-Gaese 1999). Dies wäre bei uns Menschen ein wenig vergleichbar mit der Unterstützung von Familien durch Großeltern, die zwar selber nicht mehr fortpflanzungsfähig sind, aber bei der Erziehung der Nachkommen ihrer Kinder eine wesentliche Hilfe bieten können. Beispiele für die Vielfalt und den Chemismus des Farbwechsels siehe Kap. 4, in dem von den Lockmitteln und Angeboten der Blüten die Rede sein wird.

## 2.5 Blütenbewegungen

Bei Pflanzenbewegungen – sofern überhaupt daran gedacht wurde – fallen zuerst natürlich Mimosen ein, deren Blattbewegungen sogar zum Sprichwort geworden sind, oder die Venusfliegenfalle, die ihre Beute durch blitzschnelles Zuschnappen ihrer beiden Blatthälften fängt. Und der bunte Tulpenstrauß in der Vase! Abends schließen sich die Blütenbecher, morgens öffnen sie sich wieder, bis die Blütenblätter eines Tages abfallen. Viele Blüten bewegen sich scheinbar nur einmal aktiv beim Aufblühen, andere wie die Tulpen öffnen und schließen sich mehrfach, bis sie letztlich verblühen. Besonders »schnell« erfolgt beispielsweise das Öffnen der Blüte bei der bereits erwähnten »Königin der Nacht« und den mit ihr verwandten Kakteen oder den Nachtkerzen, die sich abends so schnell öffnen, dass diese Bewegung für uns beobachtbar ist. Und es sind nicht nur die Blütenblätter, die sich – allerdings meist sehr langsam – bewegen, sondern es können alle Blütenbestandteile Bewegungen vollführen.

Dieses Phänomen beschäftigte bereits früh die Wissenschaftler, wie eine Veröffentlichung über »Anatomische und physiologische Untersuchungen über die Reizbarkeit der Geschlechtsorgane« von Pflanzen aus dem Jahre 1861 zeigt (Kabsch 1861). Bei den Blüten der sogenannten Zimmerlinden, der aus Südafrika stammenden *Sparmannia africana*, die damals gerade als Zimmerpflanze in Mode kam, kann dieses Phänomen sehr schön beobachtet werden. Werden die geöffneten Blüten dieser Pflanze erschüttert, spreizen sich die zahlreichen Staubgefäße deutlich sichtbar nach außen und schließen sich nach dem Ausbleiben des Reizes langsam wieder enger um den Stempel der Blüte. Ähnliche Staubblattbewegungen können an der heimischen Berberitze (*Berberis vulgaris*) beobachtet werden.

Die schnellste bisher beobachtete Bewegung im Pflanzenreich findet sich beim Kanadischen Hartriegel (*Cornus canadensis*). An der Außenseite der Blütenhüllblätter befindet sich eine empfindliche Borste, die bei Berührung die noch geschlossene, aber schon geschlechtsreife Blüte aufplatzen lässt. Gleichzeitig werden die Staubblätter über ein Gelenk nach oben geschleudert; der gesamte Vorgang dauert 0,3 Sekunden. Dabei wird das Insekt, das den Mechanismus ausgelöst hat, vollständig mit Pollen eingestäubt. Bleibt Insektenbesuch aus, wird der Mechanismus irgendwann spontan ausgelöst, wodurch der Pollen noch vom Wind weitergetragen werden kann (Mosquin 1985). Explosive Staubgefäße finden sich weiterhin sehr häufig bei Schmetterlingsblütlern (Fabaceae), die das Auslösen des Mechanismus vom Gewicht der Besucher abhängig machen. So können sie den Besucherkreis, der den begehrten Nektar ihrer Blüten sammeln kann, deutlich einschränken und eine effektivere Kreuzbestäubung erreichen (z.B. Raju & Rao 2006).

Es gibt verschiedene Reize, die eine Bewegung in den dafür eingerichteten Blüten auszulösen vermögen. Es ist dies zum einen die Reaktion auf eine Berührung, als Thigmonastie bezeichnet, oder die Erschütterung, die sogenannte Seismonastie, wie wir sie bei der Zimmerlinde gesehen haben. Die Schnelle dieser Reaktionen wird durch eine Druckveränderung in bestimmten Zellen erreicht; die Richtung der Bewegung ist dabei festgelegt durch entsprechende Gelenke und kann durch die Richtung des Reizes nicht beeinflusst werden. Die langsameren Bewegungen in der Blüte sind meist durch einseitiges Wachstum bedingt. Sie werden oft durch Temperaturunterschiede ausgelöst, die sogenannte Thermonastie. Die Blüten zahlreicher Pflanzenarten wie beispielsweise Gänseblümchen, Tulpen oder Krokusse öffnen und schließen sich auf diese Weise. Dabei wächst die Oberseite der Blütenblätter bei steigender Temperatur und öffnet diese demzufolge, während bei sinkender Temperatur die Unterseite stärker wächst und so das Schließen der Blüten bewirkt. Der Längenzuwachs ist deutlich messbar und beträgt zum Beispiel bei der Tulpe bei einem Bewegungsvorgang bis zu sieben Prozent (Böhner 1934, Wikipedia 2014a).

Die gleichen Bewegungsarten können auch durch Licht ausgelöst werden, der sogenannten Photonastie. Besonders empfindlich reagieren beispielsweise die Blüten von verschiedenen Enzianarten, bei denen eine Wolke ausreicht, um die Blüten zum Schließen zu reizen. Bei etlichen Blütenpflanzen, die nächtliche Besucher erwarten, ist die Reaktion umgekehrt: Hier öffnen sich deren Blüten mit zunehmender Dämmerung, während sie sich morgens beim Aufgang der Sonne schließen. Im Gegensatz zur Photonastie, bei der die Bewegung nicht auf die Richtung des einfallenden Lichtes ausgerichtet ist, werden aktive Bewegungen zum Licht hin als Phototropismus bezeichnet.

Da das Licht in der Regel von der Sonne kommt, wird die Ausrichtung nach der Sonne auch als Heliotropismus bezeichnet. Besonders auffällig ist diese Erscheinung bei Feldern mit blühenden Sonnenblumen (*Helianthus annuus*). Deren große Blütenköpfe sind einheitlich nach dem Sonnenstand ausgerichtet und vollführen im Laufe des Tages einen vollen Halbkreis, um früh morgens wieder nach Osten zu schwenken. Ausgelöst wird diese Bewegung durch sogenannte Motorzellen, die sich im Stiel unterhalb des Blütenkopfes befinden. Durch Druckerhöhung werden die auf der Schattenseite des Stieles liegenden Motorzellen länger und bewirken eine einseitige Neigung. Mit dem Wandern des Schattens sinkt bzw. steigt der Druck benachbarter Motorzellen, was zu der reversiblen Drehbewegung führt (Raven 2000). Bei den Blüten des Mauer-Zimbelkrautes (*Cymbalaria muralis*) sitzen diese Motorzellen, die bei allen heliotropen Pflanzen in einem sogenannten Pulvinus zusammengefasst sind und das Bewegungsorgan bilden, am Grunde des Blütenstiels. Während der Blütezeit sind diese Motorzellen positiv gepolt, richten sich also nach der Sonne. Mit Beginn der Samenbildung wechselt deren Polung, sie wenden sich von der Sonne ab, um die Samen besser in die Mauerspalten entlassen zu können (Leins & Erbar 2008).

Passive Bewegungen, die nur durch äußere Änderungen hervorgerufen werden, finden wir beispielsweise bei der Silberdistel (*Carlina acaulis*), die wegen dieser Erscheinung auch als Wetterdistel bezeichnet wird. Ihre blütenblattähnlichen, silbern glänzenden obersten Hüllblätter bestehen aus zwei Gewebeschichten mit abgestorbenen Zellen, die unterschiedlich feuchteempfindlich sind. Diese Hüllblätter schließen sich bei zunehmender Feuchtigkeit über dem Blütenstand der Silberdistel und öffnen sich wieder bei abnehmender Feuchtigkeit. Diese Bewegung wird durch die erhöhte Wasseraufnahme bzw. -abgabe der äußeren Zellschichten verursacht – ähnlich wie bei einem Bimetall, das auf Temperaturänderungen mit einer entsprechenden Krümmung reagiert. Das Öffnen und Schließen ist auch am getrockneten Blütenstand beliebig oft wiederholbar, weshalb die Silberdistel früher in Bauernhäusern oft als natürliches Hygrometer verwendet wurde.

## 2.6 Überproduktion von Blüten

Besonders auffällig sind in jedem Frühjahr die Schlehensträucher, die – noch blattlos – mit zahllosen kleinen weißen Blüten übersät sind. Auch Zwetschgen-, Apfel- und Birnbäume produzieren eine Vielzahl von Blüten, ohne dass daraus tatsächlich eine gleich große Anzahl von reifen Früchten entstehen würde. Diese Überproduktion an Blüten ist nicht nur an unseren Obstgehölzen zu beobachten, sondern weltweit bei vielen Pflanzenarten nachzuweisen. So produziert beispielsweise die zu den Hundsgiftgewächsen zählende neotropische Liane *Mandevilla pentlandiana* reichlich Blüten, aber nur bei etwa neun Prozent bilden sich tatsächlich Früchte aus (Torres & Galeto 1999). Im Obstbau stellt diese Überproduktion an Blüten insbesondere dann ein Problem dar, wenn zur Blütezeit ein guter Beflug mit blütenbesuchenden Insekten stattfindet. Durch die dadurch erreichte gute Befruchtung aller Blüten bleiben die daraus resultierenden Früchte klein und erreichen keinen hohen Marktwert. In Obstplantagen müssen deshalb die Imker mit ihren Bienen noch vor dem Verblühen der Obstbäume wieder abwandern, damit nicht alle Blüten befruchtet werden.

Der Nährstoffverlust durch die Überproduktion von Blüten und dem frühen Abwurf unterentwickelter Früchte dagegen – das stellte bereits 1983 Susan S. Bookman an *Asclepias speciosa* fest – ist relativ gering und rechtfertigt den Gewinn größerer Samen (Bookman 1983).

Theoretische Überlegungen und Modelle bestätigten die Ergebnisse von Bookman, dass, wenn unter günstigen Umständen während der Fruchtreife die minderwertigen Früchte selektiv abgeworfen werden, der Fortpflanzungserfolg durch die Ausbildung von kräftigeren Samen gefördert wird. Dies gilt insbesondere bei jenen Pflanzen, bei denen ein hoher Energieaufwand zur Produktion der Samen aufgebracht werden muss (Burd 1988, Ehrlén 1991). Da insbesondere junge Früchte, die von Parasiten befallen sind, abgeworfen werden, dient der Überschuss an Blüten gleichzeitig zur Reduktion von Schädlingen an den Samen, ohne dass die erfolgreiche Reproduktion wesentlich eingeschränkt würde (Holland et al. 2004).

## 2.7 Das Altern von Blüten

Dass die Blüte als besonderes Organ innerhalb einer Pflanze unabhängig von dieser und sehr rasch altern kann, hat seit einiger Zeit das Interesse der Altersforscher auf sich gezogen, weil sie hoffen, hier einen weiteren Schlüssel für den Vorgang des Alterns zu finden. Aber schon zuvor war das Altern der Blüten von ökonomischem Interesse, denn der Blumenhandel suchte natürlich nach Wegen, das Altern der Schnittware zu verzögern. Innerhalb der Blumen sind besonders die Kronblätter von sprichwörtlicher Kurzlebigkeit. Die gesamte Blühphase, die Anthese, endet damit, dass die Kronblätter an einem vorgebildeten Trenngewebe abgestoßen werden und abfallen – wie bei Mohn, Rosen oder Sonnenröschen. In anderen Fällen verbleiben sie an der Blüte, werden aber durch Enzyme in kürzester Zeit aufgelöst wie bei *Iris* und *Tradescantia*, und ganz besonders schnell bei den tropischen Pfeilwurz- oder Marantengewächsen (Marantaceae).

Ausgelöst wird das Altern der Blüten durch die Befruchtung der Samenanlagen über den auf die Narbe gelangten arteigenen Pollen. Bei vielen Pflanzen wird danach die Bildung von Ethylen ausgelöst, das diesen Alterungsprozess der Blüte in Gang setzt und insbesondere den Abbau der bunten, für die Anlockung der geeigneten Bestäuber zuständigen Kronblätter verursacht. Besonders schnell erfolgt dies beispielsweise bei Nelken (Reid & Wu 1992), weshalb die Blumenindustrie Möglichkeiten gefunden

**Abb: 33a-d:** Vergleich von insektenblütigen Pflanzen mit ihren selbstbestäubenden Verwandten.

Bei der Großen Sternmiere (*Stellaria holostea,* Caryophyllaceae) und der Gefleckten Taubnessel (*Lamium maculatum,* Lamiaceae) dienen große, attraktive Kronblätter dem Anlocken der Bestäuber. Die nahen Verwandten Vogelmiere (*Stellaria media*) und Rote Taubnessel (*Lamium purpureum*) sind teilweise oder überwiegend Selbstbestäuber, bei ihnen sind die Kronblätter klein und unscheinbar.

hat, bei Nelken die Produktion von Ethylen zu unterbinden oder die Bindung an deren Rezeptoren zu blockieren. Andere Pflanzenarten reagieren allerdings überhaupt nicht auf Ethylen. Bei diesen ist der Mechanismus, der die Alterung der Blüten auslöst, bis heute nicht geklärt (ROGERS 2006).

Beim Prozess des Alterns der befruchteten Blüten, der Seneszenz, werden die vom Pollen geleerten Staubblätter und der Griffel mit der Narbe abgebaut, sie vertrocknen oder werden abgestoßen. Vor allem beim Griffel mit der offenen Narbe ist dies unbedingt erforderlich, da diese eine empfindliche Eintrittspforte für Krankheitserreger ist.

Dass die Kronblätter, die von der Alterung als erstes betroffen sind, ausschließlich blütenökologische Funktion haben, lässt sich an drei Indizien festmachen:

1. Sie treten erst zum Zeitpunkt der Anlockung der Bestäuber in Aktion und werden – anders als die Kelchblätter – danach sofort beseitigt.
2. Bei stark von Bestäubern abhängigen Blüten sind sie bunt und auffällig, bei Selbstbestäubern oft klein und unscheinbar. Oft finden wir sogar innerhalb ein und derselben Gattung auffällig blühende, fremdbestäubte Arten neben »unkrautartigen« Selbstbestäubern mit unauffälligen Blüten (*Cardamine, Stellaria, Epilobium, Lamium, Senecio* etc., Abb. 33a-d). Und bei kleistogamen Blüten (diese kommen neben den normal ausgebildeten z.B. bei Veilchen und Sauerklee vor) findet die Selbstbestäubung innerhalb der geschlossen bleibenden Knospe statt; hier fehlen Kronblätter gänzlich.
3. Windbestäubte Pflanzen haben ebenfalls keine Kronblätter. Wie bei den Selbstbestäubern, können wir auch hier innerhalb eines Verwandtschaftskreises oft eine zunehmende Verkleinerung der Kronblätter feststellen, die verschieden weit gehende Anpassungen an Windbestäubung widerspiegelt (Ahorn, Esche, Hainsimse, Kap. 8).

Zweifellos dient das sofortige Beseitigen der verblühten Kronblätter dazu, die Aufmerksamkeit der Blütenbesucher nicht durch alte, bereits ausgebeutete Blüten abzulenken, sondern auf die noch blühenden zu konzentrieren. Bei zahlreichen Pflanzenarten (*Lantana, Aesculus*) bleiben aber auch die alten Blüten erhalten, werden dann aber als solche farblich gekennzeichnet, siehe Kap. 2.4. Beides ist nicht allein selbstloser »Service« für die Bestäuber: Würden sich die noch jungen, nektarführenden Blüten unkenntlich in einer Vielzahl alter, ausgebeuteter verstecken, so könnte das Verhältnis von Erfolg zu Enttäuschung schnell in ein Ungünstiges umschlagen und zu einer Abdressur der Bestäuber führen.

# 3 Blütengenetik – Fremdbestäubung und Selbstbestäubung

»so scheint es die Natur nicht haben zu wollen, dass eine Blüte durch ihren eigen Staub befruchtet werde« schrieb schon 1793 der Vater der Blütenökologie Christian Konrad Sprengel (Bd. 1, S. 20). Er hatte diesen Schluss allein aus der Beobachtung des Blütengeschehens vor seiner Haustür gezogen; von Chromosomen und Rekombination, von Selektion, Evolution und genetischer Fitness konnte er noch nichts wissen. Auch Charles Darwin, der sich ein halbes Jahrhundert später mit Bestäubungsökologie beschäftigte, konnte die Grundlagen der Genetik noch nicht kennen. Aber auch er war aufgrund seiner Beobachtungen und Experimente überzeugt, dass die Natur – obwohl die Blüten meist zwittrig sind – dennoch Selbstbestäubung behindert und Fremdbestäubung fördert. In seinem Gartengewächshaus machte der große Engländer zahlreiche Kreuzungsexperimente mit Inzuchtlinien und fremdbestäubten Formen und wies nach, dass die aus genetischer Rekombination verschiedener Individuen hervorgegangenen Nachkommen vitaler sind (Darwin 1877a). Es ist also lohnend, die Erkenntnisse von Sprengel und Darwin nachzuzeichnen und das zu ergänzen, was wir heute auf Grundlage der Kenntnis genetischer Mechanismen über Fremd- und Selbstbestäubung wissen.

## 3.1 Herkogamie und Dichogamie

Schon Sprengel fiel auf: Auch wenn männliche und weibliche Blütenorgane gleichzeitig vorhanden sind, wird das dennoch oft nicht für die naheliegende Möglichkeit einer Selbstbestäubung genutzt. Vielmehr sind die Staubbeutel und die Narbe, so gut das in einer so kleinen Blüte eben möglich ist, oft räumlich oder zeitlich getrennt. Räumliche Trennung (Herkogamie, von griechisch »herkos = Zaun«) kann ganz unspektakulär das Auseinanderspreizen der fertilen Staubblätter bedeuten – möglichst weit weg von der empfängnisfähigen Narbe. Aber es gibt auch technisch raffiniertere Fälle, etwa bei den Schwertlilien (*Iris*) und den Veilchen (*Viola*), wo durch eine bewegliche Klappe verhindert wird, dass der Blütenbesucher den soeben empfangenen Pollen gleich auf die Narbe derselben Blüte bringt. Besonders ausgefeilt ist die Herkogamie bei den Orchideen, wo der Pollen nicht als Blüten*staub*, sondern in Form fester Pollinarien in bestimmten Fächern vorliegt und gleichfalls durch komplizierte Anordnung der Blütenorgane die Möglichkeit einer »versehentlichen« Übertragung innerhalb der Blüte nahezu ausgeschlossen ist (siehe Kap. 7).

Doch sprechen wir bei dem Abstand zwischen Staub- und Fruchtblättern oft nur von Millimetern, sodass die Möglichkeit der Pollenübertragung durch ein sich in der Blüte bewegendes Insekt dennoch gegeben ist. Dies wird durch Dichogamie (griechisch »díchos = ohne, getrennt«) verhindert, worunter wir keinen räumlichen, sondern einen zeitlichen Abstand zwischen der Reife von Staub- und Fruchtblättern verstehen. Wenn die Narben empfängnisfähig sind, bevor die Staubblätter ihren Pollen freisetzen, sprechen wir von Proterogynie (»Vor-weiblichkeit«), im umgekehrten Fall, wenn zuerst die Staubblätter stäuben, von Proterandrie (»Vor-männlichkeit«). Proterogynie findet sich bei vielen erdgeschichtlich älteren, ursprünglicheren Familien, etwa bei Seerosen-, Magnolien-, Gewürzstrauch-, Lorbeer- und Osterluzeigewächsen. Unbedingt proterogyn sind alle Kesselfallenblumen (siehe Kap. 6). Proterandrisch sind abgeleitete, moderne Gruppen wie Lippen-, Rachen- und Korbblütler.

Der Pflanzenzüchter hat es bei proterogynen Blüten leicht: Wird der zur Kreuzung vorgesehene Pollen auf die Narbe einer frischen, sich eben öffnenden Blüte übertragen, sind die Staubblätter hier noch fest geschlossen, und die Gefahr einer versehentlichen Selbstbestäubung ist gering. Aber auch in der Natur empfangen solche Blüten in ihrer frühen Blühphase zwangsläufig Pollen von fremden Blüten, lange bevor der eigene Pollen reift.

Umgekehrt ist es bei der Proterandrie, bei der die Staubblätter deutlich vor der Narbe reif sind und die wir z.B. bei Lippen- und Rachenblütlern sowie den Glockenblumengewächsen finden. Auch bei der größten Pflanzenfamilie, den Korbblütlern, liegt grundsätzlich Proterandrie vor. Die Pollenfreisetzung erfolgt hier so, dass der Pollen aus der verwachsenen Staubblattröhre mittels der noch geschlossenen Narbe wie mit einem Kolben herausgeschoben wird; wäre diese Narbe zu dem Zeitpunkt schon empfängnisfähig, würde immer hundertprozentige Selbstbestäubung erfolgen. Da die Narbe sich aber erst öffnet und empfangsbereit wird, wenn der Griffel weit über der Staubblattröhre steht und der Pollen längst von blütenbesuchenden Insekten abgestreift ist, kommt wieder eine sichere Fremdbestäubung zum Tragen (Abb. 66).

Ähnlich ist es bei den mit den Korbblütlern verwandten Glockenblumen: Hier wird der Pollen bereits in der Knospe auf den bürstenartig behaarten Griffel abgeladen. Wenn sich die Blüte öffnet, präsentiert sich dem Bestäuber zuerst ein pollenbeladener »Griffelstab« als Sitzplatz. Erst im zweiten Blühstadium, wenn der Pollen abgeerntet ist, spreizen sich die Narbenlappen an seiner Spitze empfängnisbereit auseinander.

Sehr bedeutsam ist die Proterandrie auch bei Wiesensalbei, Fingerhut und anderen Lippen- und Rachenblütlern mit kerzenförmigen Blütenständen. Solche Blütenkerzen erblühen grundsätzlich von unten nach oben, sodass zuunterst immer die älteren, schon im weiblichen Stadium befindlichen, weiter oben die jüngeren, noch männlichen Blüten stehen. Würden die Hummeln nun an jedem Blütenstand oben beginnen und die jüngeren Blüten zuerst besuchen, würden sie hier frischen Pollen aufnehmen und ihn zwangsläufig auf den älteren Blüten desselben Blütenstandes verteilen. Zum Glück ist aber das Gegenteil der Fall: Die Tiere befliegen an jedem Blütenstand zuerst die unteren Blüten und bestäuben sie mit mitgebrachtem Pollen, um sich Blüte für Blüte nach oben vorzuarbeiten und schließlich an den jungen, frischen Blüten zuletzt neuen Pollen angeheftet zu bekommen, den sie zum nächsten Blütenstand mitnehmen.

## 3.2 Selbstinkompatibilität

Die oben geschilderten Mechanismen zur Förderung von Fremdbestäubung haben die frühen Blütenökologen tief beeindruckt, egal, ob sie wie Sprengel überzeugt waren, »dass der weise Urheber der Natur auch nicht ein einziges Härchen ohne eine gewisse Absicht hervorgebracht hat« (Bd. I, S. 20) oder wie Darwin darin eine durch Selektion hervorgebrachte Einrichtung zur Steigerung genetischer Fitness sahen. Eines lassen jedoch diese Überlegungen völlig außer Acht: Die Pflanzen haben in der Regel mehr als nur eine Blüte; und die Bestäubung zwischen benachbarten Blüten derselben Pflanze, die Geitonogamie (griechisch »geítonas = Nachbar«) ist genetisch gleichbedeutend mit Selbstbestäubung und für die Rekombination von ebenso geringem Wert. Hier schneiden sich reich blühende Pflanzen bestäubungsökologisch quasi ins eigene Fleisch: Die Blüten von Apfel, Birne und vielen anderen Rosengewächsen sind zwar proterogyn, aber eine Biene kann lange Zeit in einem einzigen blühenden Obstbaum von Blüte zu Blüte fliegen und dabei Pollen von älteren auf jüngere Blüten übertragen und dabei pausenlos Nachbarbestäubung, aber in genetischer Hinsicht keine Fremdbestäubung bewirken. Dasselbe gilt für krautige Pflanzen mit überwiegend vegetativer Ausbreitung: Herbstastern, Goldruten oder

Acker-Kratzdisteln können große Bestände mit vielen Blütentrieben bilden, die aber alle mittels unterirdischer Ausläufer auf eine Ursprungspflanze zurückgehen. Oder bei Sumpf- und Wasserpflanzen: Mit Hunderten attraktiver rosa Blütenstände kann die Schwanenblume (*Butomus umbellatus*, Abb. 34a) einen ganzen Teich schmücken; in der Regel entstammen jedoch alle mittels waagerecht im Schlamm kriechender Rhizome einer einzigen Ursprungspflanze. Im Fall von Aster und Goldrute fruchten die Bestände trotzdem, und im Herbst fliegen die fedrig behaarten Früchte nach Korbblütlerart umher. Die Schwanenblume jedoch ist streng selbstinkompatibel und bleibt daher in monoklonalen Beständen völlig ohne Samenansatz. Ein Weg, das Problem der Geitonogamie, der Selbstbestäubung durch die eigenen benachbarten Blüten, zu mildern, scheint die Entwicklung unterschiedlicher Blüten auf einer Pflanze zu sein. So zeigte sich in Versuchen an der Steppenkerze *Eremurus anisopterus*, dass bei gynomonözischen Pflanzen, also Pflanzen, auf denen es neben zwittrigen auch rein weibliche Blüten gibt, deutliche Unterschiede im Samenansatz bestehen. Rein weibliche Blüten sind für Blütenbesucher weniger attraktiv und werden insgesamt mit weniger Pollen belegt. Darunter ist aber mehr Fremdpollen als bei den für Blütenbesucher attraktiveren zwittrigen Blüten derselben Pflanze. Entsprechend bildeten die rein weiblichen Blüten weniger Samen, diese sind jedoch überwiegend fremdbefruchtet und größer als jene der zwittrigen Blüten, die zwar mehr, doch überwiegend selbstbestäubte und kleinere Samen produzierten (Mamut et al. 2014).

Bestäubung ist die Übertragung des Pollens auf die Narbe. Im Regelfall tritt aus dem Pollenkorn ein Pollenschlauch hervor, der durch das Gewebe des Griffels wächst, um schließlich bei der Samenanlage seine beiden Spermakerne abzuliefern. Die Befruchtung ist das Verschmelzen eines Spermakerns mit der Eizelle.

Das Wachstum des Pollenschlauchs durch den Griffel kann ein Wettlauf mit der Zeit sein: So hat bei Luxusblüten wie den Engelstrompeten oder den tropischen *Crinum*- und *Hymenocallis*-Arten der mikroskopisch kleine Pollenschlauch Distanzen von 30 cm zu überwinden, und bei den »Königinnen der Nacht« (den Kakteengattungen *Selenicereus* und *Hylocereus*, Abb. 75a) muss diese Strecke während der kurzen Blütezeit zwischen Abend und Morgen durchwachsen werden.

Selbstinkompatibilität beruht nun darauf, dass das Wachstum des Pollenschlauchs durch das Griffelgewebe gehemmt wird. Biochemische Erkennungsreaktionen sorgen dafür, dass die Pflanze sozusagen ihren eigenen »Nestgeruch« erkennt. Bei der sog. gametophytischen Selbstinkompatibilität verraten Genprodukte des Pollenschlauchs (also des männlichen Gametophyten, Kap. 1.5) der Mutterpflanze die allzu nahe Verwandtschaft.

**Abb. 34a-c:** Selbstinkompatible und selbstfertile Pflanzen.

Die Schwanenblume (a *Butomus umbellatus*, Butomaceae) ist selbstinkompatibel (»selbststeril«, »klonsteril«) und daher oft ohne Samen. Auch die attraktiven Engelstrompeten (b *Brugmansia suaveolens*) sind komplett selbstinkompatibel, ihre nahen Verwandten (c *Datura inoxia*) jedoch selbstfertil.

Bei der sporophytischen Selbstinkompatibilität dagegen wird der eigene »Nestgeruch« schon an der Oberfläche des Pollenkorns (die vom alten Sporophyten gebildet wird) erkannt und signalisiert der Pflanze, dass hier der Vater der künftigen Nachkommen kein anderer als sie selbst wäre. Hier kann also die Abwehrreaktion noch früher stattfinden.

Selbstinkompatibilität ist für unsere Sinne kaum auffällig wahrnehmbar, in der Natur aber offenbar von enormer Verbreitung: nach Grime et al. (1988) findet sich Selbstinkompatibilität bei 40 % der untersuchten Arten bedecktsamiger Blütenpflanzen! Dabei gehen besonders bei tropischen Pflanzen mit großen Blüten die Anpassungen an spezialisierte Bestäuber oft mit kompletter Selbstinkompatibilität einher. Sehr zum Ärger der Praktiker, Gartenbesitzer und Pflanzenfreunde: Bei solchen Pflanzen ist oft nur ein einziger Klon in Kultur, und dann ist eine artreine generative Vermehrung unmöglich. Verwandte mit kleineren, weniger spezialisierten Blüten sind jedoch oft selbstfertil und sogar selbstbestäubend. Als Beispiel seien wieder die oben erwähnten Engelstrompeten (*Brugmansia*, Abb. 34b) angeführt: Obwohl die Riesenblüten der exotischen Andenpflanzen auf unseren Terrassen eifrig von Nachtfaltern und tags darauf auch von Bienen und Schwebfliegen beflogen werden, bilden sich – sofern wir nicht mehrere Sorten nebeneinander stehen haben – niemals Früchte. Bei den kleinen, einjährigen nahen Verwandten der Gattung *Datura* (Abb. 34c) fruchten selbst Einzelpflanzen, weil hier Selbstbestäubung möglich ist.

Man mag sich fragen, ob komplette Selbstinkompatibilität nicht von Nachteil für das Fortkommen der Art ist und ob nicht im Zweifel Befruchtung durch den eigenen Pollen immer noch besser ist als gänzliche Kinderlosigkeit. Oft ist jedoch die Selbstinkompatibilität nicht vollständig, und hier spielen wieder Narbe und Griffel eine Rolle: In der Regel übertragen die Blütenbesucher einen ganzen Cocktail von Pollenkörnern vieler verschiedener zuvor besuchter Blüten. Der Griffel wirkt als »Rennstrecke« und sortiert sie: Die von genetisch verschiedenen Pflanzen werden schneller wachsen als die eigenen, früher die Samenanlagen erreichen und die Befruchtung vollziehen. Sofern also Auswahl besteht, werden die fremden Pollen »das Rennen machen«; nur bei völligem Fehlen von fremden Pollen können die eigenen, wenn auch spät, letztlich doch noch zu Samenansatz führen.

## 3.3 Heterostylie

Heterostylie (wörtlich: »Verschieden-Griffligkeit«) bezeichnet das Phänomen, dass bei nicht wenigen Pflanzengruppen zwei verschiedene Blütenformen vorkommen: solche mit langen Griffeln und kurzen Staubblättern und andere, bei denen umgekehrt der Griffel kurz und die Staubblätter lang sind (Abb. 35). Am bekanntesten sind die Schlüsselblumen und Primeln (Gattung *Primula)*, so sind sie es auch, die in dem Buch von Darwin 1877 »The different forms of flowers of the same species« (deutscher Titel: »Die verschiedenen Blüthenformen an Pflanzen der nämlichen Art«) eine Hauptrolle spielen. Bei genauer Betrachtung können wir bei jeder Primel-Art Blüten erkennen, wo durch den langen Griffel die Narbe wie ein Stecknadelköpfchen (englisch »pin«) am Blüteneingang sichtbar ist. Bei der anderen Form sind Narbe und Griffel unsichtbar kurz im Inneren der Blütenröhre verborgen und wir sehen am Eingang nur die fadenförmigen Staubblätter (englisch »thrum«, Abb. 36a, b). Mit einer starken Lupe lassen sich darüber hinaus auch verschieden große Pollenkörner und eine unterschiedliche Oberflächenbeschaffenheit der Narben der beiden Formen feststellen. Wir sprechen hier wohlbemerkt nicht von männlichen und weiblichen Blüten; beide haben wohlausgebildete Staub- und Fruchtblätter und können Samen ausbilden. Unter natürlichen Bedingungen muss nun der Rüssel eines Schmetterlings oder einer Hummel die Pollen der kurzen Staubblätter an der Stelle angeheftet bekommen, wo bei der anderen Form die Narben stehen und umgekehrt. In geduldigen, akribischen Experimenten übertrug Darwin nun Pollen »von kurz zu kurz« und »von lang zu lang« (er nannte das die »legitimen Verbindungen«), aber auch von kurzen Staubblättern auf langgrifflige Narben und umgekehrt (»illegitime Verbindungen«). Er stellte fest, dass »legitime Verbindungen« in beide Richtungen zu vollem Samenansatz führten, während die »illegitimen« im Vergleich dazu unbefriedigenden Samenansatz und eine herabgesetzte Vitalität der Nachkommen brachten. Und was der bescheidene englische Naturforscher durch geduldige Aussaat- und Kulturexperimente herausfand, wurde seither vielfach bestätigt: Heterostylie geht in der Regel mit vollständiger oder teilweiser Selbstinkompatibilität einher.

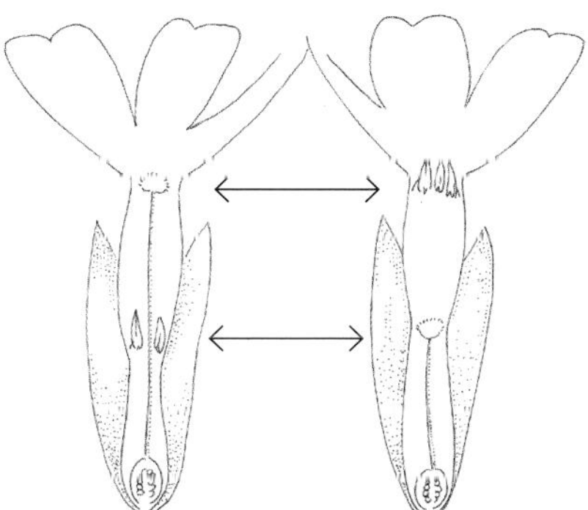

**Abb. 35:** Heterostylie bei *Primula*.

Bei den langgriffligen Formen (Abb. 35 links) stehen die Staubblätter auf der Höhe, wo bei den kurzgriffligen (Abb. 35 rechts) die Narbe steht und umgekehrt. Die Pfeile zeigen die »legitimen« Pollenübertragungen an.

Neben Primeln sind als weitere bekannte Beispiele Lungenkraut (*Pulmonaria*) und Lein (*Linum*) zu nennen. Streng genommen müssen wir die Formen mit zwei Längen von Griffel und Staubblättern als

»distyl« bezeichnen – es gibt nämlich sogar »tristyle« Pflanzen, bei denen wir drei verschiedene Längen von Griffel und Staubblättern finden. Prominentestes Beispiel hierfür ist der Blutweiderich (*Lythrum salicaria*), dessen purpurrote Blütenkerzen an unseren Gewässern willkommene Farbtupfer darstellen, der aber als aus Europa eingeschleppter Einwanderer in Amerika unter dem Namen *loosestrife* eines der verhasstesten, invasivsten Unkräuter darstellt (Abb. 36c).

## 3.4 Enantiostylie

Wenn wir die Heterostylie mit »Verschieden-Griffligkeit« übersetzt haben, so ist das im Pflanzenreich viel seltener vorkommende Phänomen der Enantiostylie die »Gegenüber-Griffligkeit«. Während wir die Heterostylie, wie oben beschrieben, vor allem bei nektarproduzierenden, radiären Blüten finden, so tritt Enantiostylie überwiegend bei zygomorphen, zur Seite orientierten Blüten auf, die nur Pollen anbieten und die in zwei spiegelbildlichen Formen vorliegen, sodass der Griffel mit der Narbe bei der einen Blütenform rechts, bei der anderen links vom Bestäuber steht. Oft ist nur ein einziges großes, fertiles Staubblatt vorhanden, das den Blütenbesucher von der Seite (»pleurotrib«) mit Pollen belegt.

Das bekannteste Beispiel ist innerhalb der großen Gattung Nachtschatten (*Solanum*) die aus nur zwölf Arten bestehende Sektion *Androceras* (wörtlich: »Mann-Horn«). Der Name der Sektion bezieht sich darauf, dass eines der fünf Staubblätter viel größer ist als die anderen und als überdimensionales, gekrümmtes »Horn« dem Bestäuber – in der Regel einer pollensammelnden Hummel – entgegenragt (Abb. 37a, b). Steht das Staubblatt z.B. rechts vom Bestäuber, so wird er auf der rechten Körperhälfte mit Pollen belegt, während in derselben Blüte der Griffel nach links gerichtet ist, sodass Selbstbestäubung effektiv ausgeschlossen wird. Auch bei einigen tropischen Hülsenfrüchtlern wie der Gattung *Cassia* (*Senna*, Marazzi & Endress 2008, Abb. 37c) tritt Enantiostylie auf. Die bekannteste und bis heute intensiv untersuchte Art *Solanum rostratum* war jedoch auch in historischer Hinsicht die, mit der das wissenschaftliche Interesse an der Enantiostylie begann (Todd 1882). Noch im Jahr seines Todes – offenbar seine letzte wissenschaftliche Korrespondenz – erbat Darwin von Todd Samen von *Solanum rostratum*, um damit zu experimentieren (Darwin 1887).

Enantiostylie wäre also sozusagen die Übertragung der Heterostylie auf zygomorphe, zur Seite orientierte Blüten und würde wie diese dazu dienen, Fremdbestäubung zu fördern und so zu gesteigerter genetischer Fitness beitragen. Die Geschichte hat jedoch einen Haken: Während Hetero-

**Abb. 36a-d:** Heterostyle Pflanzen. Langgriffige (»pin«) und kurzgriffige (»thrum«) Primelblüten. (Bei der Stängellosen Schlüsselblume *Primula acaulis* kommen – ganz unabhängig von der Griffellänge – gelbe und rötliche Farben vor.) Blutweiderich (*Lythrum salicaria*) und Wasserhyazinthe (*Eichhornia crassipes*) sind Beispiele für Tristylie.

stylie genetisch fixiert ist und also die eine Primelpflanze immer »Pin«-Blüten und eine andere immer »Thrum«-Blüten entwickelt, finden sich bei *Solanum rostratum* »rechte« und »linke« Blüten zu gleichen Teilen an einer Pflanze, ja sogar in ein und demselben Blütenstand (beachte jeweils beide Blütenformen in Abb. 37a, b!). Nur Selbstbestäubung innerhalb einer Blüte wird hier also verhindert, keinesfalls aber Nachbarbestäubung innerhalb einer Pflanze. Es gibt Fälle von konsequent auf verschiedene Pflanzen verteilte Blütenformen: »dimorphe Enantiostylie«. Diese finden wir nur bei einigen uns weitgehend unbekannten tropischen Monokotylen (Jesson et al. 2003). Bei der »monomorphen Enantiostylie« von *Solanum rostratum* jedoch kann die Erklärung geförderter Fremdbestäubung nicht unmittelbar überzeugen. Dass auch diese Form der Enantiostylie gegenüber »ganz normaler Blütenform« eine gesteigerte Rekombination zur Folge hat, kann der Interessierte in der Publikation von Jesson & Barrett (2005) nachlesen – wenn er in mathematisch-statistischer Denk- und Arbeitsweise genügend sattelfest ist.

## 3.5 Das Blumenballett

Eine besondere Form der Bewegung findet sich bei den Staubblättern vieler Pflanzen, die auf Fremdbestäubung setzen und dafür zahlreiche morphologische und funktionelle Vorkehrungen getroffen haben, um Selbstbestäubung zu verhindern. Da das Ziel allen Blühens aber letztlich ist, Nachkommen, sprich Samen zu produzieren, und der Erfolg einer Fremdbestäubung von vielen äußeren Faktoren abhängig ist, haben etliche Pflanzen Vorkehrungen getroffen, um bei ausbleibender Fremdbestäubung in letzter Not noch eine Selbstbestäubung zu ermöglichen. So rollen sich beim Verblühen der vormännlichen (proterandrischen) Glockenblumen die drei Narbenäste nach unten auf und kommen so mit der behaarten Außenseite des Griffels in Berührung. Auf diesen Haaren haftet immer noch etwas Blütenstaub, der vom wachsenden Griffel aus der verwachsenen Staubblattröhre der Glockenblumen herausgeschoben wurde und nun in Kontakt mit den Narben auskeimen und so noch in letzter Minute zur Selbstbestäubung führen kann.

**Abb. 37a-c:** Enantiostylie.

**a** *Solanum rostratum* und **b** *S. citrullifolium* sind Vertreter der Nachtschatten-Sektion *Androceras* und zeigen Enantiostylie: Man beachte, dass auf beiden Bildern innerhalb ein- und desselben Blütenstandes der Griffel je einer Blüte nach links bzw. nach rechts orientiert ist. **c** *Cassia didymobotrya*.

a
b
c

Bei etlichen Pflanzenarten übernehmen die Staubblätter mit aktiven Bewegungen diesen Last-minute-Service: So kommt es bei der vormännlichen Tripmadam (*Sedum rupestre*) zu einem wahren Männerballett ihrer zehn Staubblätter (Tack & Flügel 1985). Öffnen sich die Staubbeutel an den zwischen den fünf ausgebreiteten Hochblättern paarweise liegenden Staubblättern, richtet sich je eines der Staubblattpaare auf und bildet einen pollenstäubenden Reigen über den fünf noch jungfräulichen Staubblättern. Besucher werden so genau dort mit Pollen eingestäubt, wo die Narben der nächsten, im weiblichen Zustand befindlichen Blüten sitzen. Sowie die eigenen Narben empfangsbereit werden, drehen die fünf aufgerichteten Staubblätter ihre Staubbeutel nach außen, um zu verhindern, dass Pollen daraus auf die Narben rieselt. Ein, zwei Tage später erheben sich die noch ausgestreckten restlichen fünf Staubblätter, um ihren Pollen direkt über den noch empfängnisbereiten Narben auszuschütten. Hier möchten die schon aufgerichteten Staubblättern nicht zu kurz kommen und wenden ihrerseits ihre Staubbeutel wieder nach innen. Auf diese Weise ist eine Selbstbestäubung garantiert.

Ähnliche Staubblattbewegungen gibt es zum Beispiel bei der Weinraute (*Ruta graveolens*) (Ren & Tang 2012), den Berberitzen (*Berberis trifoliolata*) (Angulo et al. 2014) oder der Glockenrebe (*Cobea scandens*), die eine Not-Selbstbestäubung ermöglichen. Der klassische Fall eines solchen Männerballetts wurde vom vormännlichen Sumpf-Herzblatt (*Parnassia palustris*) beschrieben. Dort strecken sich die fünf Staubblätter nacheinander, öffnen ihre Pollensäcke über der noch geschlossenen Narbe, senken sich nach einiger Zeit nach außen und werfen die entleerten Staubbeutel ab. Erst, nachdem das letzte Staubblatt sich gesenkt und seine Staubbeutel abgeworfen hat, öffnet sich die vierlappige Narbe dieser Sumpf-Herzblattblüte. So ist eine Selbstbestäubung hier zumindest innerhalb einer Blüte völlig ausgeschlossen. Die verschiedensten Formen von Staubblattbewegungen sind neuerdings wieder Ziel von Überlegungen und Versuchen, die zeigen, dass einer der Gründe hierfür – neben der aktiven Verhinderung oder Herbeiführung von Selbstbestäubung – die Vermeidung der gleichzeitigen Pollendarbietung aller Staubblätter sein dürfte (Ren 2010, Ren & Bu 2014). Dass damit auch die männliche Fitness der Pflanzen gesteigert wird, konnte in einer Arbeit über die Staubblattbewegungen bei Blumennesselgewächsen (Loasaceae) erneut bewiesen werden (Henning 2012).

# 4 »Nektar und Ambrosia« – Angebote in Blüten

»Bestäubende Tiere befliegen die Blüten, um Pollen oder Nektar zu sammeln, tragen dabei den Pollen von Blüte zu Blüte und vermitteln so Bestäubung und Befruchtung der Pflanzen.« Mit diesem markanten Satz lassen sich über 90 % der weltweiten blütenökologischen Phänomene zusammenfassen. Für den Interessierten fangen jedoch mit dieser »Antwort« die Fragen erst an: Warum bieten manche Blüten nur Pollen, andere nur Nektar? Brauchen alle Blütenbesucher beides? Wie konzentriert ist Nektar? Wann ist eine Biene »satt«? Und gibt es auch Blüten, die nichts von beidem bieten und dennoch bestäubt werden?

Pollen und Nektar sind grundverschiedene Dinge. Sie haben im Leben der Pflanze gänzlich unterschiedlichen Stellenwert, ihre Bereitstellung verursacht unterschiedlich hohe »Produktionskosten«, und beide sind für blütenbesuchende Tiere von gänzlich unterschiedlichem Wert.

## 4.1 Pollen

Jede Art von Samenpflanzen produziert Blütenstaub (Pollen). Die ersten Pflanzen der Erdgeschichte, die wir als Samenpflanzen ansprechen können, waren die Samenfarne (Pteridospermopsida), und bereits die allererste dieser Formen hatte in ihren Blüten Pollen, denn wir haben gesehen, dass wir die Pollenkörner direkt auf die Mikrosporen der heterosporen Farne zurückverfolgen können (Kap. 1). Die Pollensäcke der Staubbeutel (Kap. 2.2.1.) entsprechen dabei den Mikrosporangien; die aus Meiose hervorgehenden, einzelligen Pollenkörner entsprechen den Mikrosporen und die mehrzelligen Pollenkörner zum Zeitpunkt ihrer Verbreitung den Mikroprothallien. Während aber bei den Farnen die Spermatozoide die Mikroprothallien verlassen, um im Wasserfilm zu den Archegonien mit den Eizellen zu schwimmen, dient bei den Samenpflanzen das Pollenkorn als »Postpaket«, mit dem der ganze winzige, darin steckende Gametophyt zur

Samenanlage transportiert wird, um erst dort seine Spermatozoide bzw. Spermakerne freizusetzen. Da der Pollen also als Vehikel des männlichen Gametophyten eine so zentrale Rolle bei der Geschlechtlichkeit der Samenpflanzen spielt, produziert zwangsläufig jede Samenpflanze Pollen und täte dies auch dann, wenn es keine blütenbesuchenden Tiere und keine Blütenökologie gäbe.

Die Pollenkörner sind von mehreren Hüllen umgeben, die unter dem Elektronenmikroskop sehr charakteristische Strukturen zeigen (Abb. 38). Deren spezifische Ausbildung ermöglicht der wissenschaftlichen Fachrichtung der Palynologie (Pollenkunde), die Pollenkörner einzelnen Pflanzengattungen, teilweise sogar bis zur Art zuzuordnen und anhand des Vorkommens bestimmter Pollen z.B. auf die Herkunft eines Honigs zu schließen. Dabei ist die beeindruckende Vielfalt der Oberflächenstrukturen interessanterweise weder als »Schlüssel-Schloss-Prinzip« auf die Oberflächenbeschaffenheit der empfangenden Narbe abgestimmt noch mit der Behaarung bzw. den Sammelstrukturen der Bestäuber korreliert, sondern offenbar nicht funktionell und damit, augenzwinkernd ausgedrückt »nur zum Bestimmen da« (Simpson & Neff 1983).

Ob dies tatsächlich zutrifft, ist allerdings nicht abschließend geklärt. Tatsächlich unterscheiden sich die Pollen wind- und insektenbestäubter Pflanzen erheblich zum einen in der Menge des produzierten Pollens und zum anderen im Gewicht und der Oberflächengestaltung. Der Pollen windbestäubter Pflanzen wird in erheblich größeren Mengen produziert als jener von insektenbestäubten Pflanzen, ist leichter und hat eine glatte Oberflä-

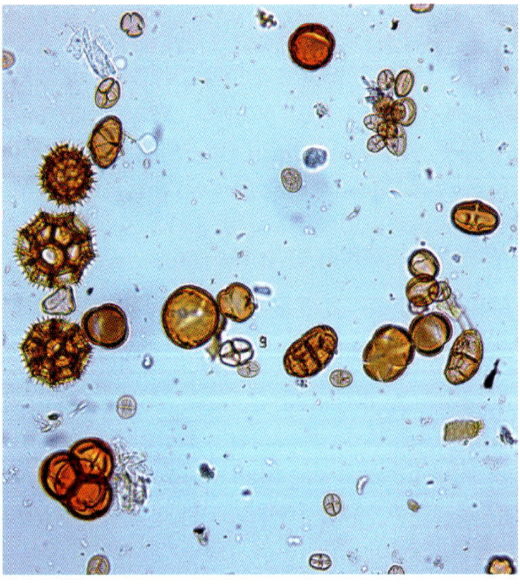

**Abb. 38:** Pollen aus einem Honig, der hierzulande oft als »Mischhonig« verkauft wird. Die drei großen, stacheligen Pollenkörner am linken Rand stammen von Korbblütlern, die beiden unteren repräsentieren den »Löwenzahn-Typ«; daneben liegen Kreuzblütler-Pollen, die z.B. zu Raps gehören könnten. Unter den übrigen Pollenkörnern erkennt der Palynologe »exotische« Pflanzengattungen und Familien wie *Clethra* (Clethraceae), *Weinmannia* (Cunoniaceae), Myrtaceae sowie fünf verschiedene Typen von Mimosaceae (die vielen Tetraden aus vier Pollenkörnern bzw. Polyaden aus acht oder 16 Pollenkörnern) und kann daraus auf Beimischung von Honig z.B. aus Südbrasilien schließen (Foto: Hermann Behling).

che, oft auch noch luftgefüllte Anhänge, um das Fliegen zu verbessern. Pollen insektenbestäubter Pflanzen werden in geringerer Zahl gebildet, sind schwerer, haben eine raue Oberfläche und vor allem Pollenkitt, um an den Haaren der Insekten besser haften zu bleiben. Dieser fehlt beim Pollen windbestäubter Pflanzen vollständig.

Ein Hinweis auf mögliche Anpassungen an die jeweiligen Bestäuber findet sich beim Aronstab (*Arum maculatum*). Beim Aronstab, der eine hochspezialisierte Insektenbestäubung entwickelt hat, haben jüngste Forschungen ergeben, dass seine Pollen überhaupt kein Sporopollenin enthalten, sondern eine Hülle aus Polysacchariden, also Zuckern besitzen (Hesse 2006). Hinweise darauf gab es schon seit Längerem, da die genaue Oberflächenform des Aronstabpollens einmal als stachelbesetzt, dann wieder als glatt beschrieben wurde. Nun ist klar, wieso: Je nach Alter und Aufbereitungsform waren die stacheligen zuckerhaltigen Fortsätze der Pollenoberfläche geschmolzen.

Der Grund für diese Kurzlebigkeit der Pollenhülle ist noch nicht gefunden. Die Vermutung, dass solche Zuckerhüllen auch bei anderen Aronstabgewächsen (Araceae) auftreten, hat sich bei Studien in den Tropen nicht beweisen lassen (Hesse, mündl. Mitt.). Beim in Mitteleuropa heimischen Aronstab werden vor allem kleine Fliegen in Kesselfallen gefangen und nach der Bestäubung der weiblichen Blüten entlassen. Dabei müssen sie an den dann sich öffnenden männlichen Staubgefäßen vorbeikriechen und werden mit dem frischen Pollen eingestäubt. Die meisten dieser Fliegen werden unmittelbar danach von neuen Aronstabblüten angelockt und bestäuben dort die empfangsbereiten Narben mit frischem Pollen. Dadurch ist es nicht notwendig, dass der Pollen langlebig ist. Zudem könnte er mit der Zuckerhülle eine weitere effektive Energiequelle für die Fliegen darstellen. Untersuchungen hierzu fehlen jedoch noch.

Gesichert ist aber eines: Je enger die Beziehung zwischen einem Bestäuber und einer Blütenpflanze ist, desto größer ist meist die Pollenportion, die dem Besucher mitgegeben wird (Leins & Erbar 2008). Dies steigert sich bis hin zum Extremfall bei Orchideen, bei denen der gesamte Pollenvorrat einer Blüte einem einzigen Besucher anvertraut wird, der aufgrund seiner engen Bindung an diese Orchideenart mit Sicherheit wieder Blüten derselben Art aufsuchen wird. Dazu verpacken die Orchideen ihren Pollen in sogenannten Pollinien, die wiederum mit einem Stielchen und einer Klebescheibe ausgestattet sind. Dieses Gebilde, das sogenannte Pollinarium, wird den Besuchern an vorbestimmte Stellen geklebt und trifft so beim nächsten Blütenbesuch genau auf die exakt platzierte Narbe.

Ein ähnliches System hat sich in den Klemmfallenblumen der Seidenpflanzengewächse (Asclepiadaceae) ausgebildet. Dort sind je zwei Pollinien aus benachbarten Staubbeuteln über Arme mit einem Klemmkörper verbunden, der sich an den Besucherbeinen festheftet. Eine solch enge Korrelation wie beschrieben ist dagegen zwischen der Größe der Pollenkörner und der Größe oder Art der Blütenbesucher noch nicht gefunden worden. Zwar sind die Pollenkörner der vor allem von kleinen Mücken besuchten Vergissmeinnicht-Arten (*Myosotis* spp.) mit 5 µm etwa 40-mal kleiner als beispielsweise jene der Nachtkerzen (*Oenothera* spp.) mit 200 µm, doch werden Vergissmeinnicht-Arten auch von Bienen beflogen, und die Besucher von Nachtkerzen sind Nachtfalter, die überhaupt keinen Pollen fressen können.

Die äußerste der Pollenhüllen, die Exine, ist die Robusteste, und die sie aufbauenden chemischen Verbindungen, die Sporopollenine, gehören zu den widerstandsfähigsten Substanzen der Welt. Sie vertragen selbst ein Bad in Fluorwasserstoffsäure (Flusssäure), die sogar Sand und Glas auflöst, und sind auch von Mikroorganismen kaum abzubauen. Im Boden können sie daher Hunderttausende von Jahren erhalten bleiben und so den Palynologen z.B. Aufschluss über die Vegetationsentwicklung nach Rückzug der eiszeitlichen Gletscher geben. So konnte mit 240 Millionen Jahren alten Pollenfunden in der Schweiz nachgewiesen werden, dass die Blütenpflanzen offensichtlich schon 100 Millionen Jahre früher entstanden sind als bisher angenommen (Hochuli & Feist-Burkhardt 2013). Zu der Widerstandsfähigkeit der Exine gegenüber chemischen Einflüssen kommt die Unempfindlichkeit des Pollenkorns gegen mutagene Strahlung. Die Sporopollenine absorbieren, wie auch die häufig gelbe Farbe der Pollenoberfläche, einen Teil der UV-Strahlung der Sonne und schützen so den kostbaren Inhalt, während das Pollenkorn verbreitet wird.

Wenn die komplexe Umhüllung des Pollenkorns also einen sicheren Tresor für den Gametophyten und seine Gameten darstellt, so darf sie dennoch nicht gänzlich verhindern, dass diese zu gegebener Zeit am Ort ihrer Bestimmung nach außen gelangen können. Diesem Zweck dienen vorgebildete Öffnungen, sogenannte Aperturen, deren Zahl und Ausbildung wiederum charakteristisch für die einzelnen Gattungen und Familien ist und die z.B. den Austritt eines Pollenschlauchs ermöglichen. Bei den Bedecktsamern wächst der Pollenschlauch durch das Gewebe des Griffels bis zu der Eizelle hinab und entlässt dort die beiden Spermakerne. Unter den Gymnospermen haben die Nadelgehölze ebenfalls eine Befruchtung mittels Pollenschlauch (Siphonogamie), bei einigen anderen Gruppen von Gymnospermen, etwa den Palmfarnen, *Ginkgo* und *Araucaria*, setzt der Gametophyt Spermatozoide frei, die zur Eizelle schwimmen – was noch an die primitiveren Befruchtungsverhältnisse bei den Moosen und Farnen erinnert.

Die Aperturen, die das Öffnen des Pollenkorns durch den Gametophyten ermöglichen, gestatten umgekehrt jedoch auch den Eintritt von Verdauungsenzymen, z.B. im Magen eines pollenfressenden Insekts. Der Inhalt des Pollenkorns ist nämlich für ein pflanzliches Produkt vergleichsweise reich an Proteinen und daher als wertvolle Aufbaunahrung bei den Insekten sehr begehrt – sofern ihre Mundwerkzeuge überhaupt die Aufnahme von Pollenkörnern gestatten. In Band 1 haben wir die verschiedenen Insektengruppen und ihre jeweilige Ausstattung mit Mundwerkzeugen kennengelernt. Schwebfliegen (Bd. 1, S. 78) können Pollenkörner fressen und sich dank dieser hochwertigen Nahrung wochen- und monatelang am Leben halten und wandernd weite Strecken zurücklegen. Schmetterlinge dagegen sind mit ihrem Saugrüssel nur zur Aufnahme von Flüssigkeiten fähig. Einige Gruppen helfen sich jedoch, indem sie den Pollen mit Nektar anfeuchten und warten, bis sie die dadurch herausgelösten Stoffe in flüssiger Form aufnehmen können. Die für dieses Verhalten berühmteste Gruppe sind die tropischen Passionsblumenfalter (Heliconiinae), die ebenfalls dank dieser wertvollen Nahrungsergänzung über ein deutlich längeres Leben verfügen als andere Schmetterlinge (Gilbert 1972, 1975, Penz & Krenn 2000, Abb. 39).

**Abb. 39:** Mit ihrem Saugrüssel können Schmetterlinge nur Flüssiges aufnehmen. Die Passionsblumenfalter (Heliconiinae) können sich jedoch die Proteine des Pollens zunutze machen, indem sie sie mit Nektar herauslösen (hier der »postman« *Heliconius melpomene* an *Pentas lanceolata* (Rubiaceae).

Die größte Bedeutung hat der Pollen für die Insektengruppe der Bienen, oder noch deutlicher: Ohne Pollen gäbe es keine Bienen! Wie wir gesehen haben (Bd. 1, S. 92 f.), sind die Bienen anhand der Merkmale ihres Körperbaus eigentlich nichts anderes als ziemlich durchschnittliche Vertreter der großen und vielgestaltigen Gruppe der Grabwespen (Sphecoidea) und unterscheiden sich von diesen allein aufgrund der Tatsache, dass sie ihre Larven nicht mit gelähmten Insekten ernähren, sondern als proteinreiche Aufbaunahrung ausschließlich Blütenpollen verwenden. Die heute ca. 20 000 Arten umfassende Gruppe der Bienen ist also quasi durch Blütenpollen definiert.

Lange wurde vermutet, dass der Pollen windbestäubter Pflanzen einen minimalen Nährstoffgehalt besitzen würde, während der Pollen von tierbestäubten Tieren nährstoffreich sein sollte. Im Gegensatz zur Oberfläche der Pollenkörner scheinen die Inhaltsstoffe, insbesondere der Proteingehalt, aber doch nicht auf die Bedürfnisse der Besucher abgestimmt zu sein. Untersuchungen ergaben, dass der Proteingehalt von Pollen, der bei den untersuchten Pflanzenarten zwischen 2,5 und 61 % schwankt, in erster Linie abhängt von der Entfernung zwischen Narbe und Eizelle. Der Eiweißgehalt des Pollens wird also primär benötigt für das Pollenschlauchwachstum und dient weniger der Attraktion für pollensammelnde Bienen oder sonstige pollenfressende Blütenbesucher (Roulston et al. 2000).

Ob allerdings Bienen und Hummeln, für die der Pollen die einzige Quelle für Proteine darstellt, den Gehalt an Proteinen im Pollen schmecken können, ist noch nicht sicher geklärt. Bei einem Vergleich zum Proteingehalt des gesammelten Pollens von Honigbienenvölkern mit Hummelvölkern am selben Standort zeigte sich, dass Hummeln wesentlich proteinreichere Pollen sammelten als Honigbienen (Reinhardt & Blüthgen 2012). Versuche mit Hummelvölkern, denen Pollen verdünnt mit ernährungsphysiologisch wertlosem Füllmaterial angeboten wurde, zeigten dabei allerdings keine Unterschiede im Sammelverhalten (Klein et al. 2014). In anderen Versuchen wurde bei im Labor gehaltenen Hummeln mit Pollen unterschiedlichen Proteingehalts sowie unterschiedlichen Pollenvorräten im Nest festgestellt, dass die Sammelrate bei Pollen mit hohem Proteingehalt erheblich ansteigt (Kitaoka & Nieh 2009). Hier besteht noch erhöhter Forschungsbedarf, um diese Fragen zu klären.

Eine weitere wichtige Steuerung des Besucherspektrums erreichen die Pflanzen aber mit der Genießbarkeit von Pollen. Insbesondere unter den von Bienen bestäubten Blütenpflanzen besitzen zahlreiche Arten Inhaltsstoffe in ihrem Pollen, die für die meisten Bienen giftig sind. Hierdurch ist die Anzahl der pollensammelnden Blütenbesucher deutlich reduziert, was wiederum den verbleibenden Anteil an Pollen für die Bestäubung

**Abb. 40:** Ein archaisches Bild: Ein Rosenkäfer (*Cetonia aurata*) frisst Pollen in einer Pfingstrose.

erhöht und einen wichtigen Anreiz zur Blütenstetigkeit bildet (Müller & Kuhlmann 2008).

Die Bienen, aber auch viele andere Tiergruppen zeigen uns heute ein Fülle faszinierender Anpassungen und Spezialisierungen an die Ernte und Verwendung von Pollen. Wir dürfen uns aber vorstellen, dass die Nutzung von Pollen durch Insekten auf ganz unspektakuläre Weise und ohne Spezialisierungen schon zur Zeit der allerersten Blütenpflanzen an der Wende von Erdaltertum zu Erdmittelalter stattgefunden hat. Schmetterlinge und Bienen mit ihren spezialisierten Mundwerkzeugen traten erst später auf den Plan, doch das heute noch zu beobachtende Bild eines Käfers, der in der Blüte sitzt und mit seinen beißend-kauenden Mandibeln die Pollen mitsamt den Staubbeuteln und den zarten Blütenblättern verzehrt, dürfte sich seit 200 Millionen Jahren kaum verändert haben (Abb. 40). Wäre dieser Käfer nach Verzehr der Blüte satt und würde sich anderen Tätigkeiten zuwenden, so wäre das Fressen von Blütenteilen durch Käfer aus Sicht der Pflanze als reiner Nachteil zu werten. Würde der Käfer nach der Mahlzeit aber weitere Blüten aufsuchen und dabei anhaftenden Pollen übertragen, so stünde dem Nachteil ein möglicher Vorteil von Fremdbestäubung und genetischem Austausch gegenüber. Und hier beginnt ein handfester Interessenkonflikt zwischen Pflanze und Blütenbesucher: Für das Insekt muss das Ziel die effektive Aufnahme von möglichst viel nahrhafter Blütennahrung sein. Für die Pflanze ist das Insekt ein notwendiges Übel, das am liebsten genau jenes kostbare Produkt – den Pollen – verzehrt, das es eigentlich von Blüte zu Blüte tragen soll. Statt der häufig so dargestellten »Symbiose« zum beiderseitigen Nutzen ist das Blütengeschehen eher eine »Geschäftsbeziehung«, bei der beide Partner nach Gewinnmaximierung bzw. Kosteneinsparung streben oder sogar Vorteilsnahme ohne Gegenleistung, also Einbruch und Raub auf der einen, Lug und Betrug auf der anderen Seite, im Spiel sind – wie die nächsten Kapitel an vielen Stellen zeigen werden.

## 4.2 Nektar

Der Begriff »Nektar« geistert schon seit längerer Zeit durch die Begriffswelt. Roscher (1883) beschäftigte sich ausführlich mit der etymologischen Bedeutung der Begriffe »Nektar« und »Ambrosia«, die oft zusammen genannt werden und von der Göttin Hebe (= Ganymeda) im Olymp als Mundschenk den anderen Göttern serviert worden war. Seit Homer war »Nektar« im Sinne eines Getränks und »Ambrosia« als eine besondere Speise verwendet worden. Beim »Nektar« dürfte es sich dabei um den von Honigbienen aus dem Nektar der Pflanzen gewonnenen Honig oder dessen vergorenem Produkt, dem Honigwein oder Met handeln. Bei »Ambrosia« könnte es sich – zumindest bei jenem in der Bibel erwähnten rettenden Nahrungsmittel beim Auszug von Moses mit den Israeliten aus Ägypten – um die durch Verdunstung verdickten zuckerhaltigen Ausscheidungen von Blattläusen gehandelt haben. Die eigentliche Quelle beider Nahrungs- bzw. Genussmittel ist letztlich der zuckerhaltige Saft der Siebröhren (Phloem) von Pflanzen.

Der eigentliche Nektar ist etwas grundsätzlich anderes als Pollen. Der erste Unterschied besteht darin, dass die Menge der Pollenkörner von vornherein festgelegt ist, während Nektar in gewissen Grenzen nachproduziert werden kann. Die Pollenkörner entstehen durch Reifeteilung (Meiose, Kap. 1.4) aus den Pollenmutterzellen und können nur einmal abgeholt werden. Der Nektar jedoch wird als Flüssigkeit aus den Nektarien ausgeschieden. Die Nektarien können von ganz unterschiedlichem anatomischen Bau sein und an verschiedenen Pflanzenorganen sitzen (Bentley & Elias 1983, Vogel 1977). Häufig ist am Grunde des Fruchtknotens oder an seiner Spitze ein ringförmiges Nektargewebe, ein sogenannter Diskus vorhanden; der Nektar kann aber auch am Grunde der Staubblätter oder, wie bei den Hahnenfußgewächsen, in besonderen Nektarblättern produziert werden. Manchmal ist auch eine lange, tiefe Aussackung der Blütenblätter, ein Sporn vorhanden (bei der Akelei sogar fünf!, Abb. 41b), in dem der Nektar produziert bzw. wenigstens angeboten wird. Bei den Malvengewächsen sind die Innenseiten nicht der Kron-, sondern der Kelchblätter die Orte der Nektarproduktion; hier sind daher die Kronblätter »genagelt«, lassen also zwischen ihren verschmälerten Basen Zugänge zum Nektar offen (Abb. 41d). Immer jedoch stehen die Nektarien mit dem Phloemsaftstrom der Pflanze in Verbindung. Werden die Blüten durch Eintüten vor Insektenbesuch geschützt, erreicht der Nektar einen gewissen Pegel. Wird die Blüte jedoch beflogen und der Nektar getrunken, wird er sozusagen »auf Bedarf« nachproduziert, sodass man bei quantitativen Messungen bei mehrfach besammelten Blüten signifikant höhere Werte erreicht als bei einmaligem Sammeln (Inouye 1980, 1983, Castellanos et al. 2002, Ornelas et al. 2007). Natürlich ist die Nektarfreisetzung auf die Aktivität der Bestäuber abgestimmt: Blüten für tagaktive Bestäuber produzieren den Nektar morgens, solche für Nachtfalter und Fledermäuse abends. Und Blüten, die auf Nummer sicher gehen wollen, bieten ihren Nektar Tag und Nacht an.

Der zweite Unterschied zwischen Nektar und Pollen: Nektar ist für die Pflanze in der Bereitstellung erheblich »preiswerter«. Der proteinreiche Pollen benötigt für seine Bildung Stickstoff, den die Pflanze als begrenzte Ressource dem Boden entnehmen muss. Nektar dagegen ist »nur« eine wässrige Lösung von Zucker, also Kohlenhydraten, und diese werden beim elementarsten Lebensprozess aller grünen Pflanzen, der Photosynthese, in Form von Glukose ohnehin produziert. Die Bereitstellung von Nektar erfordert also nur Wasser (das die Pflanze über den Xylemsaftstrom dem Boden entnimmt), Kohlenstoffdioxid und Sonnenlicht.

Und der dritte, für unser Thema wichtigste Unterschied: Nektar hat ausschließlich eine ökologische Funktion. Das gilt selbst für Nektarien außerhalb der Blüte (»extraflorale Nektarien«, Bd. 1, S. 146). Wir haben gesehen, dass der Pollen die »Transportform« des männlichen Erbgutes darstellt und daher eine Blütenpflanze ohne Pollen undenkbar ist. Blütennektar jedoch haben Pflanzen allein zu dem Zweck, damit Tiere anzulocken. Und wenn in Kap. 2.2.3 dargelegt wurde, dass auch die Blütenkronblätter nur im Zusammenhang mit der Bestäubungsökologie erklärbar sind, so können wir die dort dargelegten Argumente mutatis mutandis auch für den Nektar gelten lassen: Tierbestäubte Pflanzen, die ihre Besucher mit anderen Lockmitteln zum Blütenbesuch bewegen, haben keinen Nektar. Dies gilt für reine Pollenblumen (Abb. 42a-d), für solche, die den Tieren fette und ätherische Öle bieten und natürlich für die vielen Fälle von Täuschblumen (Kap. 6). Aber auch solche, die weitgehend oder vollständig auf Selbstbestäubung vertrauen und unscheinbare, kleine oder gar geschlossen bleibende (kleistogame) Blüten haben, lassen Nektar vermissen. Und schließlich suchen wir auch bei allen windbestäubten Pflanzen (Kap. 8) nicht nur die bunten Kronblätter, sondern auch den Nektar vergebens.

Wie hoch ist die Konzentration des Nektars? Wenn wir die Konzentration hier nicht wie in der Chemie üblich molar, sondern um der Anschaulichkeit willen in Gewichtsprozent angeben (Schwerdtfeger 1996), dann gilt: Viele »übliche« Blütennektare haben zwischen 20 und 40 % Zucker – das sind immerhin 200-400 g auf einen Liter Wasser! Dies ist auch für unsere Honigbiene der attraktivste Bereich. Wie schon der Nobelpreisträger Karl von Frisch (1927) festgestellt hat, sind die Rezeptoren der Honigbiene für das Süße unempfindlicher als unsere Zunge, Nektarkonzentrationen unter 20 % werden also gar nicht als süß empfunden. Dies ist allerdings eine ziemlich sinnvolle Einrichtung, wenn wir uns vor Augen führen, dass Honigbienen auf ihren Sammelflügen ja auch Energie verbrauchen. Das Sammeln einer zu wässrigen Nektarlösung würde sowohl beim Transport wie bei der nachfolgenden Verarbeitung zu Honig durch das Eindicken und Fermentieren des Nektars mehr Energie verbrauchen, als durch das Sammeln gewonnen würde. Dabei schwankt ihr Geschmacksvermögen jahreszeitlich: Im Frühjahr erkennen sie erst relativ hoch konzentrierten Nektar, während sie im blütenarmen Herbst deutlich empfindlichere Geschmackssensoren entwickeln und auch Nektar mit etwas geringerem Zuckergehalt noch als süß empfinden. Die relativ hohe Reizschwelle für den

**Abb. 41a-d:** Nektarpräsentation in Nektarspornen.

Sporne treten unabhängig von Blütenbau und Verwandtschaft in gänzlich verschiedenen Pflanzengruppen auf: **a** Hohler Lerchensporn (*Corydalis cava*, Fumariaceae), **b** Akelei (*Aquilegia vulgaris*, Ranunculaceae, mit fünf Spornen je Blüte!) und **c** *Cyrtorchis arcuata* (Orchidaceae). Bei den Malven (d *Malva sylvestris*) wird der Nektar auf der Innenseite der Kelchblätter produziert. Die Kronblätter sind daher »genagelt« und lassen zwischen ihren verschmälerten Basen Zugänge zum Nektar frei.

Süßgeschmack ist also eine Versicherung, dass nicht zu dünne Nektare mit allzu ungünstiger Energiebilanz eingetragen werden. In abgewandelter Form gilt dies auch für die anderen Bienengruppen, sodass wir verallgemeinern können: Nektare für Bienen sind relativ konzentriert, solche von deutlich unter 20 % sind für Bienen uninteressant und anderen Bestäubergruppen vorbehalten (blütenökologische Stiltypen, Kap. 5).

Nach oben wird die Nektarkonzentration durch zwei Faktoren begrenzt: Wenn man schlussfolgern würde: »Je höher die Konzentration, desto größer die Attraktivität für die Bestäuber, desto größer der Bestäubungserfolg«, so wäre dies unrichtig. Aus der Warte der Pflanze besteht nämlich kein Interesse daran, die Bestäuber möglichst effektiv zu sättigen! Die Tiere sollen ja emsig zwischen möglichst vielen Blüten hin und herfliegen, sodass die Nektarmenge und die Konzentration in einem Bereich eingestellt sind, der gerade hoch genug ist, damit der Besuch der Blüten attraktiv bleibt, aber nicht so hoch, dass die Tiere nach dem Besuch weniger Blüten bereits satt und zufrieden wieder heimfliegen könnten. Zumindest bei einigen Pflanzenarten konnte neuerdings festgestellt werden, dass diese ihren Zuckergehalt aktiv regulieren können durch eine Wiederaufnahme des ausgeschiedenen Nektars. Diese Reabsorption dient zum einen der Rückgewinnung von ungenutzten Energiereserven, wenn der Nektar nicht von einem Blütenbesucher genutzt wurde. Daneben kann durch die Reabsorption der Zuckergehalt nach Bedarf geregelt werden und spielt dann eine wichtige Rolle bei der Lenkung der Bestäuber. Eine Liste der bisher bekannt gewordenen Pflanzenarten, die ihren Nektar reabsorbieren können, findet sich bei Nicolson et al. (2007). Da dieses Phänomen in den verschiedensten Familien sowohl bei den Zweikeimblättrigen als auch den Einkeimblättrigen Blütenpflanzen vorkommt, scheint es weit verbreitet und deutlich häufiger als vermutet.

Die höchsten gemessenen Nektarwerte liegen bei über 70 % und können zustande kommen, wenn in flachen Blüten mit relativ offen liegendem Nektar (Doldenblütler; *Oregano*) in heißen Hochsommertagen der Nektar durch Verdunstung zu einer sirupartigen, zäh-viskosen Masse eingedickt wird. Für Fliegen und Schmetterlinge kann so etwas ein »gefundenes Fressen« sein, die Tiere sitzen dann in aller Ruhe auf den Blütenständen und lösen diese Kalorienbomben notfalls mit eigenem Speichel auf, um sie zu verflüssigen und aufsaugen zu können. Anders die Bienen: Ihr auf Effektivität ausgerichtetes Sammelverhalten gestattet es ihnen nicht, an diesen Mahlzeiten teilzunehmen, da Zeit- und Energieaufwand zur Aufnahme so zähflüssiger Nektare für sie in keinem günstigen Verhältnis zum Gewinn stünde. Zum fein aufeinander abgestimmten Beziehungsgefüge zwischen Nektarmenge und -konzentration und dem dadurch beeinflussten Sam-

**Abb. 42a-c: Reine Pollenblumen: a** Adonisröschen (*Adonis vernalis*), **b** Klatschmohn (*Papaver rhoeas*) und **c** Rose (*Rosa* ´Portlandica´) haben keine Nektarien; sie werden ausschließlich wegen ihres Pollens besucht, den die vielen Staubblätter reichlich produzieren.

**Abb. 42d:** Die Schwarze Königskerze (*Verbascum nigrum*) hat nur fünf Staubblätter, aber auch die Königskerzen sind reine Pollenblumen.

melverhalten der Bestäuber gibt es eine Fülle neuerer und neuester Arbeiten (zitiert bei Willmer 2011).

Die Zusammensetzung des Nektars ist seit den 60er-Jahren Gegenstand zahlreicher Publikationen. Nektar ist hauptsächlich eine Lösung von Zucker in Wasser, und dieser kann in Form des Doppelzuckers Saccharose (Rohrzucker) oder als Einfachzucker (Hexose), also als Glukose (Traubenzucker) oder Fruktose (Fruchtzucker) vorliegen. Bei einzelnen Pflanzengruppen kommen auch andere Zuckerarten vor, und schließlich lassen sich Spuren von Aminosäuren, organischen Säuren, Alkaloiden, Aromastoffen, Vitaminen, Farbstoffen, Lipiden und Mineralstoffen feststellen (Lohaus & Möllers 2000, Carter et al. 2006, Lohaus & Schwerdtfeger 2014). Diese im Nektar enthaltenen Spurenstoffe bestimmen dann aber das Aussehen, die Konsistenz, den Geschmack, den Geruch und die Wirkung des daraus von den sozialen Bienen gewonnenen Honigs.

Da die Bienen ihren Nektar von verschiedensten Blütenpflanzen sammeln, unterscheiden sich die Honige sowohl regional wie zeitlich und sind zudem von Bienenvolk zu Bienenvolk unterschiedlich, sofern sie nicht in einer Umgebung stehen, in der nur noch eine Hauptblüte dominiert. So schmeckt beispielsweise Honig von Esskastanien (*Castanea sativa*) relativ bitter, Honig von Raps (*Brassica napus*) ist mild, von gelblich-weißer Farbe und kristallisiert schon zwei Wochen nach der Reifung zu einem sehr festen Block, während Honig von Robinien (*Robinia pseudoacacia*) nahezu wasserklar ist und über ein Jahr lang flüssig bleibt. Ein Honig, der nie kristallisiert, ist übrigens auf über 40 °C erhitzt und die in diesem Honig enthaltenen Enzyme sind damit zerstört worden.

Ob Pflanzen mit im Nektar enthaltenen Giftstoffen wie den berüchtigten Pyrrolizidinalkaloiden, die immer wieder für Schlagzeilen über »giftigen Honig« (Bd. 1, S. 188) sorgen, auch zur Besuchersteuerung dienen, wie dies vom Pollen bekannt wurde, ist noch nicht vollständig geklärt. Ebenfalls ungeklärt ist, ob es, abgesehen vom Eiweißgehalt, Beziehungen zwischen der Art und Menge der sonstigen Inhaltsstoffe von Nektar und den jeweiligen Besuchergruppen gibt.

Im Folgenden soll es deshalb weiter vor allem um Saccharose und die Hexosen Glukose und Fruktose gehen. Wykes (1952) stellte fest, dass die Honigbienen Blütennektare mit einem ausgewogenen Verhältnis von Saccharose zu Hexosen bevorzugen, doch wurde bald klar, dass die wenigsten Nektare solche Verhältnisse aufweisen, sondern entweder klar saccharose- oder hexosebetont sind. Percival überraschte 1961 mit einer Untersuchung an ca. 900 Pflanzenarten, in der sie klar darlegen konnte, dass die Nektarzusammensetzung offenbar familienspezifisch ist: So sollen etwa Lippen- und Rachenblütler saccharosereiche, Kreuz- und Korbblütler hexosereiche Nektare aufweisen; die Nektarzusammensetzung wäre also durch einen »phylogenetic constraint« (also »verwandtschaftliche Verpflichtungen«) bestimmt.

Gänzlich andere Ergebnisse lieferten die grundlegenden Arbeiten von Baker & Baker (1975, 1983a, 1983b); danach sei die Nektarzusammensetzung, besonders das Saccharose/Hexosen-Verhältnis, weniger durch die Familienzugehörigkeit bestimmt, sondern vor allem vom Bestäubertyp abhängig: Bei Pflanzenarten, die von Bienen, Kolibris und Schmetterlingen bestäubt werden, würden wir hohe Saccharoseanteile messen, die Nektare von Nektarvogel- und Fledermausblumen sowie die für kleine, unspezialisierte Blütengäste wären hexosebetont.

Wie konnten zwei so akribisch arbeitende Forschergruppen zu so unterschiedlichen Befunden kommen, und welche der gegensätzlichen Postulate ist nun zutreffend? Es lag nahe, beide Faktoren quasi gegeneinander auszuspielen: Welche Nektarzusammensetzung hat beispielsweise ein Lippenblütler, der nach seiner Familienzugehörigkeit saccharosebetonten Nektar haben sollte, aber an den Besuch durch südafrikanische Nektarvögel angepasst ist? Oder eine südamerikanische *Lietzea* aus der Familie der Generiaceen, die aber nicht wie ihre Verwandten von Kolibris, sondern von Blumenfledermäusen besucht wird? Oder umgekehrt eine andine *Mutisia*, die als Korbblütler hexosereichen Nektar produzieren sollte, aber klar kolibriblütig ist? Umfangreiche eigene Untersuchungen (Schwerdtfeger 1996), ebenfalls an etwa 900 Pflanzenarten aus aller Welt, konnten die These von Baker & Baker rundum bestätigen und nachweisen, dass die Nektarzusammensetzung in aller Regel mit dem Bestäubertyp korreliert ist und der *Phylogenetc constraint* keine Rolle spielt, sobald ein für die jeweilige Verwandtschaftsgruppe ungewöhnlicher Bestäuber einen anderen Nektartyp erfordert.

Wie konnte Percival (1961) bei einer so breit angelegten Untersuchung derart irren? Bei näherer Untersuchung der von ihr untersuchten Pflanzenarten finden wir leicht den Fehler: Aus der Familie der Lippenblütler untersuchte sie zahlreiche Wildpflanzen ihrer englischen Heimat, dazu Salbei, Rosmarin und Lavendel der Gärten und schließlich die schön rot blühenden mexikanischen Salvien der Grünanlagen. Die mittel- und südeuropäischen Lippenblütler sind aber grundsätzlich bienenbestäubt, und die roten Zierpflanzen der Familie sind aus Amerika eingeführte Kolibriblumen. Und beide Bestäubergruppen verlangen saccharosereiche Nektare. Trotz der großen Artenzahl wurden also nur Lippenblütler vom gleichen Nektartyp in die Untersuchung einbezogen, sodass der saccharosebetonte Nektar »familientypisch« erscheinen musste.

Das Entsprechende gilt – nur mit umgekehrtem Vorzeichen – für die Korbblütler: Aus der europäischen Wild- und Gartenflora kann man Hunderte von Arten aus zahlreichen Gattungen beproben, doch fast alle hier vorkommenden Vertreter sind an unspezialisierte Blütenbesucher (z.B. »short tongued bees« sensu BAKER & BAKER) angepasst (SCHWERDTFEGER 1991, WAGENITZ 1981) und bieten dieser Bestäubergruppe hexosereiche Nektare. Es ist gar nicht so leicht, z.B. an die südamerikanischen *Mutisia*-Arten heranzukommen, die von Kolibris bestäubt werden: Ihr Nektar ist folgerichtig saccharosereich! Die Abhängigkeit der Nektarzusammensetzung vom Bestäubertyp wurde mittlerweile vielfach bestätigt und gehört daher in die Reihe der blütenökologischen Stilmerkmale, von denen in Kap. 5.3 die Rede ist.

Ein weiterer interessanter Aspekt im Zusammenhang mit Nektar rückte erst jüngst in den Fokus der Forschung: Jede wässrige Lösung mit einem Zuckergehalt unter 80 % bietet Hefen eine optimale Ernährungsbasis, weshalb Honigbienen ihren Nektar so weit eindicken, bis der Wassergehalt des Honigs unter 20 % liegt, und versiegeln die Honigzellen zusätzlich mit Wachsdeckeln. In den Blüten liegt die Zuckerkonzentration des Nektars weit unter 80 %, außerdem liegt er mehr oder weniger offen vor. Es siedeln sich deshalb stets auch Hefen und andere Mikroorganismen im Nektar an und beeinflussen die Qualität und Zusammensetzung des Nektars je nach Dauer und äußeren Bedingungen zum Teil erheblich. Untersuchungen an verschiedenen hummelbestäubten Pflanzenarten zeigten, dass mit zunehmender Besiedlungsdichte des Nektars durch Hefen die Besuchsrate der entsprechenden Blüten durch Hummeln deutlich abnimmt und so den Bestäubungserfolg trotz eines guten Nektarangebots stark mindert (HERRERA et al. 2008).

Blütenbesuchende Insekten, die keine beißend-kauenden Mundwerkzeuge besitzen, können Proteine nur in flüssiger Form aufnehmen. Viele Blütenpflanzen bieten deshalb in ihrem Nektar zusätzlich Eiweißstoffe an. Dabei variiert der Eiweißgehalt des Nektars stark je nach der Zielgruppe, die von den Pflanzen als reguläre Bestäuber auserkoren sind. In Tab. 1 sind die Hauptbestäuber und der jeweilige Proteingehalt des Nektars der von ihnen besuchten Blütenpflanzen dargestellt. Die Ergebnisse stammen von Untersuchungen an verschiedensten Blütenpflanzen tropischer und gemäßigter Zonen Amerikas (BAKER & BAKER 1983, 1986). Den höchsten Aminosäureanteil im Nektar weisen Blütenpflanzen auf, die Aas- und Dungfliegen (Calliphoridae, Sarcophagidae und Scathophagidae) anlocken wollen. Sie täuschen damit eiweißreiches Aas bzw. Dung vor und verlocken die Fliegen damit zur Eiablage. Für Tagfalter stellt der Nektar neben Urin und flüssigen Zersetzungssäften die Hauptquelle für Proteine dar. Alle übrigen Blütenbesucher sind in der Lage, ihren Proteinbedarf auch aus anderen Quellen zu decken. Dabei spielt der Pollen zumindest bei den Insekten die größte Rolle. Fledermäuse, Kolibris und blütenbesuchende Sperlingsvögel decken ihren Proteinbedarf neben Pollen zusätzlich mit Insekten. Pflanzen, die sowohl von langrüsseligen Bienen wie von Tagfaltern bestäubt werden wollen, gehen beim Proteingehalt einen Kompromiss zwischen den Bedürfnissen der Falter und Bienen ein.

**Tab. 1:** Mittlere Aminosäure-Konzentration im Nektar verschiedener Blütenpflanzen, gruppiert nach den hauptsächlichen Bestäubern (nach Baker & Baker 1983). Anz.: Anzahl der Probenahmen; AS: Aminosäuren in Mikromol pro Milliliter.

| Hauptbestäuber | Anz. | AS, µmol/ml |
|---|---|---|
| Aas- und Dungfliegen | 9 | 12 500 |
| Tagfalter | 118 | 1 500 |
| Kurzrüsselige Motten | 78 | 1 059 |
| Bienen und Tagfalter | 257 | 1 015 |
| Wespen | 44 | 913 |
| Bienen (allgemein) | 715 | 624 |
| Fliegen (allgemein) | 97 | 557 |
| Nachtfalter | 65 | 536 |
| Kolibris | 150 | 452 |
| Fledermäuse | 23 | 306 |
| Sperlingsvögel | 21 | 255 |

Inhaltsstoffe des Nektars können auch eine lenkende Funktion besitzen. So ist der Nektar einer südafrikanischen Aloe-Art (*Aloe vryheidensis*) nicht hell und süß, sondern dunkelbraun und bitter. Der Blütenstand dieser Aloe ist so gebaut, dass die Blüten optimal von kurzschnäbeligen Vögeln, die nur zeitweise Nektar konsumieren, bestäubt werden. Durch das offene Angebot könnten jedoch zusätzlich langschnäbelige Vögel und Insekten, vor allem Honigbienen an den Nektar gelangen, ohne die Blüten zu bestäuben. Die den Nektar dunkel und bitter machenden Phenole machen den Nektar für diese unerwünschten Besucher ungenießbar, während die kurzschnäbeligen Blütenbesucher dadurch nicht abgeschreckt werden. Im Gegenteil bevorzugt der Graubülbül (*Pycnonotus barbatus*) in Versuchen sogar diesen bitteren Nektar gegenüber einem klaren und nicht bitteren Nektarangebot (Johnson et al. 2006).

Eine andere Möglichkeit, Nektarraub zu unterbinden, hat die zu den Spargelgewächsen gehörende Massonie (*Massonia depressa*) gefunden. Ihre Bestäuber sind Nagetiere, weshalb ihre Blüten dicht am Boden liegen, einen strengen Duft nach vergorenen Früchten ausströmen und ihren saccharosereichen Nektar erst abends absondern. Obwohl dieser Nektar nur einen Zuckergehalt von 20 % besitzt, ist er ungefähr 400-mal so zähflüssig wie die entsprechende Zuckerkonzentration vermuten lässt. Durch diese geleeartige Konsistenz werden alle Nektarräuber, die saugende Mundwerkzeuge besitzen, an der Aufnahme dieses Nektars gehindert (Johnson et al. 2001). Neben diesen chemischen bzw. mechanischen Abwehrmaßnahmen gibt es auch noch eine Reihe morphologischer Abwehrmöglichkeiten, die im Pflanzenreich gegen Nektardiebe entwickelt wurden, die hier aber nicht weiter ausgeführt werden sollen.

## 4.3 Öl

Nektar und Pollen sind weltweit bei weitem die wichtigsten Lockmittel in Blüten. Das danach an dritter Stelle rangierende Beköstigungsmittel wurde erst relativ spät entdeckt – allerdings scheint die Bezeichnung »Beköstigungsmittel« nur halb passend angesichts der Tatsache, dass die Tiere – ausschließlich bestimmte Bienen – es niemals selbst zu sich nehmen, sondern allein zur Versorgung der Brut verwenden. Es handelt sich um fette Öle. Auf verschiedenen Kontinenten und aus verschiedenen Bienenfamilien sind einzelne Gattungen dazu übergegangen, ihre Brutzellen nicht wie üblich mit Pollen und Nektar, sondern mit Pollen und Öl zu verproviantieren. Pollen ist als proteinreiche Aufbaunahrung grundsätzlich unverzichtbar, als Energiespender wird der Nektar jedoch durch das achtfach kalorienreichere Öl ersetzt. Den systematisch nicht näher miteinander verwandten ölsammelnden Bienen steht eine ebenso heterogene Vielfalt ölproduzierender Pflanzengattungen aus verschiedenen Familien gegenüber (Vogel 1999).

Eine davon wächst sogar vor unserer Haustür. Von den Gilbweiderich-Arten *Lysimachia vulgaris*, *L. punctata* (Abb. 43a) und *L. nummularia* war lange bekannt, dass die Blüten nektarlos sind, aber etwas Öl enthalten. Doch erst der geniale Blütenökologe Stefan Vogel hat die ganze Bedeutung dieses Befundes erkannt und gründlich untersucht (Vogel 1969, 1974).

Die Schenkelbienen der Gattung *Macropis* mit den in unserem Gebiet beiden einzigen Arten *M. fulvipes* und *M. europaea* versorgen ihre Brut mit nichts anderem als einem Pollen-Öl-Gemisch von *Lysimachia*. Da die Blüten nektarlos sind, muss die Biene den Nektar zu ihrer eigenen Versorgung an anderen Blüten trinken, die Larvendiät aus Pollen und Öl von *Lysimachia* jedoch kann durch nichts anderes ersetzt werden. Das Blütenöl wird bei allen ölsammelnden Bienen grundsätzlich nicht mit den Mundwerkzeugen, sondern mit den Beinen gesammelt. In unserem Fall setzt sich die Biene auf

**Abb. 43a-e:** Ölblumen.

Selbst vor unserer Haustür gibt es Ölblumen: **a** Die gelbblühenden Gilbweiderich-Arten (hier *Lysimachia punctata*) bieten mit ihrem Blütenöl einzige Lebensgrundlage der ölsammelnden Schenkelbienen der Gattung *Macropis*. Die tropische Pflanzenfamilie der Malpighiaceae stellt die meisten Ölblumen: **b** *Byrsonima crassifolia* und **c** *Stigmaphyllon cordifolium*. **d, e** *Diascia barbarae* (Vorder- und Rückseite) mit ihren zwei Ölspornen. Bestäuber ist die ölsammelnde Bienengattung *Rediviva*.

die in der Blütenmitte stehende Staubblattsäule und dreht sich so lange auf dieser »Achse«, bis sie mit Vorder- und Mittebeinen die ölproduzierenden Bereiche abgewischt hat. Alle ölsammelnden Bienen sind an den Beinen mit Haarstrukturen, Kanten oder Kämmen ausgestattet, um das Öl wie mit einem Wischmopp aufzuwischen oder auszustreichen. Bei der Ölernte bleibt auch Pollen an der Biene hängen, der sofort abgeputzt und bereits am Bienenkörper zu einer Pollen-Öl-Nährpaste verbunden wird. In der großen Gattung *Lysimachia* sind die gelb blühenden Arten Europas, Asiens und Nordamerikas alle Ölblumen, die weißblühenden dagegen bieten ganz normal Nektar und sind zum Teil bei Tagfaltern sehr beliebt.

Die weltweit größte Gruppe von Ölblumen ist die Familie der Malpighiaceae (Abb. 43b-c). Ein kleinerer Teil der insgesamt 1300 Arten kommt in den Tropen Afrikas und Asiens vor, von den fast 1000 Arten der Neuen Welt sind jedoch die meisten Ölblumen. Auffällig sind bei diesen Blüten die lang gestielten (»genagelten«) Kronblätter, und obwohl diese relativ gleich groß sind, funktionieren die Blüten dennoch zygomorph (Kap. 5.3): Die Biene klammert sich mit ihren Mandibeln am Nagel des oberen Kronblattes fest, um Vorder- und Mittelbeine zum Sammeln frei zu haben. Die vier Öldrüsen sitzen auf den vier seitlichen Kelchblättern, und die vier Sammelbeine greifen nun zwischen den Lücken der Kronblätter hindurch, um das Öl aufzutupfen. Währenddessen kommt der Bauch der Biene unvermeidlich mit den Staubbeuteln in Berührung. Die Malpighiaceen bieten hier übrigens neben dem Öl noch die weitere blütenökologische Spezialität der Heterantherie: die Staubbeutel sind in »Beköstigungsantheren« und »Befruchtungsantheren« getrennt, von denen die ersteren große, sammelbare, aber sterile Pollenkörner bilden, die zweiten aber kleinere, unscheinbare, jedoch fertile (Vogel 1999).

Die Verwandtschaft der Rachenblütler hat drei Gattungen von Ölblumen hervorgebracht, die schön blühende, einjährige Kräuter stellen und neuerdings im Frühjahr sogar in unseren Gartencentern zu kaufen sind: Schon lange bekannt sind die Pantoffelblumen der Gattung *Calceolaria*, wo die ölproduzierende Fläche vorne quer unter der Kante der schuhförmig aufgeblasenen Unterlippe zu finden ist. »Die Besucher, zur Gattung *Tapinotaspis* gehörig, tupfen dieses Band mit Armbewegungen wie ein Klavierspieler ab und übertragen dabei mit dem Rücken den Pollen« (Vogel 1999: 78). Wie *Calceolaria*, ist auch die ebenfalls ölproduzierende Gattung *Angelonia* in Südamerika beheimatet. Auf der anderen Seite des Südatlantik, in der Kapflora Südafrikas, wächst die Gattung *Diascia*. Der botanische Name (»zwei Schläuche«) bezieht sich darauf, dass die Blüten wundersamerweise nicht einen, sondern zwei Nektarsporne als Fortsatz der Unterlippe tragen – für solche hielt man die Aussackungen jedenfalls, bis man feststellte, dass diese Sporne nicht Nektar, sondern Öl enthalten. Und passend zu der Blumengattung *Diascia* gibt es die Bienengattung *Rediviva,* die bei der Ölernte mit kurios verlängerten Vorderbeinen »beidhändig« in je einen der Ölsporne hineinfasst (Abb. 43d, Vogel 1984).

Bei all den oben genannten Ölblumen findet sich in der Blüte kein Nektar. Die Larven der Ölbienen wachsen allein auf dem fetten Pollen-Öl-Kuchen heran, die erwachsenen Bienen jedoch müssen sich für ihren eigenen Energiebedarf an anderen Blüten mit Nektar versorgen. In dieser Hinsicht eine Ausnahme unter den Ölblumen stellen die Kürbisgewächse der Gattungen *Thladiantha* und *Momordica* dar. Nur bei ihnen findet sich in den Blüten zusätzlich zum Öl, freilich getrennt davon, auch Nektar, mit dem sich die ölsammelnden Bienen versorgen können. Die Gattung *Momordica* können wir in den Gewächshäusern botanischer Gärten sehen, wo sie aber nicht wegen ihrer kleinen Ölblüten, sondern wegen ihrer bunten Früchte gezogen werden, die auf den aufgesprungenen Klappen ihrer orangefarbenen Früchte leuchtend rote Samen präsentieren.

## 4.4 Parfüm

Dieses Anlockungsprinzip wurde, wie das Ölsammeln, ebenfalls erst in den letzten 50 Jahren aufgeklärt und verstanden. Auch hier wird kein Nektar geboten und dient kein Pollen dem Anlocken der Bestäuber, sondern mit Wasser nicht mischbare, ölige Substanzen. Allerdings mit dem Unterschied, dass wir es hier nicht mit »fetten Ölen« (bei Zimmertemperatur flüssig), sondern mit ätherischen Ölen zu tun haben, also leicht flüchtigen und stark duftenden Substanzen. Der zweite beachtenswerte Unterschied ist, dass hier ausschließlich die Männchen bestimmter Bienenarten in das Bestäubungsgeschehen eingebunden sind, während sich die dazugehörigen Weibchen überhaupt nicht für das Blütenparfüm als Sammelgut interessieren und daher niemals an den Blüten zu sehen sind.

Der Begriff »Parfümblume« beschreibt gut den Charakter der Duftstoffe: Es sind auch für unsere Nase stark riechende und über einige Entfernung als »Fahne« wahrnehmbare Gerüche, etwa nach Eukalyptus- oder »Teebaum«öl, Gewürznelken, Kümmel oder Vanille, nach kitschig-künstlichem »Bonbonaroma«, aber auch nach Mottenkugeln, und schließlich können selbst die schlimmen Stinkstoffe Indol und Skatol eine Rolle spielen (aber immerhin können diese interessanterweise als kaum wahrnehmbare Nuancen auch zur Abrundung selbst der teuersten menschlichen Parfüms zum Einsatz kommen). Chemisch gehören diese Substanzen den verschiedensten Stoffgruppen an (Terpenoide, Kohlenwasserstoffe, Alkohole, Ketone, Aldehyde, Ester, Benzenoide). Auf der Blüte werden sie dabei nicht wie die üblichen Blütenduftstoffe gasförmig, sondern in Form kleinster, abwischbarer Tröpfchen freigesetzt.

Bestäuber der Parfümblumen sind ausschließlich die Männchen der Bienengruppe der Prachtbienen (Euglossini, Bd. 1, S. 40), die es nur in den warmen Tieflagen des tropischen Mittel- und Südamerika gibt. Die Prachtbienen gehören zu den schönsten Insekten der Welt (Abb. 44a-d, 45c). Die *Euglossa*-Arten sind etwa so groß wie Honigbienen, die Vertreter der Gattungen *Eulaema* und *Euplusia* können die Größe von Hummeln und Holzbienen erreichen. Die Körper der Bienen sind weitgehend unbehaart und tragen die herrlichsten metallischen Schillerfarben: malachitgrün, stahlblau, rotviolett oder golden, sodass sie den Namen »Prachtbienen« wahrhaft zu Recht tragen. Der wissenschaftliche Name *Euglossa* (»wahre, echte Zunge«) bezieht sich übrigens nicht auf die prachtvollen Farben, sondern auf die enorme Länge des Saugrüssels. Dieses überkörperlange Organ befähigt die Tiere zum Saugen aus engen, tiefen Röhren, rollt sich jedoch nicht wie bei Schmetterlingen im Ruhezustand uhrfederartig zusammen. Stattdessen hängt es im Anflug grotesk herab oder ist unter dem Körper nach hinten umgeklappt, sodass die fliegende Biene wirkt wie eine auf einem Besen reitende Hexe.

In jedem einigermaßen intakten Lebensraum der feuchten amerikanischen Tropen ist es ein Leichtes, sozusagen »auf Bestellung« Prachtbienen zu sehen. Man braucht nur ein Fläschchen der bewährten Substanzen Cineol (Eukalyptusöl), Methylsalicylat (das Wintergreen-Aroma der Amerikaner, bei uns z.B. im Gurgelmittel Hexoral), Benzylacetat oder Eugenol (Nelkenöl) zu öffnen und einen einzigen Tropfen auf ein Blatt zu tropfen. Oft kaum fünf Minuten später steht man in einer hektisch summenden und brausenden Wolke von Prachtbienen. Stiche braucht man nicht zu befürchten, da man auf diese Weise ausschließlich Männchen anlockt. Die Reichweite der Duftfahnen kann einige Kilometer betragen, und in rasantem Flug fliegen die Bienenmännchen dem Duftgradienten entgegen, um das Duftöl einzusammeln.

Unter natürlichen Bedingungen sammeln die Tiere das Öl an bestimmten Parfümblumen vor allem aus der Familie der Orchideen sowie einiger weniger anderer Pflanzenfamilien. Die für die Tropen typischen hohen Artenzahlen bei geringen Populationsdichten bereiten den Tieren keine Schwierigkeiten: Zielgenau finden sie entlang der Duftfahnen auch einzelne Orchideen, die verstreut in den Baumkronen blühen. Das Öl wird mit wischenden Bewegungen der pinselartig behaarten Vorder- und Mittelfüße aufgewischt und in die Sammelbehälter an den Hinterbeinen verfrach-

**Abb. 44a-e:** Parfümblumen und Prachtbienen.

**a** *Stanhopea anfracta* (Orchidaceae, Ecuador) mit parfümsammelndem *Euglossa*-Männchen. Deutlich sind die auf dem Rücken angeklebten gelben, keulenförmigen Orchideen-Pollinarien zu erkennen. **b** Zwei *Euglossa*-Männchen an *Peristeria ephippium* (Orchidaceae, Ecuador). **c** *Euglossa deceptrix* an *Peristeria pendula* (Orchidaceae, Panama). **d** *Euglossa alleni* an *Spathiphyllum friedrichsthalii* (Araceae, Costa Rica). **e** *Eulaema meriana* ist so groß wie eine Hummelkönigin, hier parfümsammelnd an *Gloxinia perennis* (Gesneriaceae, Peru). (Standortaufnahmen, Fotos: Günter Gerlach).

tet. Diese erinnern in Größe und Position fast an die Pollenhöschen der Honigbienen und Hummeln, sind aber keine außen sitzenden Haarstrukturen (»Körbchen«; Bd. 1, S. 35), sondern tatsächlich hohle, aus Chitin bestehende »Parfümfläschchen«, wie sie zum Transport von Flüssigkeiten nötig sind.

Wozu brauchen die Bienenmännchen das Parfüm? Der naheliegende Schluss, dass die Duftstoffe zum Anlocken der Weibchen dienen, ist falsch und richtig zugleich: Die Weibchen interessieren sich ja offensichtlich gar nicht für die Duftstoffe; weder für die chemischen Reinsubstanzen aus der Flasche noch für die duftenden Blüten, an denen man ja nie Prachtbienenweibchen beobachtet. Dennoch steht fest, dass die Männchen mithilfe dieser Parfüms – teilweise in großen Versammlungen – ihre komplizierten Balzrituale vollführen, zu denen sich auch die Weibchen einstellen. Ob die Duftstoffe den Stoffwechsel der Männchen durchlaufen oder sonstwie durch die Tiere verändert oder bereichert werden, um erst dann für die Weibchen anziehend zu wirken, ist derzeit ein spannendes Feld blütenökologischer Forschung, wie sie z.B. von Thomas Eltz (Bochum) und Günter Gerlach (München) betrieben wird (Gerlach & Schill 1991, Kaiser 1993).

Bereits jetzt steht jedoch fest: Obwohl sich relativ viele Bienenarten mit den oben genannten »Standardsubstanzen« ködern lassen, stellen die natürlichen Duftstoffbukets jedoch komplexere, aus mehreren Substanzen zusammengesetzte Kompositionen dar, und die Spezialisierung geht oft so weit, dass das spezifische Parfüm einer Orchideenart nur eine einzige Art von Prachtbienen anlockt (Ramírez et al. 2011). Und fest steht auch, dass diese Blütenparfüms im Fortpflanzungsritual dieser Bienen eine zentrale und unverzichtbare Rolle spielen, dass die Bienen sich beim Fehlen dieser Blüten weder an anderen Quellen versorgen noch auf andere Parfüms »umdisponieren« können und dass daher – dramatisch gesprochen – das Verschwinden ein paar einzelner Orchideen in den Baumkronen das Aussterben einer ganzen Prachtbienenpopulation zur Folge haben kann.

Prachtbienen und ihre Parfümblumen sind, wie beschrieben, in ihrer natürlichen Verbreitung auf die warmen Gebiete des tropischen Amerika beschränkt. In den Gewächshäusern unserer botanischen Gärten sind die Parfümblumen aber gut vertreten. Dabei stellen nur wenige Pflanzenfamilien Parfümblumen: Unter den Orchideen sind es vor allem die Gruppen der Stanhopeinae und Catasetinae, unter den Aronstabgewächsen *Spathiphyllum* und eine kleine Minderheit aus der Riesengattung *Anthurium* (Schwerdtfeger et al. 2002, Abb. 45a-c), ferner einige Vertreter der Gesneriaceae (Abb. 44d), unter den Nachtschattengewächsen die mit *Solanum* nahe verwandten Arten der Gattung *Cyphomandra* (»Baumtomaten«, Abb. 45d) und aus der Familie der Wolfsmilchgewächse einige *Dalechampia*-Arten. Der Vollständigkeit halber seien noch folgende in verschiedenen Famili-

**Abb. 45a-d:** Parfümblumen und Prachtbienen.

**a** *Anthurium lindenianum* (Araceae), **b** *Spathiphyllum wendlandii* (Araceae), **c** *Spathiphyllum friedrichsthalii* (Araceae) mit *Euglossa alleni* (Standortaufnahme, Costa Rica, Foto: Günter Gerlach), **d** *Cyphomandra hartwegii* (Solanaceae).

en versprengte Parfümblumen genannt: *Unonopsis* (Annonaceae), *Tovomita* (Clusiaceae), *Geonoma* (Arecaceae), (G. Gerlach, mdl.).

Für uns am Spektakulärsten sind die Parfümblumen z.B. der Gattungen *Stanhopea, Gongora* und *Coryanthes* (Abb. 46a-d). Im Gegensatz zu anderen Orchideengruppen, wo die Blüten wochenlang halten, sind die teils gewaltigen Blüten hier oft nur von kurzer Dauer. Trotz dieses »Nachteils« haben einige botanische Gärten ansehnliche Sammlungen dieser Pflanzengruppen in Kultur, und besonders hervorzuheben ist ein Ort, wo wir zu jedem Zeitpunkt blühende Parfümorchideen bewundern und beriechen können: In den Königlichen Gärten in Hannover-Herrenhausen mit ihrer überragenden Orchideensammlung stellen diese Orchideen einen der Sammlungsschwerpunkte dar, und so kann im Orchideenschauhaus dort ständig eine Auswahl dieser spektakulären Pflanzen präsentiert werden (Gerlach 2002).

## 4.5 Harz

Das Harz dient lebenden Pflanzen als Wundverschluss mit stark keimhemmender Wirkung. Interessenten am Harz sind – soweit bisher bekannt – vor allem Bienen und unter diesen alle Honigbienen (*Apis* spp.), alle Stachellosen Bienen (Meliponini) und Prachtbienen (Euglossini) sowie einige Blattschneiderbienen (Megachilidae) wie beispielsweise die in Mitteleuropa verbreitete Harzbiene (*Anthidiellum strigatum*). Die durch das Harz angelockten Bienen nutzen dieses zum Nestbau sowie zur Verteidigung ihres Nestes. Wie wirksam die keimtötende Wirkung von Harz ist, zeigt die Wertschätzung des von Honigbienen gesammelten und aufbereiteten Harzes, das als Propolis bezeichnet wird und das sie sowohl zum Verschließen von Ritzen und zur Verengung des Einflugs ihrer Wohnhöhle wie auch zur Desinfektion des gesamten Wabenbaus nutzen. Für viele der in den Tropen artenreich verbreiteten Stachellosen Bienen (Meliponini) ist Harz das überwiegende Nestbaumaterial (Roubik 1989).

Normalerweise werden Harze, oft als Reaktion auf Verletzungen, aus dem Stamm oder anderen vegetativen Teilen der Pflanze produziert. Nur in wenigen Pflanzengruppen finden wir Harzproduktion in Blüten, wo sie nicht verletzungsbedingt, sondern sozusagen »vorhersagbar« für spezialisierte Bestäuber erfolgt.

Harzblumen finden sich vor allem bei Vertretern der überwiegend tropischen Familie der Clusiaceae: bei der Gattung *Clusia* selbst, bei der etwa die Hälfte Harzblumen besitzen, *Tovomitopsis* mit einer von drei Arten (*T.*

**Abb. 46a-d:** Parfümorchideen in unseren Gewächshäusern.
**a** *Gongora cassidea,* **b** *Stanhopea saccata,* **c** *Stanhopea tigrina,* **d** *Stanhopea oculata.*

*saltanhae*) und *Chrysochlamys* mit ebenfalls einer von 55 Arten (*C. tenuifolia*). Weiterhin finden sich bei allen sieben Arten der Gattung *Clusiella* Harzblüten. Aus der Familie der Wolfsmilchgewächse sind Harzblumen von der Gattung *Dalechampia* bekannt (Armbruster 1984). Erst vor Kurzem wurde eine weitere Art aus der Familie der Trompetenbaumgewächse (Bignoniaceae) entdeckt, die in ihren Blüten Harz absondert: der Jacarandabaum (*Jacaranda oxyphylla*). An deren Staubfäden befinden sich spezielle Drüsen (glanduläre Trichome), die das Harz produzieren. Dessen Duftstoffe dürften eine wichtige Rolle zur Anlockung der spezifischen Bestäuberbienen aus der Gruppe der Prachtbienen (Euglossini) spielen. Bei *Jacaranda oxyphylla* sind dies die Weibchen der Prachtbiene *Euglossa nigrita* (Guimarães et al. 2008). Aus der Familie der Melastomataceae stellt die Gattung *Mouriri* Harzblumen (Buchmann & Buchmann 1981).

## 4.6 Wachs

Bei den Orchideen gibt es neben der Harzproduktion in den Blüten der Gattung *Maxillaria* s.lat. auch Arten, die Wachs produzieren (Singer & Koehler 2004). Bei einigen Arten dieser Orchideengattung wird das Wachs auf deren Lippen angeboten (Van Der Cingel 2001). Von *Maxillaria pendens* ist bekannt, dass dort Faltenwespen der Gattung *Stelopolybia* das Wachs sammeln (Braga 1977). Stachellose Bienen sammeln dagegen das Wachs von *Maxillaria brasiliensis* und *M. cerifera* (Singer 2002). Nach Davies & Stpiczynska (2012) scheint es hier sogar »Wachs-Täuschblumen« (Kap. 6.) zu geben. Gerade die brandaktuellen Ergebnisse der letzten Jahre zeigen, dass wir über die blütenökologischen Finessen tropischer Arten und Lebensräume noch sehr wenig wissen und dass daher ein Auffinden auch dieses Anlockungsprinzips in weiteren Pflanzengruppen kaum erstaunen dürfte.

## 4.7 Pseudopollen und Futtergewebe

Pollen ist ein begehrtes Nahrungsmittel, das die Pflanzen aber zur eigenen sexuellen Reproduktion einsetzen wollen. Blüten locken deshalb oft mit Farbmalen, die Pollen vortäuschen. Es gibt aber auch Pflanzen, bei denen die Erwartungen der Besucher nicht enttäuscht werden, ohne dass fertiler Pollen verloren geht. So finden sich zum Beispiel in weiblichen Blüten von Kiwi-Arten (*Actinidia*) in den verkümmerten Staubgefäßen sterile, aber nicht völlig nährstofffreie Pollen (Cane 1993). Pseudopollen sind dagegen

Auswüchse, die ein pollenähnliches Aussehen haben. Solche Pseudopollen finden sich beispielsweise bei den Teegewächsen (Theaceae), vor allem aber bei Orchideen der Gattungen *Maxillaria* und *Polystachya*. Ob es sich dabei um eine Täuschung der Blütenbesucher ohne Belohnung handelt oder tatsächlich um einen nahrhaften Ersatz des Pollens, war lange nicht klar. Untersuchungen an verschiedensten Orchideen-Pseudopollen zeigten, dass deren Bildung von verschiedenen Geweben ausgehen kann, dass aber in allen untersuchten Pseudopollen Proteine, Stärke oder Öle enthalten waren (Davies & Turner 2004).

Über Futtergewebe in Orchideenblüten berichtete bereits Darwin (1877b): »In der Mitte des Labellum (von *Catasetum saccatum*) findet sich eine tiefe Höhle, die von Leisten eingefaszt ist. Diese Höhle sondert keinen Nectar ab, aber ihre Wandungen sind dick und fleischig mit einem leicht süszlichen, nahrhaften Geschmack: und wir werden sofort sehen, dasz sie von Insecten benagt werden.« Erst sehr viel später wurde entdeckt, dass diese von Darwin beobachteten Blütenstrukturen kein Futtergewebe war, sondern der Absonderung von Parfüm diente (Vogel 1963). Selbst beim in Mitteleuropa wachsenden Gelben Frauenschuh (*Cypripedium calceolus*) hält sich die Deutung der Reusenhaare als eiweiß- und zuckerhaltige »Futterhaare«. Diese sollen aber vermutlich nur den Ausstieg der als Bestäuber dienenden Sandbienen (*Andrena* spp.) an den vom Frauenschuh erwünschten Ausgängen ihrer Kesselfallenblumen erleichtern.

Die Staubfäden des heute in ganz Europa verbreiteten, aus dem Mittelmeergebiet stammenden Acker-Gauchheil (*Anagallis arvensis*) sind mit feinen Haaren besetzt, die als Futterhaare gedeutet werden. Sie sollen bevorzugt von Fliegen genutzt werden (Ahrens 2011). Ähnliche Haare an den Staubfäden finden sich bei Königskerzen (*Verbascum* spp.), den in Staudengärten anzutreffenden Dreimasterblumen (*Tradescantia* spp.) und bei Vertretern etlicher anderer Pflanzenfamilien. Auch hier wurden sie als Futterhaare interpretiert. Heute werden diese Wollhaare jedoch als Pollenattrappen angesehen. Eine genauere Untersuchung zur Funktion dieser Staubblatthaare steht noch aus. Trotz dieser Missdeutungen gibt es nachgewiesenermaßen Formen von Futterhaaren und Futtergewebe bei verschiedensten Pflanzenfamilien. Bei einigen tropischen Pflanzenfamilien, die von fruchtfressenden Wirbeltieren bestäubt werden – insbesondere von Vögeln oder Fledermäusen –, sind einige Blütenteile als Futtergewebe ausgebildet. Während bei der zur Pandanussfamilie zählenden Gattung *Freycinetia* die fleischigen Hochblätter von Vögeln und Flughunden verzehrt werden, sind es bei dem Myrtengewächs *Acca sellowiana* und dem Rachenblütler *Calceolaria uniflora* die für Vögel angebotenen fleischigen Blütenblätter, die diese zum Blütenbesuch verleiten (Zizka & Schneckenburger 1999).

Bei den Gewürzsträuchern (*Calycanthus* spp.) befinden sich in den Blüten Futterkörper, die den dort zeitweise eingeschlossenen Blütenbesuchern als Nahrung dienen (Daumann 1930). Eine ähnliche Funktion hat das Futtergewebe von Schuppenäpfeln (*Annona* spp.). Viele Arten der Annonaceen bilden mit ihren Kronblättern kleine Kammern, in die sie durch spezifische Gerüche bestimmte Käfer locken. Die Käfer finden darin einen geschützten Raum, in dem ihnen neben Wärme auch Futter in Form von Pollen und Nährgewebe angeboten wird (Gottsberger 1999b). Die fleischigen Kelchblätter der männlichen Blüten bei einer Palmenart (*Bactris major*) dienen ebenfalls Käfern als Zusatznahrung, und beim Kakao, der durch die blutsaugenden Gnitzen befruchtet wird, sollen diese beim Blütenbesuch Zellsaft aus den Staubblättern saugen. Bei etlichen Aronstabgewächsen sind Teile des Kolbens zu Futtergewebe umgewandelt, um die eingeschlossenen Insekten zu ernähren. Die gesamte Blütenkrone bildet ein süßes Futtergewebe zur Anlockung von Bestäubern beim Butterbaum (*Madhuca longifolia*, Sapotaceae). Stärkehaltige Futterkörper wiederum finden sich bei verschiedenen Arten der Seerosen (*Nymphaea* spp.) (Simpson & Neff 1983).

Einen völlig neuen Weg zur Sicherung der Fremdbestäubung ist die in den Neotropen verbreitete Gattung *Axinaea* aus der Familie der Schwarzmundgewächse (Melastomataceae) gegangen. An ihren Staubblättern haben sich nährstoffreiche Auswölbungen gebildet, die von mit Spatzen verwandten Vogelarten gefressen werden. Beim Abreißen wird das luftgefüllte Gewebe dieser kugeligen und auffällig gelb gefärbten Nährkörper zusammengedrückt und führt zu einer explosionsartigen Freisetzung von Pollen. Dieser wird über eine Düse direkt auf die Stirn des Sperlingsvogels geblasen, von wo er beim nächsten Besuch einer Blüte von *Axinaea* auf deren Narbe übertragen wird. Gleichzeitig fällt ein Teil des Pollens aber auch auf die eigene Narbe, die während der gesamten Blütezeit empfangsbereit ist (Dellinger et al. 2014, Edwards 2014).

## 4.8 Wärme

Dass Pflanzen sich aktiv aufwärmen können, ist jedes Frühjahr wunderschön an Winterlingen (*Eranthis hiemalis*) zu sehen, sofern bei ihrem Aufblühen noch Schnee liegt: Sie schmelzen sich ihren Weg durch den Schnee frei, um beim ersten warmen Frühlingstag ihre in der geschmolzenen Schneehöhle geöffneten Blüten den aus dem Winterschlaf erwachten Insekten anzubieten. Diese Pflanzen produzieren die Wärme durch spezielle Stoffwechselvorgänge. Der Prozess der Wärmeproduktion wurde jüngst bei einer Lotusart (*Nelumbo nucifera*) untersucht und kann als Modell für

**Abb. 47:** In der vormännlichen Blüte von *Axinaea affinis* liegen die gelbbraunen Nährkörper der Staubblätter leuchtend gelbbraun inmitten der violetten Blütenschale. Gut zu sehen sind auch die dunklen Düsen, aus denen bei Druck auf die Nährkörper der Pollen explosiv entweicht. Foto: Agnes S. Dellinger.

**Abb. 48:** Alle Nährkörper sind durch Sperlingsvögel abgefressen und der Stempel ragt in der nachweiblichen Blüte von *Axinaea affinis* empfängnisbereit auf. Foto: Agnes S. Dellinger.

viele Pflanzen gelten, die in ihren Blütenständen Wärme produzieren (WATLING et al. 2006). Das Phänomen der Wärmeproduktion zur Anlockung von Blütenbesuchern tritt in den Blüten vieler ursprünglichen bedecktsamigen Pflanzenfamilien wie den Seerosengewächsen (Nymphaceae) oder den zu den Magnoliengewächsen zählenden käferbestäubten Winteraceen (NORDT 2007) und Schuppenapfelbäumen (Annonaceae) auf (GOTTSBERGER (1999b). Zu finden ist die florale Wärmeproduktion weiterhin bei vielen Fallenblumenpflanzen und anderen bedecktsamigen Pflanzenfamilien wie den Araceae, den Arecaceae, den Aristolochiaceae, den Cyclanthaceae, den Nelumbonaceae (SEYMOUR & SCHULTZE-MOTEL 1997) und den Rafflesiaceae (PATIÑO et al. 2000). Selbst bei den ursprünglichen nacktsamigen Palmfarnen (Cycadales) wurde die Wärmeproduktion in den Blütenständen bereits zur Regulierung der Fremdbestäubung eingesetzt. Einen Sonderfall stellt der zu den Aronstabgewächsen zählende Stinktierkohl (*Symplocarpus renifolius*) dar, der seine Blüten über einen Zeitraum von ein bis zwei Wochen aufheizt. Hier dient die Heizung zusätzlich dazu, die Befruchtung und den Fruchtbildungsprozess im zeitigen Frühjahr vor einem Erfrieren zu schützen (SEYMOUR et al. 2009).

Die weltweit in den Tropen verbreitete Familie der Schuppenäpfel (Annonaceae) hat sich im tropischen Amerika in vielfacher Weise auf die Bestäubung durch Käfer spezialisiert (GOTTSBERGER 1999b). Ihre Blüten sind dort vorweiblich (protogyn), es sind also zuerst die Narben empfänglich, bevor die Staubgefäße reifen. Andere Arten bilden verschiedene, zeitlich genau aufeinander abgestimmte Formen vormännlicher und vorweiblicher Blüten (Heterodichogamie) auf verschiedenen Bäumen derselben Art aus. Über den Blütenduft steuern sie die Blütenbesucher zwischen diesen beiden Formen so, dass eine optimale Bestäubung beider Formen erfolgt (TEICHERT et al. 2011). Die meisten Blüten der südamerikanischen Schuppenäpfel bilden mit ihren Kronblättern eine Kammer. In diese werden die erwünschten Käfer durch einen intensiven Geruch nach reifem Obst angelockt und mit Nahrung sowie nachts mit Wärme versorgt. Die Staubgefäße sind bis zu ihrer Reife durch Schutzschilde vor Verletzungen durch die Käfer geschützt, während die teilweise verdickten Kronblätter bei etlichen Arten als zusätzliche Nahrung für die Käfer dienen.

Auch Kesselfallenblumen locken ihre Besucher meist zusätzlich zu ihren spezifischen Düften noch mit Wärme, die sie in ihren Blütenständen produzieren. Genauere Messungen wurden an drei lateinamerikanischen *Philodendron*-Arten über den gesamten Blühverlauf durchgeführt (GIBERNAU & BARABÉ 2000). Der unterschiedliche Verlauf der Erwärmung des Kolbens im Blütenstand der drei Arten wird von den Autoren als taxonomisch bedeutendes Merkmal angesehen, das nach ihrer Meinung auch auf physiologisch unterschiedliche Heizprozesse hindeutet. Der verschiedene Heizverlauf in männlichen und weiblichen Blüten von Palmen (*Bactris simplicifrons* und anderen Arten dieser Palmengattung) ist aber ausschließlich in der Optimierung der Bestäubung durch Käfer zu suchen (Henderson et al. 2000). Die Arten der Palmengattung *Bactris* sind getrenntgeschlechtlich einhäusig und locken die nachtaktiven Käfer mit spezifischen Düften und einer Temperaturerhöhung um über 8 °C am ersten Abend in die weiblichen, am zweiten in die männlichen Blüten des gleichen Blütenstandes. So ist garantiert, dass der Pollen auf den Käfern sicher von Nachbarpflanzen stammt.

Sehr oft kommen die Käfer nicht nur zum Fressen von Pollen, Nektar oder Futtergewebe in die erwärmten Blütenstände, sondern verbringen darin längere Zeit, um dort zu schlafen, zu kopulieren und in manchen Fällen auch, um die Eier darin abzulegen. Messungen der Stoffwechselaktivität von Blatthornkäfern (*Cyclocephala colasi*), die sich als reguläre Bestäuber in der Kesselfalle der Blüten einer Philodendronart (*Philodendron solimoesense*) aufhalten, zeigte, dass sie gegenüber einem Aufenthalt im Freien um bis zu 80 % an Energie einsparen (Seymour et al. 2003). Die Blatthornkäfer treffen sich abends in den bis auf 40 °C erwärmten, aronstabähnlichen Blütenständen, die einen für Menschen üblen Geruch verbreiten, paaren sich, fressen von sterilen Blüten, ruhen und bestäuben die weiblichen Blüten am Grund der Kelche mit dem Pollen der Blütenstände aus der vergangenen Nacht. Erst am folgenden Nachmittag öffnen sich die männlichen Blüten im oberen Bereich des Blütenstandes. Ein in dem Blütenstand frisch produziertes klebriges Harz sorgt dafür, dass der Pollen fest an den Käfern kleben bleibt, die sich durch den erst jetzt geöffneten Ausgang drängen und nach dem nächsten beheizten Gasthaus suchen.

Dass auch andere Insekten Wärme als Energiegewinn suchen und nutzen, zeigen Versuche mit künstlich erwärmten Nektarquellen, die von Hummeln deutlich gegenüber nicht erwärmten Quellen bevorzugt wurden (Dyer et al. 2006). Tatsächlich hat die im zeitigen Frühjahr blühende Stinkende Nieswurz (*Helleborus foetidus*) Hummeln als Zielgruppe für ihre Bestäubung ausgesucht und produziert Wärme. Doch ist der Weg zur Wärmeproduktion bisher nicht bekannt gewesen und völlig anders als bei den bisher vorgestellten Pflanzen mit ihrer Wärmeproduktion durch Stoffwechselprozesse. Die Stinkende Nieswurz kultiviert Hefepilze in ihrem Nektar, um durch Zuckergärung Wärme zu gewinnen (Herrera & Pozo 2010). Dies wurde bei den Untersuchungen in Südspanien festgestellt, wo diese Art bei etwa 7 °C Lufttemperatur zu blühen beginnt. In der Blüte selbst ist es durch die Hefeheizung um bis zu 4 °C wärmer. Es ist zu vermuten, dass diese Form der Wärmeproduktion in Blüten weiter verbreitet ist als nur bei der Nieswurz, da Hefe weit verbreitet ist. Dass aus dem Genuss von in Blütenständen erzeugter Wärme sogar völlig neue Beziehungen zwischen Tieren und Pflanzen entstehen können, zeigt das Beispiel der Balearenechsen (siehe Bd. 1, S. 206).

## 4.9 Rauschmittel

Recht neu ist die Entdeckung, dass Pflanzen wie die Bertram-Palme (*Eugeissona tristis*) in ihrem Nektar gezielt Alkohol mit einer Konzentration bis zu 3,8 % anbieten, was nahezu dem Alkoholgehalt von Bier entspricht. Sie locken damit Federschwanz-Spitzhörnchen (*Ptilocercus lowii*) und sechs weitere Kleinsäuger an, die beim Trinken des alkoholhaltigen Nektars die Bestäubung vollziehen (Wiens et al. 2008). Auch bei zahlreichen anderen Pflanzen konnten Nervengifte wie Alkohol, Nikotin oder Koffein sowie ähnlich wirkende Verbindungen nachgewiesen werden. So setzt eine Tabakart (*Nicotiana attenuatum*) Nikotin gezielt in ihrem Nektar ein, um den Besucherstrom zu regulieren und dadurch eine optimale Bestäubung mit geringstmöglichem Nektareinsatz zu erreichen (Kessler & Baldwin 2007). Pflanzen aus verschiedenen anderen Pflanzenfamilien enthalten in ihrem Nektar ebenfalls Nikotin oder verschiedenste andere Nervengifte, ohne dass bei diesen eine ähnliche Regulation des Besucherverhaltens festgestellt werden konnte. Deshalb wurde in kontrollierten Versuchen beobachtet, ab welcher Konzentration Nikotin für Honigbienen (*Apis mellifera*) und ihre Brut schädlich wirkt. Das Ergebnis zeigte, dass die natürlich vorkommenden Konzentrationen weder bei den erwachsenen Bienen noch bei der Bienenbrut Schädigungen bewirken (Singaravelan et al. 2006).

In Fortsetzung dieser Studien durch die Autoren der vorgenannten Studie wurden gekäfigten Honigbienen nektarähnliche Zuckerlösungen angeboten. Diese enthielten entweder nur Zucker und Wasser oder es wurden ihnen Nikotin, Koffein oder Amygdalin in unterschiedlichen Konzentrationen beigefügt. Im noch nicht publizierten Ergebnis zeigte sich, dass die Honigbienen jene Lösungen bevorzugten, die eines der Nervengifte in Konzentrationen enthielten, wie sie im Nektar entsprechender Pflanzen vorkommen. Die reine Zuckerlösung wurde deutlich weniger von den Bienen getrunken. Eine Untersuchung von Köhler et al. (2012) stellte fest, dass Nikotin in geringen Dosen für Bienen sogar gesundheitsfördernd sein kann. Dass das Angebot von Rauschmitteln im Nektar die Blütenstetigkeit erhöht, wurde auch in anderen Untersuchungen an Pflanzen mit Nikotin im Nektar nachgewiesen (Wright et al. 2013).

Messungen der Gehirnaktivitäten von Versuchsbienen, um eventuelle Rauschzustände zu erfassen, stehen noch aus. Unter Imkern ist es jedoch bekannt, dass Honigbienenvölker, die in der Nähe eines Schlafmohnfeldes stehen, von dort entfernt werden müssen. Erfolgt dies nicht, sammeln die Bienen nur noch den morphinhaltigen Pollen des Schlafmohns (*Papaver somniferum*) und vernachlässigen das Sammeln von Nektar, wodurch das Bienenvolk über kurz oder lang verhungern würde. Der Mohn selbst bietet seinen Besuchern nur Pollen, keinen Nektar als Belohnung für ihren Besuch. Betrunkene Hummeln oder Hornissen, die mit dem Saft von gärendem Obst zu viel Alkohol mit aufgenommen haben, haben ein ähnliches Verhalten wie betrunkene Menschen: Sie torkeln und brummen recht zufrieden vor sich hin. Ob der Alkohol, der bei der Produktion von Wärme in den Blüten der Stinkenden Nieswurz (*Helleborus foetidus*) durch die Hefeaktivität in ihrem Nektar entsteht (Herrera & Pozo 2010), gleichzeitig die Anlockwirkung auf Hummeln verstärkt, ist bisher noch nicht untersucht worden.

## 4.10 Nicht konsumierbare Lockmittel

Außer einem guten Essen gibt es bekanntermaßen noch weitere verführerische Dinge im Leben, und was für uns gilt, gilt ebenso für die zwei- bis sechsbeinigen Blütenbesucher. Aber selbst um zum guten Essen zu finden, braucht es eines guten Aushängeschildes, einer guten Werbung. Werbung betreiben Blüten mit den gleichen Mitteln wie ein Gasthaus: mit Farbe, Form und Duft. Manches davon stellt sich bei genauerem Hinsehen als Täuschung heraus, und auch solche Enttäuschungen hält das vielfältige Reich der Blütenökologie bereit. Dabei wird nicht nur ein gutes Essen oder reiche Beute vorgetäuscht, sondern es werden auch sexuelle Versprechungen gemacht, die sich als Täuschung herausstellen. Besonders perfide ist die Vortäuschung von geeigneten Eiablageplätzen, die vor allem für Fliegen gedacht sind und so deren Reproduktionsrate mindern. All diese Scheinangebote und Lockmittel ohne eigentliche Angebote werden in einem eigenen Kapitel in diesem Band behandelt (Kap. 6).

Hier werden die allgemein »üblichen« Lockmittel der Blütenpflanzen besprochen, denen in der Regel auch eine Belohnung für die Besucher folgt. Als Fernlockmittel kommt dabei in erster Linie der Duft infrage. Der Geruchssinn vieler Insekten ist sehr ausgeprägt, weshalb es nicht verwundert, dass zahlreiche Blüten einen intensiven Geruch als Botenstoff ausströmen. Halten die anlockenden Pflanzen für die Besucher eine Belohnung bereit, spricht man bei diesen Botenstoffen von Synomonen; dienen die Botenstoffe nur der Pflanze, werden diese als Kairomone bezeichnet. Sowie Sichtkontakt besteht, kommen die Farbe und die Form mit ins Spiel, um den erwünschten Bestäuber ins Ziel zu lotsen.

### 4.10.1 Blütenfarbe

Da wir Menschen zuvorderst Augentiere sind, soll hier mit der Farbe der Blumen begonnen werden. Windbestäubte Blüten sind meist – bis auf den oft leuchtend gelben Pollen und die manchmal wie bei der Hasel (*Corylus avellana*) rot gefärbten Narben – unscheinbar braungrau gefärbt. Mit Farben sollen die ebenfalls mit Augen ausgestatteten tierischen Bestäuber angelockt werden. Dabei treten bei den Blüten mit verschiedenen Zielgruppen an Bestäubern deutliche Unterschiede in der Farbwahl auf. Die Ursache hierfür ist darin zu suchen, dass nicht alle Tiere die gleichen Farben sehen oder zumindest verschiedene Farben besonders attraktiv finden. So sind Blüten, die von Vögeln bestäubt werden, oft leuchtend rot, vermutlich, weil rot auch bei der innerartlichen Kommunikation unter Vögeln eine wichtige Rolle spielt, wie dies durch Untersuchungen bei Kolibris bestätigt wurde (Herrera et al. 2008). Bienenbestäubte Blüten enthalten dagegen nur selten reines Rot, und wenn doch, wie beispielsweise beim Klatschmohn, dann besitzen sie meist zusätzliche andersfarbige Farbmale. Dafür leuchten Bienenblumen oft im Ultraviolett, eine Farbe, die wir Menschen nicht wahrnehmen können. Blüten für nachtaktive Bestäuber besitzen meist sehr helle Blütenfärbungen, während die Blüten für Aas, Kot oder Fleisch liebende Bestäuber eher bräunlich-trübe Färbungen aufweisen.

Die verschiedenen Farben der Blüten sind also im Zusammenspiel mit den Bestäubern entwickelt worden. Dabei besteht offenbar eine hohe Übereinstimmung in den Spektralfarben der Blüten mit den für diese Farben empfindlichen Sinneszellen in den Augen der jeweiligen Bestäuber. Genauer untersucht wurde dieser Zusammenhang bei verschiedensten bienenbestäubten Blütenpflanzen und den Farbrezeptoren von 40 blütenbesuchenden Bienenarten. Die beste Abstrahlung einer bestimmten Wellenlänge besteht bei diesen Blütenpflanzen dort, wo die entsprechenden Bienen ihre höchste Empfindlichkeit in ihren Sinnenzellen besitzen (Chittka & Menzel 1992). Als Farbstoffe stehen den Pflanzen verschiedene Stoffe zur Verfügung, die entweder wasser- oder öllöslich sind. Die eigentlichen Farben selbst entstehen durch Reflektion der einzelnen Farbstoffe oder werden durch die Anordnung der Farbpigmente, die Strukturen in der Oberfläche beziehungsweise in den Zellen der Blüten verursacht.

Wasserlösliche Farbstoffe sind Flavonoide, Betalaine und Melanine. Zu den Flavonoiden gehören die Anthocyane, unter denen das Pelargonidin, das Delphinidin, das Paeonidin, das Malvidin und das Petunidin die häufigsten Anthocyane sind und die für eine blaue oder rote Färbung sorgen. Weitere Flavonoide sind die Anthoxanthine mit den Flavonolen, die ultraviolettes Licht reflektieren, weiterhin das Apigenin, das Luteolin, das Genistein, das Butein sowie zahlreiche weitere organische Verbindungen, die eine weißliche bis gelbliche oder rötliche Färbung bewirken. Die Betalaine, stickstoffhaltige Farbstoffe, kommen nur in der Gruppe der Caryophyllidae (*Caryophyllales*) vor, zu der neben den Nelkengewächsen z. B. Kakteen, Mittagsblumen-, Wunderblumen- und Knöterichgewächse gehören. Betalaine tragen zur roten bis violetten (Betacyane) oder gelben (Betaxanthine) Färbung bei. Die Melanine bewirken braune, dunkelbraune bis schwarze Färbungen der Blüten. In Öl löslich sind die Carotinoide, darunter das β-Carotin, das Lutein, das Zeaxanthin, das Violaxanthin und weitere Verbindungen, die für eine gelbe, orange und rote Färbung sorgen. Nicht zuletzt trägt auch das Chlorophyll mit seiner grünen Färbung zur Farbgestaltung vieler Blüten bei (Hess 1983, Leins & Erbar 2008).

Farblich gestaltet sind meist die Blütenhüllblätter, die, wie der Name schon besagt, hauptsächlich zum Schutz der eigentlichen Geschlechtsteile der Blüte während des Knospenstadiums dienen. Durch ihre Form und Farbe übernehmen sie im geöffneten Zustand eine wesentliche Rolle bei der Anlockung der Bestäuber. Wenn die Hüllblätter unterschieden sind in Kelch- und Kronblätter, sind es meist die Kronblätter, die sich durch ihre besondere Färbung auszeichnen. Zusätzlich können die Staubblätter sich von den Hüllblättern farblich abheben. Bei den sogenannten Pinselblumen sind die Hüllblätter wenig entwickelt, während die Staubgefäße in den Vordergrund treten. Diese sind dann auffällig und oft kontrastreich gefärbt wie bei den Mimosen- und Myrtengewächsen, aber auch bei anderen Pflanzenfamilien, beispielsweise bei der Gelben Wiesenraute (*Thalictrum flavum*, Ranunculaceae). Einen Sonderfall stellen die bunten Hochblätter des zu den Wolfsmilchgewächsen zählenden Weihnachtssterns (*Euphorbia pulcherrima*) dar, die leuchtend rot gefärbt sind, während die eigentlichen Blüten unscheinbar in einer Dolde von den bunten Hochblättern umstanden werden. Ähnliche Blütenstände finden sich auch in anderen Pflanzenfamilien, beispielsweise bei den Hartriegelgewächsen (Cornaceae), wo der Asiatische Blüten-Hartriegel (*Cornus kousa*) weiße Hochblätter besitzt, oder die von Friedhöfen bekannten, meist sterilen Hortensien (*Hydrangea macrophylla*-Hybriden), bei denen durch Zucht alle Einzelblüten in Schaublüten umgewandelt sind.

Ultraviolett spielt bei der Färbung von insektenbesuchten Blüten eine besondere Rolle: Einfache Blüten sind oft so aufgebaut, dass der innere Bereich mit den Staubfäden und dem Griffel ultraviolett absorbiert, während der äußere Blütenbereich UV-reflektierend ist. Diese UV-Farbverteilung einer einfachen Blüte wird von vielen zusammengesetzten Blütenständen nachgeahmt: Bei zahlreichen Korbblütlern (Astaraceae) sind die Röhrenblüten der absorbierende Blumenteil, während die randständigen Zungenblüten UV-reflektierend sind (Leins & Erbar 2008). Viele Blüten besitzen weiterhin besondere Farbmarkierungen, die früher als Wegweiser zum Nektar gedeutet und deshalb als Saftmale bezeichnet wurden. Heute werden sie als Blütenmale bezeichnet, da sie nicht immer zur Nektarquelle führen, sondern teilweise nur allgemein die Attraktivität der Blüten steigern (Leins & Erbar 2008). Dagegen können die durch Farbvariationen auf den Kronblättern beim Roten Fingerhut (*Digitalis purpurea*), dem Stengellosem Enzian (*Gentiana clusii*), verschiedenen *Iris*-Spezies und anderen Pflanzenblüten ebenso als Pollenattrappen angesehen werden wie die Haare an den Filamenten der Königskerzen (*Verbascum* spp.), der Dreimasterblumen (*Tradescantia* spp.) und anderer Arten.

Der Farbwechsel, der bei vielen Blütenpflanzen auftritt, wurde bereits früh untersucht (Vogel 1950). Bekannt sind die Farbwechsel in den Blüten der Raublattgewächse (Boraginaceae), die durch eine Änderung des Säuregehalts in den Blütenblättern erfolgt. In saurem Milieu werden die blauen Anthocyane rot, was sehr einfach nachzuvollziehen ist, indem frische, noch blaue Blüten des Borretsch (*Borago officinalis*) in ein Schälchen mit Essigwasser gelegt werden. Farbwechsel von Rot nach Blau können in der Natur bei Lungenkräutern *(Pulmonaria spp.)* oder dem Blauen Steinsamen *(Buglossoides purpurocaerulea)* beobachtet werden. Von Rot beim Aufblühen zu Blau beim Verblühen färben sich auch die Blüten verschiedener Leguminosen, beispielsweise die Frühlings-Platterbse (*Lathyrus vernus*). Noch auffälliger sind die Farbwechsel der Blüten verschiedener tropischer und subtropischer Gewächse. So besitzt die als Zimmerpflanze bekannte, aus Südamerika stammende Schönmalve (*Abutilon megapotamicum*) leuchtend rote, verwachsene Kelchblätter, aus denen die beim Aufblühen gelb gefärbten Kronblätter an der hängenden Blüte unten herausragen. Mit dem Wechsel von der männlichen in die weibliche Blühphase werden die vorher gelben Kronblätter ebenfalls rot. Einen ähnlichen Verlauf nimmt die Einzelblüte der Engelstrompete (*Brugmansia aurea*, Solanaceae) deren Blütentrompeten leuchtend gelb aufblühen und dann zu einem zarten Lachsrosa wechseln.

Bei der ebenfalls zu den Nachtschattengewächsen zählenden Brunfelsie (*Brunfelsia pauciflora*) wechseln die Einzelblüten im Laufe ihrer dreitägigen Blütezeit in auffälliger Weise ihre Farbe. Sie sind am ersten Tag blauviolett, am zweiten Tag lila und am dritten Tag fast ganz weiß, woher auch ihr englischer Trivialname »Yesterday-Today-Tomorrow« kommt. Die australische Passionsblume (*Passiflora aurantia*) ist beim Aufblühen im männlichen Zustand auf Innenseite der großen Schau-Kelchblätter und der schmalen Kronblätter fast weiß, später, im weiblichen Zustand sind dann Kelch- und Kronblätter außen und innen von einem dunklen Orange- bis Lachsrot. Von weiß nach gelb wechseln die Blüten einiger Heckenkirschen (*Lonice-*

**Abb. 49a, b:** Am bekanntesten ist der Farbwechsel der Blüten bei der Rosskastanie *(Aesculus hippocastanum)*. Aber auch beim in Mitteleuropa verbreiteten **a** Weißdorn *(Crataegus laevigata agg.)*, hier mit dem Westlichen Bienenkäfer *(Trichodes alvearius)* und etwas seltener beim **b** Hornklee *(Lotus corniculatus)* sind solche Farbwechsel zu beobachten. Besonders in den Tropen ist bei etlichen Pflanzen solch ein Farbwechsel zu beobachten, wie auf der Abbildung des Wandelröschens *(Lantana camara)* S. 167 zu sehen ist. Fotos: FLÜGEL.

*ra* spp.) beim Verblühen. Beim Waldgeißblatt (*Lonicera periclymenum*) sind die großen Einzelblüten kreisförmig gestaucht am Stängel angeordnet und blühen von außen nach innen auf. Die inneren Blütenknospen sind oft rot gefärbt, während die geöffneten Blüten erst weiß, später gelb gefärbt sind. Zusammen bilden die Einzelblüten eine große Blütenattrappe mit gelb-weißer Krone und roter Mitte, die möglicherweise sogar UV-reflektierend ist. Beim Wandelröschen (*Lantana camara*, Verbenaceae) sind die Einzelblüten ähnlich doldig angeordnet. Hier sind die inneren Blütenknospen rötlich, frisch aufgeblüht leuchten die Kronröhren der Einzelblüten dann gelb und färben sich verblühend allmählich wieder orange-rot bis rot, wodurch der Gesamtblütenstand wie eine große Einzelblüte erscheint.

Auch die sogenannten Blütenmale, also Farbflecke auf den Kronblättern, können einen Farbwechsel vollziehen. Besonders schön ist dies bei den in Parks häufig gepflanzten Rosskastanien zu sehen. Hier besitzen die in einem traubigen Blütenstand stehenden Einzelblüten beim Aufblühen im männlichen Zustand gelbe Blütenmale. Bei älteren Blüten wechseln die Blütenmale auffällig ihre Farbe von Gelb nach Rot. Eine ähnliche Farbänderung der Blütenmale findet sich bei vielen Vergissmeinnichtarten (*Myosotis* spp.), die zu den Raublattgewächsen zählen. Hier wechseln die Blütenmale, die am Eingang zur kurzen, aber engen Blütenkronröhre stehen, im Laufe der Blütezeit von Gelb nach Weiß. Untersuchungen zum Blütenbesuch am Wald-Vergissmeinnicht (*Myosotis sylvatica*) zeigten, dass die Blüten mit noch gelb gefärbten Blütenmalen wesentlich häufiger und länger von Schwebfliegen besucht wurden als jene Blüten, bei denen die Farbe der Blütenmale nach Weiß gewechselt hatte. Untersuchungen der Nektarsekretion zeigten weiterhin, dass diese älteren Blüten wesentlich weniger Nektar absonderten als die frisch aufgeblühten (Nuttman & Willmer 2008).

## 4.10.2 Ultraschall

Fledermausblumen müssen sich nachts bemerkbar machen, weshalb die Farbe nur eine untergeordnete Rolle spielt. Oft sind die von Fledermäusen bestäubten Blüten hell bis weiß gefärbt. Viel bedeutender zur Anlockung im Dunkeln ist der Geruch, der bei den meisten von Fledermäusen bestäubten Pflanzen eher säuerlich bis muffig wirkt. Es gibt aber auch etliche von Fledermäusen effektiv bestäubte Blütenpflanzen, deren Blüten eine eher dunkle oder fleischartige Färbung aufweisen. Eine dieser so dunkelviolett gefärbten, von Fledermäusen besuchten Blütenpflanzenarten wurde nun näher untersucht. Es stellte sich dabei heraus, dass die zu der nur in den Neotropen verbreiteten Familie der Marcgraviaceen gehörende *Marcgravia evenia* ein oder seltener zwei Hochblätter ausbildet, die wie ein Hohlspiegel geformt sind. Von diesen speziell geformten Blättern wird der Ultraschall, den die Fledermäuse zur Orientierung einsetzen, in spezifischer Weise reflektiert. Hierdurch wird in ihrem Gehirn ein Bild erzeugt, wonach dieses Hochblatt hell strahlend aus dem diffusen Reflexionsbild der übrigen Blätter heraus-»leuchtet« (SIMON et al. 2011).

Um sicher zu sein, dass diese besonders geformten Blätter tatsächlich den Fledermäusen den Weg zu den Blüten der Marcgravie weisen, wurden von ihnen drei Futterspender getrennt voneinander aufgestellt. Einer dieser künstlichen Futterquellen stand ohne weitere Einrichtungen da, ein weiterer erhielt ein normales Blatt anstelle des »Echoblattes« und ein dritter wurde mit einem »Echoblatt« ausgestattet. Im Test fanden die Fledermäuse den Futterspender mit dem »Echoblatt« doppelt so schnell wie jenen ohne Blatt, und auch der Futterspender mit normalem Blatt verkürzte die Futtersuche nur unwesentlich. Da diese Marcgravie im tropischen Regenwald nur sehr vereinzelt vorkommt, erhöht dieses akustische Leuchtfeuer die Wahrscheinlichkeit einer erfolgreichen Befruchtung durch die Fledermäuse in entscheidender Weise. Es bleibt nun zu untersuchen, ob andere, mit fleisch- oder dunklen Farben ausgestattete Fledermausblumen ebenfalls einen Mechanismus entwickelt haben, um sich im Ultraschallstrahl der Fledermäuse besser bemerkbar zu machen. Ein solches »Echoblatt« weist auch die tropische Liane *Mucuna* auf, die mit *Marcgravia* nicht im Geringsten verwandt ist, sondern zu den Schmetterlingsblütlern gehört (HELVERSEN & HELVERSEN 1999).

### 4.10.3 Duft

Düfte verschiedenster Art haben die größte Fernwirkung unter allen Signalen, die Landpflanzen aussenden können. Sie wurden deshalb von ihnen vermutlich schon von Anfang an produziert und eingesetzt. Ähnliches gilt insbesondere für Insekten, die ihre Pheromone ebenfalls für ihren Informationsaustausch über weite Strecken einsetzen. Es liegt deshalb nahe, dass diese Kommunikationsform auch zum gegenseitigen Informationsaustausch genutzt wurde. Dies gilt insbesondere im Bereich der Pflanzenfresser: Eine von Pflanzenfressern bedrohte Pflanze kann ihre Nachbarpflanzen durch Duftstoffe, häufig Jasmonsäure, warnen und zu Abwehrreaktionen veranlassen (BOLAND et al. 1995). In populärer Form ist die Kommunikation zwischen Pflanzen sowie Pflanzen und Insekten von FLORIANNE KOECHLIN dargestellt worden (KOECHLIN 2008). Dabei bestehen zum Teil hochkomplexe Kommunikationsformen, die in Kap. 6 bzw. in Band 3 zur Blütenökologie teilweise noch näher beleuchtet werden sollen.

Die pflanzlichen Duftstoffe können grob in drei große Gruppen eingeteilt werden: die Terpenoide, die Phenylpropanderivate oder Aromate sowie die Amine und Indolkörper (Hess 1983). Die Amine und Indolkörper lösen bei uns Menschen eine unangenehme Geruchsempfindung aus und werden vor allem von Fliegenblumen eingesetzt, die Aas- und Fleischfliegen anlocken wollen. Bei der Untersuchung der Duftstoffe zahlreicher Pflanzenarten zeigte sich, dass ursprünglich nur die Monoterpene zur Kommunikation zwischen Pflanzen und Insekten genutzt wurden. Die Monoterpene scheinen dabei vor allem entwickelt worden zu sein zur Verteidigung gegen Pflanzenfresser, während die Aromate erst mit dem Erscheinen der Blütenpflanzen und den tierischen Bestäubern ihre Signalfunktion zugewiesen bekamen (Schiestl 2010). Später wurden auch die Monoterpene und die übrigen Terpenoide von zahlreichen Pflanzenarten als anlockende Duftstoffe in den Blüten eingesetzt. Zwischen diesen anlockenden und abstoßenden Duftstoffen gibt es überraschende Wechselwirkungen und teilweise Verkehrungen in der Wirkung. Dabei müssen die Blütenpflanzen stets einen schwierigen Balanceakt zwischen den Bedrohungen durch Pflanzenfresser und den Blütenbesuchern vollführen, was beispielhaft in einer Arbeit über Ackerkratzdisteln beschrieben wird (Theis et al. 2007). Eine Übersicht über neuere Forschungsergebnisse der Duftbiologie von Blütenpflanzen auf biochemischer Basis bietet das Buch von Dudareva & Pichersky (2006).

Innerhalb der Blüten werden die Düfte aus den sogenannten Osmophoren ausgeschieden. Diese sind ähnlich verschieden gebaut wie die Nektardrüsen und nehmen auch ähnliche Positionen innerhalb der Blüte ein. Meist sitzen sie auf den Kronblättern, können aber auch an anderen Blütenorganen auftreten bis hin zu den Duftdrüsen auf den Staubfäden oder in eigenständigen Drüsenhaaren, die die ätherischen Öle absondern (Vogel 1963). Die Duftproduktion erfolgt in Abhängigkeit von der Aktivitätsphase der erwünschten Bestäuber nur zeitweise, dann aber über die gesamte Blühphase (z. B. Jürgens 2004). Bei den zu den Nelkengewächsen zählenden Gattungen *Dianthus* und *Saponaria* wurde bei der Untersuchung ihrer Duftstoffe festgestellt, dass sie bis zu 51 verschiedene Duftstoffe produzieren. In jeder Art dominieren aber nur ein bis drei Stoffe den Duft. Die Ergebnisse zeigen außerdem, dass ähnliche Duftstoffe in verschiedenen Pflanzenarten vorkommen, die von den gleichen Bestäubern besucht werden (Jürgens et al. 2002). Eingestellt wird die Duftproduktion erst mit der erfolgten Befruchtung, nicht schon nach der Bestäubung. Erst, wenn das männliche Erbgut durch den Pollenschlauch die Eizelle erreicht hat und die Verschmelzung der Zellkerne erfolgt, werden verschiedene molekulare Vorgänge ausgelöst, die zur Einstellung der Duftproduktion in der Blüte führen. So konnte beispielsweise bei Petunien und Löwenmäulchen

(*Antirrhinum majus* Hybr.) festgestellt werden, dass die Produktion von Methylbenzoat, das bei beiden den hauptsächlichen Duftstoff darstellt, auf unterschiedlichen biochemischen Wegen gestoppt wird (Negre et al. 2003).

## 4.10.4 Form

Werden Menschen gebeten, eine Blume zu zeichnen, wird – unabhängig von Alter, Geschlecht oder Bildung – meist eine radiär-symmetrische Blume gezeichnet, wie wir sie beispielsweise von Geranien, eher aber noch von den zusammengesetzten Blütenständen der Korbblütler wie dem Gänseblümchen oder den Margeriten kennen. Dabei imitieren letztere mit ihrem Aufbau jene einfach gebauten Blüten, die ihrerseits offensichtlich auch für Insekten das Grundmuster bei der Erkennung von Blüten bilden. Abweichungen von dieser Grundform haben als Ursache stets das Bemühen der Pflanzen, den Besucherkreis einzuschränken und die Zielgruppe fester an sich zu binden bzw. sie zu einer sicheren Kreuzbestaubung zu leiten. Löwenmäulchen besitzen einen Verschluss ihrer Blüten, der nur von kräftigen Hummeln geöffnet werden kann. Akelei, Eisenhut und Rittersporn verbergen ihren Nektar so tief in ihren Spornen, dass nur langrüsselige Hummeln ihn erreichen können. Blüten, die nur von Schmetterlingen besucht werden wollen, haben meist lange Kronröhren, andere Blüten bieten ihren Besuchern besondere Landeplätze oder Haltepunkte an, durch die sie zur sicheren Bestäubung geleitet werden.

Viele Blüten täuschen aber durch besondere Formen nur ein Angebot vor, das sie kaum oder überhaupt nicht besitzen (Vogel 1993). Insbesondere Pollen und Nektar werden durch Form und Farbe vorgetäuscht. Viele Blüten, die nur wenig Pollen zum Sammeln anbieten, besitzen plastisch und farblich hervorgehobene Blütenregionen, die Staubblättern täuschend ähnlich sehen und so mehr Pollen vortäuschen als tatsächlich vorhanden ist (Lunau 2000, 2006). Nektar wird vom Sumpf-Herzblatt in wesentlich größerer Menge vorgetäuscht, als es tatsächlich absondert, indem es auf den Nektarschuppen glanzende Gebilde besitzt, die offenen Nektar vortäuschen. Eine ähnliche Täuschung findet sich bei der Violetten Spinnenblume (*Cleome violacea*), die riesige tropfenförmige glänzende Scheiben bildet. Diese sondern ebenfalls nur sehr wenig Nektar ab, wirken aber durch ihre Tropfenform für Fliegen sehr attraktiv. Die Ursache für diese Attraktivität könnte darin liegen, dass Fliegen sich vermutlich bereits vor der Entstehung der Bedecktsamer von den Bestäubungstropfen der Nacktsamer ernährt haben. Hierdurch dürfte ihre Aufmerksamkeit auf solche Tropfenangebote genetisch fixiert sein (Leins & Erbar 2008). Lernfähige Bienenweibchen zu täuschen ist dagegen etwas schwieriger. Das nektarlose Kugelknabenkraut (*Traunsteinera globosa*) schafft dies, indem es die Blütenstände von nektarreichen Flockenblumen (*Scabiosa* spp.) täuschend ähnlich nachahmt. Andere Arten täuschen die Form von Bienen- bzw. Wespenweibchen nach, um die entsprechenden Männchen zu Kopulationsversuchen zu verführen. Diesen Formen der Täuschung ohne Gegenleistung ist ein eigenes Kapitel gewidmet (Kap. 6).

**Abb. 50a–d:** Die „typische radiäre Blumenform" bei verschiedenen Pflanzenfamilien (**a** *Anemone hupehensis,* **b** *Rosa canina,* **c** *Paeonia* spec.) – und ihre Imitation durch das blumenartige Korbblütlerköpfchen („Pseudanthium", **d** *Dahlia pinnata).* Beim Korbblütler entsprechen die randlichen Zungenblüten den Kronblättern, die gelben Röhrenblüten den Staubblättern.

# 5 Blütenökologische Systeme – Bauplan, Gestalttyp und Stil

Systeme dienen dem Menschen dazu, sich in der bunten, vielfältigen Welt Überblick zu verschaffen und sich zurechtzufinden. Kunsthistoriker teilen die Geschichte in Stilepochen ein, die Vielfalt der Wasserfahrzeuge wird in Schiffstypen, die der Hunde in Rassen eingeteilt. In der Biologie suchen die Wissenschaftler nicht erst seit Carl von Linné (1707-1778) nach einem natürlichen System, das den Verwandtschaftsverhältnissen der Tiere und Pflanzen untereinander gerecht wird – wobei der Begriff »Verwandtschaft« erst seit Charles Darwin (1809-1882) als »Abstammungsgemeinschaft« verstanden wird. Das seinerzeit vielbeachtete System von Linné ordnete die Pflanzen ganz schematisch nach der Anzahl ihrer Staubblätter und Fruchtblätter ein, und Linné wusste bereits selbst, dass dieses System ein künstliches ist. Nach und nach kamen neben den reinen Zahlenverhältnissen der genauere Aufbau der Blüten und Früchte sowie zahlreiche weitere Merkmale hinzu, und in jüngster Vergangenheit helfen uns sogar molekulargenetische Methoden, die Verwandtschaftsverhältnisse der Pflanzen untereinander aufzuklären. Das Entschlüsseln des genetischen Codes hat auch der Pflanzensystematik umwälzende Überraschungen gebracht. Andererseits ist es bemerkenswert, wie viele Pflanzenfamilien schon von den klassischen Botanikern, den »Staubbeutelzählern«, vor langer Zeit mit Augenmaß und Intuition richtig erkannt wurden und bis heute Bestand haben.

Die Blütenökologie jedoch braucht andere Systeme. Die Phänomene, mit denen wir hier zu tun haben und die nach Einordnung verlangen, haben nämlich oft wenig mit der systematischen Zugehörigkeit zu einer bestimmten Pflanzenfamilie zu tun, sondern sind vor allem ökologisch bestimmt. So findet sich z.B. in der Familie der Nachtschattengewächse, obwohl sie alle den gleichen Grundaufbau (Bauplan, s.u.) der Blüte haben, eine große Divergenz der Blütenmerkmale: Es gibt kleine und große Blüten, weiße und bunte, tagblühende und nächtliche, stehende und nickende, duftende und duftlose, nektarführende und reine Pollenblumen (Abb. 51a-f). Umgekehrt hat sich die weiße, nachtblühende Stieltellerblume etwa von *Pe-*

*tunia* oder *Brunfelsia* als ökologisch bedingte Konvergenz in verblüffender Ähnlichkeit auch bei Vertretern anderer Pflanzenfamilien entwickelt (Abb. 73a-f).

Umfangreiche Ausführungen dazu finden sich bei VOGEL 1954: Das Buch mit dem etwas sperrigen Titel »Blütenökologische Typen als Elemente der Sippengliederung« ist die Dissertation des brillanten Blütenökologen und wurde zu einem Klassiker blütenökologischer Literatur. Der Autor stellt hier anhand der äußerst interessanten Flora Südafrikas Divergenzen und Konvergenzen bei den einzelnen Pflanzenfamilien dar und illustriert dies mit zahlreichen Abbildungen. Auch wenn in den sechzig Jahren nach dieser Veröffentlichung zahlreiche weitere hochinteressante blütenökologische Phänomene entdeckt wurden (nicht wenige davon durch VOGEL selbst!) so bleiben seine Überlegungen, Einteilungen und Terminologien zu Bauplan, Gestalttyp und Stil bis heute gültig und werden weitgehend auch im vorliegenden Buch benutzt.

## 5.1 Der Bauplan der Blüten

Der Bauplan (englisch »groundplan«, ENDRESS 1994) ist das, was die Blüte an morphologischer Grundausstattung mitbringt. Er ist vor allem durch die systematische Zugehörigkeit zur jeweiligen Pflanzenfamilie bestimmt und in der Regel relativ starr festgelegt.

So haben Angehörige der Rosengewächse nahezu immer fünfzählige Blüten und einen becher- oder scheibenförmig verbreiterten Blütenboden, die Kronblätter sind nicht miteinander verwachsen, die Staubblätter meist zahlreich, die Fruchtblätter oft frei; die Letzteren können bei den Rosengewächsen ober- oder unterständig sein. Im Kontrast dazu haben die Korbblütler immer einen unterständigen, einsamigen Fruchtknoten und darauf eine fünfzählige, zu einer engen Röhre verwachsene Krone. Innerhalb dieser sind die fünf Staubblätter angewachsen, deren Staubbeutel ihrerseits zu einer Röhre verbunden sind. Die Frucht kann mit einem fedrigen Flugoran (Pappus) ausgestattet sein, immer aber reift sie zur einsamigen Schließ-

---

**Abb. 51a-f:** Blütenökologische Divergenzen innerhalb einer Pflanzenfamilie – Nachtschattengewächse (Solanaceae). All diese Pflanzen haben ein und denselben Blütenaufbau, aber vollkommen unterschiedliche blütenökologische Gestalt- und Stilmerkmale. **a** *Brugmansia versicolor* (Trichterblume, nachtaktive Schwärmer), **b** *Juanulloa aurantiaca* (Röhrenblume, Kolibris), **c** *Hyoscyamus niger* (leicht zygomorphe Trichterblüte, Bienen), **d** *Solanum bonariense* (Scheibenblume mit Streukegel-Antheren, pollensammelnde Bienen), **e** *Schizanthus pinnatus* (zygomorphe Fahnenblume, Bienen), **f** *Markea neurantha* (Glockenblume, Fledermäuse; Costa Rica).

frucht (Achaene, Wagenitz 1976), und die Blüten stehen grundsätzlich in mehr oder weniger reichblütigen Köpfchen, worauf der deutsche Familienname Korbblütler Bezug nimmt.

Und so fort. In Form einer solch langatmigen Aufzählung ist der Blütenaufbau kaum zumutbar und auch wenig anschaulich. Da er jedoch der unverzichtbare Schlüssel zum Erkennen und Vergleichen der Pflanzenfamilien ist, verwenden die Botaniker zu seiner Darstellung seit langem Blütenformeln und Blütendiagramme:

**Tab. 2:** Blütenformeln

| Artname | Symmetrie | Blütenhülle | | Androeceum | Gynoeceum |
|---|---|---|---|---|---|
| *Anemone nemorosa* | * | P 6-8 | | A ∞ | G ($\underline{\infty}$) |
| *Malva sylvestris* | * | K (5) | C 5 | A ∞ | G ($\underline{\infty}$) |
| *Oxalis acetosella, Geranium robertianum* | * | K 5 | C 5 | A 5+5 | G ($\underline{5}$) |
| *Cardamine pratensis* | * | K 2+2 | C 4 | A 2+4 | G ($\underline{2}$) |
| *Lathyrus vernus* | ↓ | K (5) | C 5 | A (9)+1 | G ($\underline{1}$) |
| *Primula elatior, Pulmonaria officinalis* | * | K (5) | [C (5) | A5] | G ($\underline{5}$) |
| *Lamium album* | ↓ | K (5) | [C (5) | A4] | G ($\underline{2}$) |
| *Bellis perennis* | * | | [C (5) | A5] | G ($\overline{2}$) |
| *Allium ursinum, Luzula luzuloides* | * | P 3+3 | | A3+3G | G ($\underline{3}$) |

Blütenformeln informieren tabellarisch über Symmetrie-, Zahlen- und Verwachsungsverhältnisse. Der vorangestellte Stern weist auf eine radiäre, der senkrechte Pfeil auf eine spiegelsymmetrische (»zygomorphe«, Kap. 5.2.7) Blüte hin. K und C stehen für die Blattorgane von Kelch (Kalyx) und Krone (Corolla), A und G für Androeceum und Gynoeceum, also Staubblatt- und Fruchtblattkreis. Sind die Blattorgane innerhalb eines Kreises verwachsen, werden sie mit einer runden Klammer eingefasst; eckige Klammern drücken Verwachsungen zwischen verschiedenen Kreisen von Blütenorganen aus – häufig z.B. sind die Staubblätter im Inneren der verwachsenen Kronröhre angewachsen. Ein Querstrich unter oder über dem Gynoeceum symbolisiert die Ansatzstelle von Blütenhülle und Staubblättern und drückt somit einen ober- bzw. unterständigen Fruchtknoten aus.

**Abb. 52a-f:** Blütendiagramme.

**a** radiäre Blüte (*Oxalis*), **b** disymmetrische Blüte (*Cardamine*), **c** verwachsenkronige radiäre Blüte (*Primula*), **d** verwachsenkronige radiäre Blüte (*Pulmonaria*), **e** zygomorphe Blüte (*Lamium*), **f** radiäre Blüte (*Allium*) (aus: Hofmann & Schwerdtfeger 1998).

a

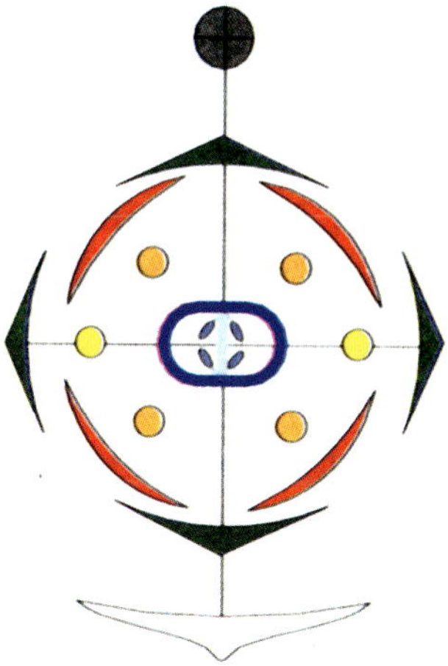

b

c

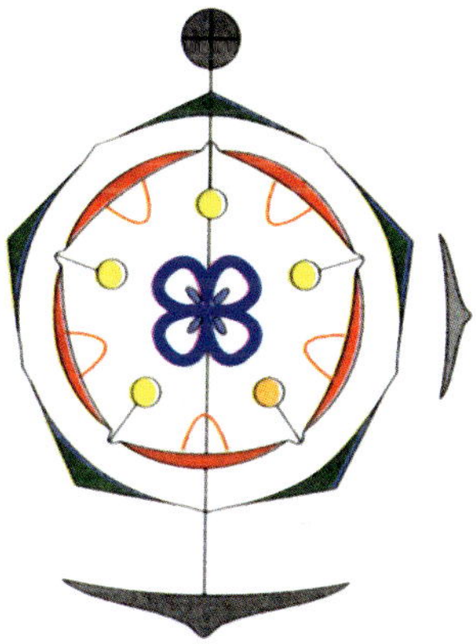

d

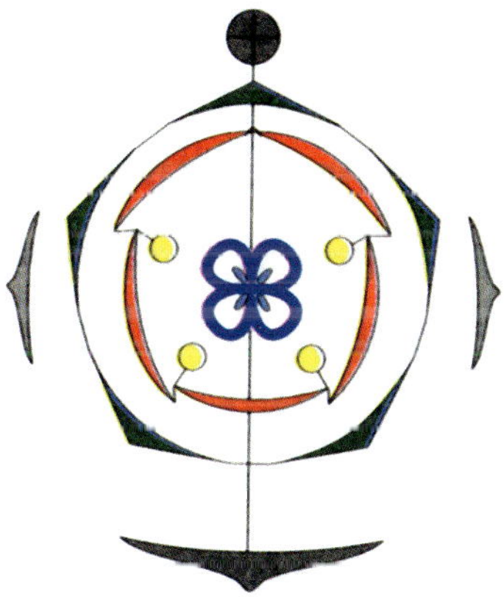

e

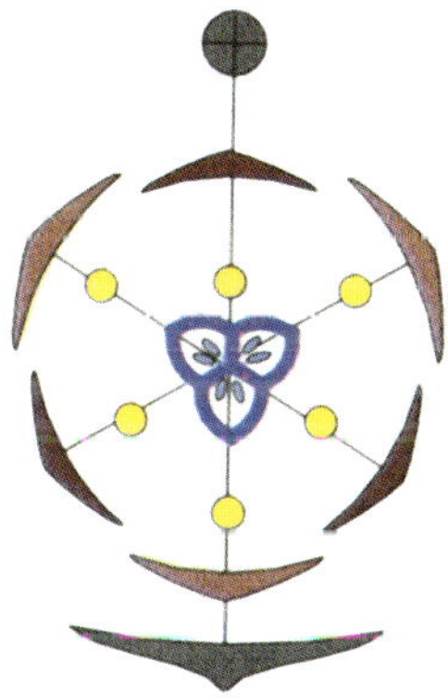

f

Betrachten wir nun die Blütenformeln der Tab. 2, so erkennen wir, welch eine Fülle diagnostischer Informationen sich darin in prägnanter Form ausdrücken lässt. Übrigens gilt nicht immer ein und derselbe Blütenaufbau pauschal für eine ganze Pflanzenfamilie: So haben Lippenblütler in der Regel vier, einige Gattungen (*Salvia, Rosmarinus, Monarda*) jedoch nur zwei Staubblätter. Und bei den Rosengewächsen können die Fruchtblätter viele oder nur eins, frei oder verwachsen und ihre Stellung ober-, mittel- oder unterständig sein. Häufig muss man sogar für die einzelne Art spezifizieren: Die in Tab. 2 angegebene Zahl der Perigonblätter von 6-8 gilt für das Buschwindröschen *Anemone nemorosa*, aber längst nicht für alle *Anemone*-Arten (vgl. z.B. *Anemone blanda*, Abb. 26a).

Etwas mehr graphisches Geschick benötigt man zum Darstellen eines Blütendiagramms (Abb. 52a-f): Dies ist quasi eine Projektion der Blütenorgane auf ihren Grundriss und entspricht annähernd dem Querschnitt durch eine junge Blütenknospe. Über die Zahlen- und Verwachsungsverhältnisse hinaus informiert das Blütendiagramm über Stellungs- und Lagebeziehungen der Organe zueinander (vgl. die im Detail unterschiedlichen Blütendiagramme von *Primula* und *Pulmonaria*!) oder über die Plazentation, also die Lage der Samenanlagen im Fruchtknoten.

Man mag sich fragen, ob dies denn nicht überkommene »Staubbeutelzählerei« ist, die im Zeitalter molekularer Botanik keine Bedeutung mehr hat. Dennoch funktionieren bis heute alle botanischen Bestimmungswerke, vom heimischen »Schmeil« oder »Rothmaler« bis zu neuen Spezialfloren für die exotischsten Pflanzengruppen, nach wie vor weitgehend mithilfe dieser Blütenmerkmale, die wir auch im Gelände mit etwas Übung und einer guten Lupe feststellen können. Und so setzt der relativ starre familien- oder gattungstypische Bauplan einen versierten Botaniker in die Lage, selbst in einem ihm bisher völlig fremden Gebiet viele Pflanzenarten aufgrund des Blütenbaus blitzschnell einer Pflanzenfamilie, wenn nicht sogar schon einer bestimmten Gattung zuweisen zu können. Und dies ist sehr praktisch, wenn man zum Beispiel in einem tropischen Gebiet mit Tausenden von Pflanzenarten die dicken, mehrbändigen Bestimmungswerke nicht von vorne durcharbeiten muss, sondern gleich zum Beispiel bei den Akanthusgewächsen und der Gattung *Justicia* aufschlagen kann. Spaß macht es dann, wenn man es kann: In der Praxis »zählt« man nämlich nicht mehr die Staubblätter und schaut nach der Stellung des Fruchtknotens; vielmehr registriert und integriert das Gehirn in Sekundenbruchteilen diese und viele weitere Merkmale aus dem Blüten- und dem vegetativen Bereich der Pflanze, sodass man dann die Familien und Gattungen einfach »am Aussehen« erkennt – eine Leistung, die bis dato noch kein computergestütztes Bilderkennungsprogramm dieser Welt vollbringen kann.

## 5.2 Gestalttypen

Nun wird es richtig konkret. Unabhängig von systematischer Familienzugehörigkeit und bauplanmäßigem Aufbau können nämlich die Blüten verschiedene Gestalttypen (englisch »architecture«, »gestalt«) annehmen – oder genauer gesagt die Blumen, denn einige dieser Gestalttypen können recht elegant außer von Einzelblüten auch von ganzen Blütenständen mit fast ähnlichem Ergebnis realisiert werden. Noch einmal zur Erinnerung: Was ist der Unterschied zwischen Blüte und Blume? Die Blüte (englisch »flower«) ist die morphologische Einheit, der Spross mit begrenztem Wachstum, der Staub- und Fruchtblätter trägt, also der Sporophyllstand (Kap. 2.1). Die Blume (englisch »blossom«) ist die funktionelle Einheit, die mit Duft, Farbe, Form und Blühverhalten auf den Bestäuber wirkt, ihn anlockt, beköstigt (oder betrügt, Kap. 6) und Pollen abgibt bzw. empfängt. In den weitaus meisten Fällen ist eine Blüte zugleich auch eine Blume, die Begriffe sind dann also deckungsgleich. Ausgerechnet bei der größten Pflanzenfamilie jedoch, den Korbblütlern, besteht die Blume (so wie bei der Sonnenblume oder Kornblume) aus einer Vielzahl winzig kleiner Einzelblüten, und dieses Konzept der nach Korbblütlerart zusammengesetzten Scheinblume (Pseudanthium) ist offenbar ökologisch so erfolgreich, dass es z. B. auch bei den Kardengewächsen (Dipsacaceae), bei der Familie der Glockenblumengewächse (*Jasione*), bei *Globularia* und Vertretern anderer Familien realisiert wurde (Kap. 5.2.8). Und nur um der Kuriosität willen auch das Umgekehrte: Bei den Schwertlilien (*Iris*) bietet eine Blüte – funktionell gesehen – drei getrennte Lippenblumen; der Besuch der drei Teilblüten durch Hummeln erfolgt in der gleichen Weise, als würden sie die verschiedenen quirlständig stehenden Blüten am Stängel eines Lippenblütlers befliegen.

Die hier dargestellte Einteilung nach Gestalttypen basiert auf den blütenökologischen »Klassikern« von Vogel (1954), Kugler (1970) und Faegri & van der Pijl (1979). Und bemerkenswerterweise bedient sich auch die allerneueste zusammenfassende Darstellung der Blütenökologie (Willmer 2011) dieses Konzepts, das zwar alt, aber offenbar bis dato durch nichts Besseres ersetzt ist. Bei der gebotenen Großzügigkeit gegenüber Übergängen, Grenz-, und Sonderfällen können wir also folgende Gestalttypen unterscheiden:

- Scheiben- und Schalenblumen
- Trichterblumen
- Glockenblumen
- Stieltellerblumen
- Röhrenblumen
- Bürsten- und Pinselblumen
- Zygomorphe Blumen: Lippen-, Rachen- und Fahnenblumen
- Köpfchenblumen

## 5.2.1 Scheiben- und Schalenblumen

Hierunter fallen viele »ganz normale« Blüten bescheidener Größe: radförmig ausgebreitete Blütenblätter, die die zentralen Staub- und Fruchtblätter umgeben. Wichtig ist hierbei die geringe Tiefe der Blüte: Die Staubbeutel mit den Pollen sind frei zugänglich, und auch der Nektar, der in vielen Fällen z.B. an der Basis des Fruchtknotens oder auf einem ringförmigen sog. Diskus abgeschieden wird, ist leicht zu erreichen. Häufig ist er sogar als schimmernder Tropfen von außen sichtbar, etwa bei dem Pfaffenhütchen (*Euonymus europaeus*), den erst im September sich öffnenden Blüten des Efeu, bei den Ahorn-Arten oder bei den vielen sich im Blütenbau so ähnlichen Doldenblütlern. In anderen Fällen, etwa bei unseren Storchschnabel-Arten (Gattung *Geranium*) ist die Blütenmitte gering vertieft und der Nektar wird hinter einer kleinen Haarreihe verborgen und festgehalten (diese sog. Saftdecke hat schon Sprengel 1793 fasziniert (Bd. 1, S. 20). Scheibenförmig und im Aufbau einander oft sehr ähnlich sind auch die Blüten vieler Rosengewächse. Bei den Spireenverwandten (Gattungen *Spiraea, Filipendula, Aruncus*) sind sie sehr klein, in reichen Blütenständen angeordnet und erinnern so an die Verhältnisse bei den Doldenblütlern. Größer sind sie bei den Apfelverwandten (Apfel, Birne, Eberesche, Cotoneaster, Felsenbirne etc.), wo der Nektar im vertieften Blütenboden an der Basis der Staubblätter abgeschieden wird. Noch etwas tiefer findet sich der Nektar bei den Pflaumenverwandten (Gattung *Prunus*), die dadurch gekennzeichnet sind, dass der zur Steinfrucht reifende Fruchtknoten hier »mittelständig« in einem becherförmig vertieften Blütenboden steht.

All diesen Blüten ist jedoch gemein, dass der Nektar offen oder höchstens wenige Millimeter tief geborgen ist, sodass eine Vielzahl von Bestäubern, auch solche mit wenig spezialisierten Mundwerkzeugen, an ihn gelangen kann. Beobachten wir im Hochsommer das Insektentreiben auf dem Blütenstand eines Doldenblütlers, so können wir uns von der Eignung solch offener Scheibenblumen für ein weites Spektrum unspezialisierter Blütenbesucher überzeugen: neben Honigbienen auch Schwebfliegen, Stubenfliegen und andere Zweiflüglergruppen, Käfer verschiedenster Familien, sogar Blattwanzen und andere Zufallsgäste. Ähnliche kleine, flache Scheibenblumen in doldenartiger Anordnung gibt es als ökologische Konvergenz z.B. bei Holunder oder den Wolfsmilcharten (*Euphorbia*). Bei den

---

**Abb. 53a-f:** Gestalttypen Scheiben- und Schalenblumen.

**a** Weißdorn (*Crataegus monogyna*, Rosaceae), **b** Wald-Erdbeere (*Fragaria vesca*, Rosaceae), **c** Zypressen-Wolfsmilch (*Euphorbia cyparissias*, Euphorbiaceae), **d** Spitz-Ahorn (*Acer platanoides*, Sapindaceae), **e** Weinraute (*Ruta graveolens*, Rutaceae), **f** Wald-Storchschnabel (*Geranium sylvaticum*, Geraniaceae).

a
b
c
d
e
f

Euphorbien liegt ein sehr komplizierter, im gesamten Pflanzenreich einzigartiger Aufbau der Blüten und Blütenstände vor, doch wird auch hier unter völlig anderen morphologischen Voraussetzungen ein ökologisch fast identisches Ergebnis erreicht.

Nicht wenige scheiben- oder schalenförmige Blumen bieten übrigens gar keinen Nektar, sondern werden ausschließlich wegen des Pollens besucht, vorzugsweise solche, die bauplanmäßig viele Staubblätter und dadurch naturgemäß große Pollenmengen bieten. Die in unserer Flora prominentesten Beispiele sind die Mohn-Arten und die Wildrosen. In den Morgenstunden ist das Pollensammeln am lohnendsten; dann können wir z.B. Hummeln in den Blüten links- und rechtsherum wuseln sehen, wobei sie noch heftig vibrieren, um sich möglichst intensiv mit Pollen einzupudern und ihn hinterher in ihre Sammelkörbchen zu höseln. Die vertieft schalenförmigen Mohnblüten mit ihren innen glatten Blütenblättern vereiteln übrigens oft eine saubere Landung, sodass die Hummeln eher in die Blüten hineinpurzeln. Und dies ist ganz im Sinne der Pflanze: Die Tiere sollen ja nicht nur möglichst bequem von außen den Kranz der Staubblätter abarbeiten, sondern zunächst einmal mitgebrachten Pollen auf der zentral stehenden, scheibenförmigen Narbe abladen (Abb. 53a-f).

## 5.2.2 Trichterblumen

Im Gegensatz zu den Scheiben- und Schalenblumen haben Trichterblumen eine gewisse Tiefe. Vertreter verschiedenster Verwandtschaftskreise haben kleine, becher- oder trichterförmig vertiefte Blüten, die an ihrem Grund Nektar produzieren, wo jedoch die Blütendimensionen so klein sind, dass auch unspezialisierte Insekten mit kurzen Mundwerkzeugen an den Nektar gelangen können, etwa bei Liguster, Minze, Baldrian oder dem Wolligen Schneeball *Viburnum lantana*.

Interessanter sind die größeren Trichterblumen, in denen die Bestäuber ganz verschwinden, wie bei den Winden, Enzianen oder einigen Nachtschattengewächsen. Gelegentlich sind diese als sog. Revolverblumen ausgebildet: Das Nektarreservoir am Grunde des Blütentrichters ist durch Vorsprünge der Krone oder Verwachsungen mit den Basen der Staubfäden, wie die Patronenfächer in einem Revolver, in fünf einzelne Nektarkammern aufgeteilt, und der Bestäuber muss in jede gesondert seinen Rüssel einführen.

**Abb. 54a-c:** Gestalttypen Trichterblumen.

**a** Zaun-Winde (*Calystegia sepium*, Convolvulaceae), **b** *Nicandra physalodes* (Solanaceae), **c** StengelloserEnzian (*Gentiana acaulis*, Gentianaceae).

## 5.2.3 Glockenblumen

Wie die Trichter- und Becherblumen sind auch die Glockenblumen von einer gewissen Tiefe, unterscheiden sich jedoch durch ihre mehr oder weniger hängende Position. Dies ist blütenökologisch von großer Bedeutung, da nur bestimmte Gruppen von Bestäubern die Blüten auch in hängender Position, also von unten anfliegend oder gar in Rückenlage ausbeuten können.

Glockenförmige, nickende Blüten finden sich z.B. bei Hahnenfußgewächsen wie Nieswurz (*Helleborus foetidus, H. viridis, H. purpurascens, H. atrorubens*), bei einigen Küchenschellen (*Pulsatilla pratensis*) und auch den Akeleien (*Aquilegia*). Die Tiere – der frühen Blütezeit entsprechend oft Hummelköniginnen – fliegen von unten an, klammern sich bauchoben an die kegelförmig im Blütenzentrum stehenden Staub- und Fruchtblätter und saugen den Nektar aus den Nektarblättern, die bei Nieswurz und Akelei besonders schön ausgeprägt sind. Die vielen Staubblätter produzieren reichlich Pollen, der zwangsläufig am Bauch angeheftete Pollen wird auf dem Flug zur nächsten Blüte gehöselt, doch gelangt meist noch genug Pollen zur Bestäubung auf die Narben der nächsten Blüte. Vergleichbares können wir auch bei den nickenden Glöckchen der zu den Rosengewächsen zählenden Bach-Nelkenwurz (*Geum rivale*) beobachten, und in der großen Gattung *Rubus* gibt es nicht nur die nach Rosenart ausgebreiteten Schalenblüten der Brombeeren, sondern auch den hängenden Glöckchentyp, wie ihn die Himbeere (*Rubus idaeus*) zeigt. Auch die Heckenkirschen (Gattung *Lonicera*) zeigen den Glöckchentyp bei der »sibirischen Honigbeere« (*Lonicera caerulea*) und den verwandten Schneebeeren (Gattung *Symphoricarpus*, Abb. 55a-f).

Natürlich findet sich der blütenökologische Gestalttyp der Glockenblume auch bei den bekannten blauen Glockenblumen der Gattung *Campanula*. Hier wird am Grund der Blüte Nektar abgeschieden, die Bestäuber kriechen bei den hängenden Formen von unten hinein, und als »Sitzstange« dient dabei der zentral stehende, stabförmige Griffel. Dabei erfüllt dieser bei den Glockenblumen nicht nur weibliche, sondern kurioserweise zugleich auch männliche Funktion: Der komplette Pollen wird von den Staubblättern schon im Knospenzustand an die behaarte Oberfläche des Griffels angeheftet, sodass den Bestäubern beim Öffnen ein zentraler »Pol-

**Abb. 55a-f:** Gestalttypen Glockenblumen.

**a** Grüne Nieswurz (*Helleborus viridis*, Ranunculaceae), **b** Wiesen-Küchenschelle (*Pulsatilla pratensis*, Ranunculaceae), **c** Bach-Nelkenwurz (*Geum rivale*, Rosaceae), **d** Becherglocke (*Adenophora liliifolia*, Campanulaceae), **e** Gewöhnlicher Beinwell (*Symphytum officinale*, Boraginaceae), **f** Heidelbeere (*Vaccinium myrtillus*, Ericaceae).

a
b
c
d
e
f

lenstab« angeboten wird, an dessen Spitze sich im späteren Blühstadium, wenn der meiste Pollen abgeholt ist, die empfängnisfähigen Narbenlappen öffnen. Dieses Prinzip, bei dem Pollen zwar von den Staubblättern produziert, aber nicht von ihnen angeboten wird, wird als sekundäre Pollenpräsentation bezeichnet.

Bei allen bisher genannten Glockenblüten ist die Oberfläche des Pollens mit Pollenkitt (Kap. 4.1) bedeckt, er hat die gewohnt griffig-klebrige Oberfläche, und der zwangsläufig am Bauch angeheftete Pollen wird auf dem Flug zur nächsten Blüte abgeputzt und gehöselt und ist ein willkommenes Zusatzgeschenk für die Besucher. Es gibt aber auch einen zweiten Pollentyp bei den glockenförmigen Blüten: Bei Blüten mit Streukegeleinrichtung sind die Pollenkörner sehr klein, trocken und rieselfähig. In diesen Fällen neigen die Staubbeutel der Staubblätter kegelförmig zusammen und halten den Pollen in ihrer Mitte fest, bis ein Insekt die Blüte bedient und der Pollen durch die Schlitze auf den Bauch des Insekts herabrieselt. Bei manchen Formen öffnen sich die Staubbeutel nicht mit seitlichen Schlitzen, sondern porizid mit kleinen Löchern an der Spitze; dann wird der Pollen beim Blütenbesuch wie aus den Löchern eines Salzstreuers auf den Insektenbauch herabgestreut.

Besonders schön können wir Glockenblumen mit Streukegeleinrichtung beim Beinwell (*Symphytum*) beobachten, etwa beim gewöhnlichen Beinwell (*Symphytum officinale*) der Weg- und Grabenränder oder dem großblütigen Kaukasus-Beinwell (*Symphytum grandiflorum*), der manchmal in den Grünanlagen als pflegeleichter Bodendecker in quadratmetergroßen Beständen gepflanzt wird. Die nektarreichen, hängenden Glockenblüten sind besonders beliebt bei Hummeln, die hier der Pollenfreisetzung aus den Streukegeln sogar noch nachhelfen, indem sie das interessante Verhalten des Vibrationssammelns (englisch »buzz pollination«) zeigen: Sie hängen sich an die Blüte und versetzen sie – für unser Ohr als deutliches Summen vernehmbar – mit ihrer Flugmuskulatur in heftige Vibrationen, um den Pollen möglichst vollständig aus den Staubblatt-Streukegeln freizusetzen. Neben dem Beinwell zeigen dieses Prinzip der hängenden Blüte mit Streukegeleinrichtung unter den Raublattgewächsen auch Boretsch, Wachsblume und Lotwurz, bei den Primelverwandten Alpenveilchen, Heilglöckchen und Alpen-Soldanella sowie eine ganze Reihe Heidekrautgewächse wie Heidel- und Preiselbeere, Edelheide und Rosmarinheide etc. Und nicht zu vergessen die Nachschattengewächse: Die große, überwiegend tropische Familie der Nachschattengewächse weist 3000 Arten in ca. 85 Gattungen auf, die Hälfte der Artenzahl ist jedoch in der Riesengattung *Solanum* (»Nachtschatten«) konzentriert, in deren Kreis neben einigen Unkräutern auch Kartoffel, Tomate, Paprika und Aubergine gehören. Bei allen

*Solanum*-Arten sind die Blüten nektarlos und werden ausschließlich wegen des Pollens besucht, der auch hier in einer Streukegeleinrichtung angeboten und mittels »buzz pollination« freigesetzt wird. Dass die nickenden Blüten hier meist nicht wirklich glockig, sondern wie beim Boretsch eher radförmig ausgebreitet sind, tut diesem erfolgreichen blütenökologischen Prinzip keinen Abbruch. Nach Buchmann 1983 findet sich das Vibrationssammeln über 72 Pflanzenfamilien verteilt bei ca. 20 000 Arten und damit bei 6-8 % aller Angiospermen. Häufig (wenn auch nicht immer) sind die betreffenden Blüten hängend, radiär und glöckchenförmig und entsprechen damit mehr oder weniger dem Gestalttyp der Glockenblumen.

## 5.2.4 Stieltellerblumen

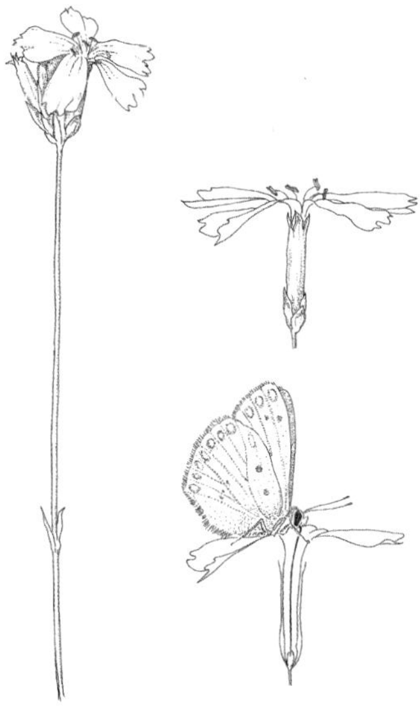

**Abb. 56:** Unsere heimischen Nelken (hier die Heide-Nelke *Dianthus deltoides*) repräsentieren den »Stielteller-Typ«. Die ausgebreiteten Platten der Kronblätter dienen als tellerförmige Landeplattform, ihre dünnen Basen sind zu einer engen Röhre zusammengeschlossen, in die nur der fadendünne Saugrüssel eines Schmetterlings eindringen kann.

Der Begriff »Stieltellerblumen« stammt aus einer Zeit, als man zum Anrichten von Kuchenteilchen oder Pralinen Platten verwendete, die wie ein Weinglas auf einem Stiel erhoben waren. Stieltellerblumen sind leicht zu erkennen: eine dünne, enge Blütenröhre, die im oberen Teil abrupt zu einer rechtwinklig darauf sitzenden, ausgebreiteten Platte erweitert ist. Die Platte kann, zumindest bei aufrechter Orientierung, als Landeplattform für die anfliegenden Insekten dienen. Die dünne, enge Röhre schränkt jedoch den Kreis der Besucher auf solche ein, die über entsprechend lange, dünne Saugrüssel verfügen, sodass in Mitteleuropa vor allem Tag- und Nachtfalter, langrüsselige Bienen und unter den Fliegen die Wollschweber (Bombyliidae) infrage kommen. Am Grund des in der Röhre eingeschlossenen Fruchtknotens wird Nektar abgeschieden, und Narbe und Staubblätter finden sich im Inneren des engen Blütenkanals, sodass der Rüssel des Bestäubers zwangsläufig damit in Berührung kommen und Pollen mitnehmen bzw. abstreifen muss. Interessant ist, dass auch hier derselbe Gestalttyp auf der Grundlage eines ganz unterschiedlichen Blütenbauplans realisiert werden kann: So ist bei Stieltellerblumen aus den Familien der Primeln, Sperrkrautgewächse, Raublattgewächse und Nachtschattengewächse die Röhre tatsächlich verwachsen, bei solchen aus den Familien der Nelkengewächse und Kreuzblütler sind die Kronblätter familientypisch unverwachsen, werden aber durch die außerhalb stehenden Kelchblätter zur Stieltellerform zusammengefasst (Abb. 57a-f).

Bekannte Beispiele sind die Nelken (Gattung *Dianthus*): Egal ob rosarot und tagblühend oder weiß und nachtblühend, alle Nelkenarten haben typische Stieltellerblumen. Auch Nelkengewächse aus anderen Gattungen zeigen teilweise diesen Blütentyp, etwa weiße und rote Lichtnelke (*Silene latifolia, S. dioica*), Pechnelke und Vexiernelke (*Lychnis viscaria, L. coronaria*), die leuchtend rote »Brennende Liebe« (*Lychnis chalcedonica*) oder das Seifenkraut (*Saponaria*). Das Alpen-Seifenkraut (*Saponaria ocymoides*) ist rot und wird von Tagfaltern bestäubt, das an unseren Wegrändern und Bahndämmen wuchernde Gewöhnliche Seifenkraut (*S. officinalis*) ist zartrosa-weißlich, verströmt abends einen starken Duft und lockt Nachtfalter an. Und auch hier gibt es blütenökologische Konvergenzen aus ganz anderen Pflanzenfamilien: Die nordamerikanischen *Phlox*-Arten (aus der Familie der Polemoniaceae und deshalb von ganz anderem Blütenbau!) entsprechen in Aussehen und Funktion verblüffend unserem Seifenkraut.

Edel und luxuriös wirken die an tropische Nachtfalter angepassten Stieltellerblumen bei Kakteen wie *Epiphyllum pittieri*, Rötegewächsen wie *Hillia parasitica* oder den Nachtschattengewächsen Ziertabak (*Nicotiana alata*) oder *Brunfelsia*; auf derartige Luxusformen wird bei den blütenökologischen Stiltypen noch näher einzugehen sein (Abb. 74a-f).

Neben den Stieltellerformen, wo die enge Röhre den eindringenden Saugrüssel zum Kontakt mit Staubbeuteln und Narben zwingt, gibt es jedoch auch den anderen Typ, bei dem Staubbeutel und Narben an langen Staubfäden bzw. Griffeln dem Bestäuber weit aus der Blüte entgegengereckt werden. Dies können wir z.B. bei den Nachtkerzen (Gattung *Oenothera*) beobachten: Der Nektar ist in einer tiefen Röhre geborgen. Wenn sich die Blüten am Abend – oft minutenschnell! – geöffnet haben, schwirren Eulenfalter und Schwärmer an den Blüten, die, während sie mit ihrem Saugrüssel nach dem Nektar sondieren, von den herausragenden Staubblättern intensiv mit Pollen bepudert werden. Von ähnlichem Bau sind die stark duften-

**Abb. 57a-f:** Gestalttypen Stieltellerblumen.

**a** Heide-Nelke (*Dianthus deltoides*, Caryophyllaceae), **b** »Brennende Liebe« (*Lychnis chalcedonica*, Caryophyllaceae), **c** *Phlox subulata* (Polemoniaceae), **d** *Pentas lanceolata* (Rubiaceae, mit *Heliconius melpomene*), **e** *Epiphyllum pittieri* (Cactaceae), **f** *Crinum jagus* (Amaryllidaceae).

a
b
c
d
e
f

den Stieltellerblüten der Sansevierien und der oft übergroßen *Crinum*- und *Hymenocallis*-Arten, von denen im Zusammenhang mit den Anpassungen an Nachtfalter in Kap. 5.3.3 die Rede ist.

## 5.2.5 Röhrenblumen

Der Typ der Röhrenblume ist weitgehend auf Pflanzen beschränkt, die von Kolibris oder anderen blütenbesuchenden Vögeln bestäubt werden, und ist daher in unserer heimischen Flora nicht vertreten. Am leichtesten lässt er sich vom Stieltellertyp ableiten, bei dem jedoch die zum »Teller« ausgebreitete Platte reduziert ist, und oft finden sich innerhalb eines Verwandtschaftskreises, also einer Pflanzenfamilie oder sogar einer Gattung, beide Typen. Ein illustratives Beispiel bietet die Familie der Nachtkerzengewächse (Onagraceae), wo die auch bei uns eingebürgerten Nachtkerzen-Arten der Gattung *Oenothera* Stieltellerblüten mit weit ausgebreiteten, nächtlich leuchtenden Kronblattplatten ausbilden. Die verwandte Gattung *Fuchsia* zeigt bei gleichem Blütenbauplan jedoch einen ganz anderen Gestalttyp. Sie wird von Kolibris bestäubt. Der bei *Oenothera* enge Blütenkanal ist bei *Fuchsia* zur Röhre geweitet, sodass ein Vogelschnabel hineinpasst, und die Kronblattplatten sind bei vielen Fuchsia-Arten sehr stark verkürzt, sodass aus der Stieltellerform eine Röhrenform wird (Abb. 58a-f).

Entsprechendes finden wir bei den Nachtschattengewächsen *Brugmansia* und *Iochroma*: bei *Brugmansia* ein großer, im vorderen Bereich weiter Trichter, bei *Iochroma* eine robuste Röhre, bei der die Saumzipfel millimeterkurz sind. Bekannte Röhrenblumen finden sich auch bei den Nektarvogelblumen Südafrikas in den Gattungen *Aloe, Kniphofia, Veltheimia, Lachenalia, Cotyledon, Kalanchoe* und den zahlreichen *Erica*-Arten der Kapflora, die ebenfalls großteils an die Bestäubung durch Vögel angepasst sind.

## 5.2.6 Bürsten- und Pinselblumen

Bei den Bürsten- und Pinselblumen sind Kelchblätter und Kronblätter reduziert, zurückgeschlagen oder nach hinten eingerollt, sodass sie für die optische Wirkung der Blüte keine große Rolle spielen. Diese geht hier vielmehr von den Staubblättern selbst aus, deren Staubfäden oft leuchtend

**Abb. 58a-f:** Gestalttypen Röhrenblumen.

**a** *Fuchsia decidua* (Onagraceae), **b** *Iochroma cyaneum* (Solanaceae), **c** *Cleistocactus candelilla* (Cactaceae), **d** *Hamelia patens* (Rubiaceae), **e** *Aloe ciliaris* (Aloaceae), **f** *Kniphofia citrina* (Aloaceae).

a
b
c
d
e
f

weiß oder bunt gefärbt sind. Dieser Blumentyp setzt die Existenz vieler Staubblätter voraus, die als ganzes büschelförmiges Buket wirken, fast wie ein Rasierpinsel oder die kuriosen Glasfaserlampen der 70er-Jahre (Abb. 59a-f).

In Andeutungen zeigt diesen Typ die heimische Wiesenraute *Thalictrum aquilegifolium*, bei deren Blüten die hübsche Erscheinung von den recht dicken weißen oder rosafarbenen Filamenten ausgeht. Die schönsten Vertreter dieses Typs finden wir aber auch hier in den Tropen. Imposante, teilweise sehr große Pinselblumen entfalten die *Pachira*-Arten aus der Familie der Bombacaceae, die nachts von Fledermäusen bestäubt werden. Vogelblütige Pinselblumen finden wir bei *Calliandra*, wo der botanische Gattungsname wörtlich übersetzt »schmucker Mann« bedeutet und sich auf die glutrot leuchtenden, langen Staubblätter bezieht. *Calliandra* gehört zu den Mimosengewächsen wie die bekannte Sinnpflanze *Mimosa pudica* und die vielen hundert Arten der Gattung *Acacia*, bei der das gleiche Prinzip verwirklicht ist; hier sind allerdings die Blüten kleiner und Insekten die Bestäuber. Zahlreiche Staubblätter, wie sie für die optische Wirkung der Pinselblumen unabdingbar sind, suchen wir bei den Blüten der Mimosengewächse allerdings vergebens, doch treten hier viele kleine Einzelblüten, jede mit vier Staubblättern, zu einer solchen wirkungsvollen, puschelförmigen Pinselblume (englisch »pom-pom flower«) zusammen (Abb. 59d).

Eine artenreiche Pflanzenfamilie mit Pinselblumen sind auch die Myrtengewächse (Myrtaceae), von denen Europa mit *Myrtus communis* allerdings wiederum nur einen bescheidenen Vertreter aufzuweisen hat. Größer sind die Pinselblüten bei den 600 Arten der Gattung *Eucalyptus*, die überwiegend von Vögeln bestäubt werden. Bei den ebenfalls australischen »Zylinderputzern« der Gattungen *Callistemon* treten wiederum viele kleine Pinselblütchen zu den spektakulären, flaschenbürstenartigen Bürstenblumen zusammen. Bestäuber sind hier Vögel aus der Familie der Honigfresser (Meliphagidae), die an den blütenbesetzten, weidenartig hängenden Zweigen auf und ab turnen und dabei die Bestäubung vollziehen (Abb. 59f).

---

**Abb. 59a-f:** Gestalttypen Bürsten- und Pinselblumen.

**a** *Pachira minor* (Malvaceae, »Bombacaceae«), **b** *Calliandra haematocephala* (Mimosaceae), **c** *Cojoba arborea* (Mimosaceae), **d** *Mimosa albida* (Mimosaceae), **e** *Myrtus communis* (Myrtaceae), **f** *Callistemon citrinus* (Myrtaceae).

a
b
c
d
e
f

## 5.2.7 Zygomorphe Blumen: Lippen-, Rachen- und Fahnenblumen

Bei all den bisher vorgestellten Gestalttypen waren die Blüten »rund«. Von oben auf die Blütenachse geschaut, haben sie viele denkbare Symmetrieebenen, an denen man sie in gleiche Hälften spiegeln kann. Solche Blüten lassen den Besuchern relativ viel Bewegungsspielraum, sie können sich von allen Seiten nähern und sich an oder in den Blüten verhalten, wie ihnen beliebt. Das kann aber auch dazu führen, dass die Insekten sich zum eigenen Vorteil an Nektar und Pollen bedienen, dabei aber gar nicht mit Staubblättern oder Fruchtblättern in Berührung kommen und so nur Nektar- bzw. Pollendiebstahl (Bd. 1, S. 64) begehen, aber gar keine Bestäubung vollziehen. Und wir hatten gesehen, dass bei der Mohnblüte die Schalenform und die glatte Oberfläche dafür sorgen, dass die Hummeln beim Anflug in der Blüte herumpurzeln und so die Chance erhöht wird, dass sie auch mit der zentral gelegenen Narbe in Berührung kommen – die Blüte nimmt also durch ihre Form Einfluss auf das Verhalten des Bestäubers.

Betrachten wir nun die Blüte einer Taubnessel (Abb. 60), eines Löwenmäulchens oder einer Wicke (Abb. 61), so ist diese keineswegs »rund«. Sie hat vielmehr nur genau eine Symmetrieebene, die senkrecht steht und die Blüte in eine linke und eine rechte Hälfte spiegelt – wie ein menschliches Gesicht. Im Gegensatz zu den normalen, radiären Blüten werden solche Lippen-, Rachen- oder Schmetterlingsblüten als zygomorph (d.h. »jochförmig«) bezeichnet, in anderen Veröffentlichungen auch als dorsiventral (lateinisch »dorsum« = Rücken, »venter« = Bauch) oder bilateralsymmetrisch (bilateral = zweiseitig).

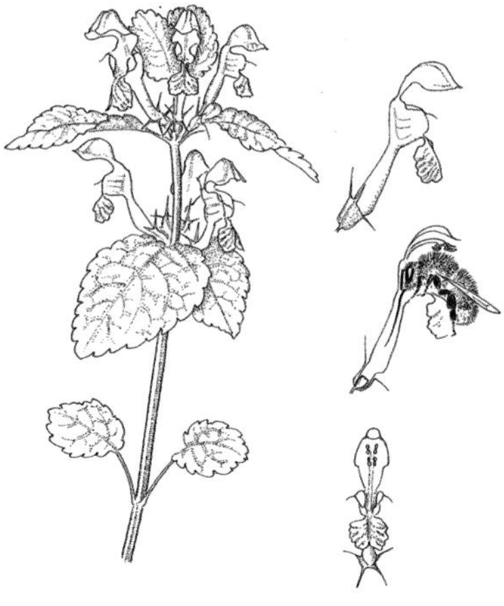

**Abb. 60:** Gefleckte Taubnessel (*Lamium maculatum*, Lamiaceae), eine typische zygomorphe Lippenblume. Die größere Unterlippe dient als Landeplattform, unter der Oberlippe verbergen sich die Narbe bzw. die Staubblätter, die das Insekt beim Blütenbesuch auf dem Rücken (nototrib) mit Pollen belegen. Die fünf Kronblätter sind verwachsen (aus Schwerdtfeger 2008).

**Abb. 61:** Zaun-Wicke *(Vicia sepium,* Fabaceae), eine zygomorphe Fahnenblume mit dem typischen Aufbau der Schmetterlingsblütler: Die optische Anlockung übernimmt eine nach oben orientierte plakative Fahne; die beiden seitlichen Flügel flankieren das Schiffchen, das sich aus zwei Kronblättern zusammensetzt und in dem sich der Komplex aus den Staubblättern und dem einzigen Fruchtblatt verbirgt. Beim Blütenbesuch treten die Staubblätter daraus hervor und belegen das Insekt auf der Bauchseite (sternotrib) mit Pollen. Die »Explosionszeichnung« verdeutlicht, dass die fünf Kronblätter hier frei sind (nur die Schiffchenblätter sind an der Spitze verbunden) und nur durch den verwachsenen Kelch zusammengehalten werden (aus Schwerdtfeger 2008).

Die Funktionsweise einer zygomorphen Blüte lässt sich am besten mit einer Garage vergleichen. Form und Größe der Garage lassen nur eine einzige mögliche Nutzung zu: vorwärts hinein und im Rückwärtsgang wieder hinaus. Und in eine Pkw-Garage passt kein Lkw hinein. Beobachten wir nun eine Taubnesselblüte: Furchenbienen wären zu klein, Schmetterlinge zu sperrig; die Taubnesselblüte ist vielmehr passgenau auf Hummeln abgestimmt. Die Hummel fliegt seitlich an, kriecht mit Kopf und Thorax »bis zum Anschlag« in die Blüte hinein und trinkt mit ihrem Rüssel den Nektar am Blütengrund. Dabei berührt sie die vier unter der dachförmigen Oberlippe versteckten Staubbeutel und belädt sich in der Rückenmitte zwischen den Flügelansätzen, dort, wo sie es am schlechtesten abputzen kann, mit Pollen. Nun im »Rückwärtsgang« hinaus und zur nächsten Blüte. Die Taubnesselblüten sind proterandrisch (Kap. 3.1), die Staubbeutel sind also zuerst reif. In älteren Blüten sind sie jedoch entleert und vertrocknet, und an ihrer Stelle spreizen sich nun die zwei Narbenlappen empfängnisbereit auseinander. Die Taubnessel hat nur vier, manche Lippenblütler nur zwei Staubbeutel, und die Pollenmenge ist sparsam. Und wenn sich auch die Hummeln beim »Ausparken« geschäftig mit einem der Mittelbeine über den Rücken wischen und so einen Teil des Pollens abputzen, gelangt an dieser vor gründlichem Putzen sicheren Körperstelle dennoch genug Pollen zur nächsten Blüte.

Und hier wird deutlich, warum die zygomorphe Blüte wahrhaft ein »Geniestreich der Blütenökologie« ist. Wir hatten in Kap. 4 gesehen, dass der Pollen als proteinreicher Träger des Erbgutes zu einem Interessenkonflikt führt: Korn für Korn wollen die Tiere dieses Kraftfutter verzehren oder – im Falle der Bienen – als Futter für ihre Larven eintragen. Aus Sicht der

Pflanze ist der Pollen jedoch Überbringer des Erbgutes, für die Narbe der nächsten Blüte bestimmt und zu schade, um aufgefressen zu werden. Bei reinen Pollenblumen wie Wildrosen oder Mohn, die eigens wegen des Blütenstaubs beflogen werden, ist es nun unvermeidlich, dass ein erheblicher Teil desselben gezielt gesammelt wird und für seinen eigentlichen Zweck verloren ist. So muss es uns jedenfalls als Außenstehenden erscheinen; die Untersuchungen von Harder & Wilson 1994 zeigen aber, dass auch das »Opfern« eines Teils des Pollens für die Ernährung der Bienen durchaus als Selektionsvorteil zu werten ist, da diese Tiergruppe die effektivsten Bestäuber stellt und daher von einer gesunden und »gut genährten« Bienenfauna auch der Fortpflanzungserfolg der Pflanzen profitiert.

Aber es geht auch anders: Im Gegensatz zu den reinen Pollenblumen bieten zygomorphe Blüten ihren Bestäubern meist einen anderen Anreiz für den Blütenbesuch und bieten hochwertigen Nektar an. Für die anspruchsvollen, flugkräftigen Bestäuber ist der Nektar als Energiespender ebenso wichtig, für die Pflanze jedoch weniger kostbar (Kap. 4.2). Und wenn Pollen nicht mehr Anreiz für den Blütenbesuch ist, muss er auch nicht in Mengen angeboten werden. Dass trotzdem genug Pollenkörner die nächste Blüte erreichen, dafür sorgt die zygomorphe Blütenform, die den Bestäubern ein sehr präzises und »berechenbares« Bewegungsmuster aufzwingt.

Die Begriffe Lippen»blume«, Rachen»blume« und Schmetterlings»blume« sind blütenökologische Gestalttypen, die nicht deckungsgleich sind mit den systematischen Pflanzenfamilien der Lippenblütler (Lamiaceae), Rachenblütler (Plantaginaceae bzw. Scrophulariaceae) und Schmetterlingsblütler (Fabaceae). Sie sind vielmehr als ökologische Konvergenzen auf Grundlage jeweils völlig unterschiedlicher morphologischer Baupläne von ganz verschiedenen Pflanzenfamilien entwickelt worden.

An die Lippenblumen kann man die Rachenblumen anschließen, die so groß sind, dass die Bestäuber nicht nur Kopf und Thorax hineinstecken, sondern zur Gänze hineinkriechen müssen. Und einige davon sind als sog. »Kraftblumen« ausgebildet: Beim bekannten Löwenmäulchen (*Antirrhinum majus*) ist der »Gaumen« der Blüte durch eine Ausstülpung der Unterlippe verschlossen, die vom Bestäuber heruntergedrückt werden muss; bei *Acanthus* muss das Tier sich zwischen der Unterlippe und den sehr festen Staubblättern hineinzwängen. In beiden Fällen ist der Blütenbesuch nur großen, kräftigen Bienen wie Hummeln und Holzbienen möglich.

Bei all diesen Lippenblumen und ihren Abwandlungen wird der Pollen dem Tier auf der Rückenseite (nototrib) appliziert, sei es auf der Stirn, der Oberseite von Thorax oder Abdomen oder im Falle der Kolibris auf der Schnabeloberseite oder dem Scheitel. Dieses Prinzip der nototriben

**Abb. 62a-d:** Lippenblütler (Lamiaceae). Die leuchtenden, reichblütigen Blütenkerzen mit den zygomorphen Einzelblüten sind oft von orchideenhafter Schönheit.

**a** Nesselkönig (*Lamium orvala*), **b** *Phlomis samia*, **c** Wiesen-Salbei (*Salvia pratensis*), **d** *Stachys macrantha* ´Superba´.

Pollenbelegung ist offenbar so erfolgreich, dass Abertausende von Pflanzenarten derartige Blüten entwickelt haben: fast alle Lippenblütler (Lamiaceae, 7000 Arten), Rachenblütler (Scrophulariaceae, Plantaginaceae etc. 3000 Arten), ihre tropischen Nachbarfamilien Acanthaceae (4000 Arten), Gesneriaceae (3500 Arten), ferner Bignoniaceae (800 Arten), Orobanchaceae, Lentibulariaceae etc. Rechnen wir nun unter den Einkeimblättrigen noch die grundsätzlich zygomorphen Orchideen hinzu, kommen wir überschlägig auf mindestens 40 000 Pflanzenarten, deren Blüten nach diesem Prinzip funktionieren (Abb. 62a-d, 63a-f). Nach Westerkamp & Classen-Bockhoff (2007) finden sich zweilippige Blumen in nicht weniger als 38 Pflanzenfamilien.

Neben der nototriben gibt es aber auch die sternotribe Pollenbelegung, wo sich der Bestäuber auf der Bauchseite mit Pollen kontaminiert. Der Prototyp dieses Prinzips ist die Blüte der Schmetterlingsblütler, etwa Erbse, Bohne, Wicke, Platterbse, Lupine, Goldregen, Blauregen oder Robinie (Abb. 61, Abb. 64a-f). Der Fruchtknoten besteht bei dieser Familie aus nur einem Fruchtblatt, das zur Hülse reift. Gemeinsam mit den zehn Staubblättern ist er in ein aus zwei Blütenblättern gebildetes, kahnförmiges Schiffchen eingeschlossen, dieses wird links und rechts von zwei Flügeln flankiert. Das auffälligste der fünf Kronblätter ist die Fahne, die als breite, plakative Werbefläche aufrecht steht und mit ihrer Farbe und ihrem oft kontrastierenden Saftmahl für die optische Wirkung sorgt. Der Bestäuber, etwa eine Hummel, fliegt frontal an, setzt sich auf das Schiffchen und streckt seinen Rüssel nach dem Nektar im Blütengrund aus. Dabei weichen die beiden Seiten des Schiffchens etwas auseinander, die Staubbeutel treten hervor und bepudern das Insekt am Bauch mit Pollen. Auch diese Blüten sind proterandrisch, sodass in jungen Blüten die Staubblätter ihren Pollen abgeben, im späteren Blühstadium jedoch an ihre Stelle die Narbe tritt, um mitgebrachten Pollen entgegenzunehmen.

Die Schmetterlingsblüte ist also quasi eine »umgekehrte Lippenblüte«: Statt der großen Unterlippe übernimmt hier die oben stehende Fahne die optische Anlockung, und die Pollenbelegung erfolgt nicht von oben auf den Rücken, sondern von unten auf den Bauch. Das Prinzip ist aber dasselbe: Auch hier sorgt die zygomorphe Blütenform dafür, dass das Tier, während es den Nektar gewinnt, mit einer an bestimmter Körperstelle prä-

**Abb. 63a-f:** Lippenblumen, die keine Lippenblütler sind: Diese Blüten zeigen als blütenökologische Konvergenz den Gestalttyp der Lippenblume, gehören aber nicht zur Pflanzenfamilie der Lippenblütler (Lamiaceae).

**a** *Brillantaisia lamium* (Acanthaceae), **b** *Duvernoia adhatodoides* (Acanthaceae), **c** *Justicia carnea* (Acanthaceae), **d** *Nautilocalyx melittifolius* (Gesneriaceae), **e** *Clitoria ternatea* (Fabaceae), **f** *Erythrina crista-galli* (Fabaceae).

a
b
c
d
e
f

zise angebrachten Pollenfracht belegt wird, um sie an der nächsten Blüte ebenso präzise abzuliefern.

Der Stiltyp der Schmetterlingsblume mit Fahne und Schiffchen tritt auch in anderen Pflanzenfamilien auf, etwa bei den Kreuzblumengewächsen (Polygalaceae), den Erdrauchgewächsen (Fumariaceae, etwa dem bekannten Hohlen Lerchensporn *Corydalis cava*) oder unter den Nachtschattengewächsen bei der Gattung *Schizanthus* (Abb. 51e). Die wichtigste Gruppe mit Schmetterlingsblumen ist hier aber tatsächlich die Familie der Schmetterlingsblütler (Fabaceae). Mit weltweit über 10 000 Arten eine der größten Pflanzenfamilien, gibt es Schmetterlingsblütler von der Arktis und den Hochgebirgen über die Wüsten bis in die tropischen Regenwälder, und sie stellen Polsterpflanzen, Sumpfpflanzen oder Dornsträucher, Unkräuter, Lianen und große Waldbäume. Weltweit einheitlich ist dabei die Blüte als Schmetterlingsblüte ausgebildet. Immer treten die Staubblätter bzw. die Narbe beim Blütenbesuch aus dem Schiffchen hervor. Trotz dieses einheitlichen Aufbaus gibt es hier nicht weniger als vier verschiedene Funktionsweisen (Details bei Kugler 1970):

1. Klappmechanismus: Die beiden Hälften des Schiffchens weichen beim Blütenbesuch auseinander, die Antheren oder die Narbe treten hervor, und beim Abflug klappt das Schiffchen wieder über ihnen zusammen. Der Mechanismus kann mehrfach ausgelöst werden (Beispiele: *Onobrychis, Melilotus, Cytisus, Trifolium*).
2. Explosionsmechanismus: Staubblätter und Fruchtblatt bauen im geschlossenen Schiffchen eine Spannung auf, bis ein geeigneter Bestäuber die Öffnung auslöst. Dann schnellen sie explosionsartig hervor und treffen das Tier an definierter Körperstelle. Der Mechanismus ist nur einmal auslösbar; bereits »explodierte« Blüten sind am heruntergeklappten Schiffchen zu erkennen (Beispiele: *Genista, Sarothamnus, Spartium*).
3. Spritzenmechanismus: Das Schiffchen bildet eine tütenförmige Struktur, die sich nur mit einem kleinen Loch an der Spitze öffnet. Die Antheren drücken den reifen Pollen wie ein Kolben von innen gegen dieses Loch. Wird das Schiffchen beim Blütenbesuch heruntergedrückt, quillt der Pollen aus dieser »Düse« wie aus einer Teig- oder Sahnespritze heraus. Nach Entleeren des Pollens tritt an derselben Stelle die Narbe hervor; der Mechanismus ist also mehrfach auslösbar (Beispiele: *Lupinus, Coronilla, Hippocrepis*).

---

**Abb. 64a-f:** Schmetterlingsblütler (Fabaceae) mit ihrem unverwechselbaren Blütenaufbau aus Fahne, Flügel und Schiffchen.
**a** *Baptisia australis* mit Blattschneiderbiene (*Megachile* spec.), **b** *Cytisus emeriflorus*, **c** Berg-Platterbse (*Lathyrus montanus*), **d** *Lotus spartioides*, **e** Stechginster (*Ulex europaeus*), **f** Zaun-Wicke (*Vicia sepium*).

a
b
c
d
e
f

4. Bürstenmechanismus: Sämtlicher Pollen wird bereits im Knospenstadium auf dem oberseits bürstenartig behaarten Griffel abgeladen. Dann vertrocknen die Staubblätter und beim Blütenbesuch tritt nur die pollenbeladene Griffelbürste aus dem Schiffchen hervor, es liegt also sekundäre Pollenpräsentation vor, wie sie auch bei den Glockenblumen vorkommt und beschrieben wurde. Der Mechanismus ist mehrfach auslösbar; erst nach vollständiger Abgabe des Pollens wird die Narbe empfängnisfähig (Beispiele: *Vicia, Lathyrus*).

Wir fassen zusammen: Bei der nototriben Pollenbelegung kommt der Pollen von oben aus einer dachartigen Oberlippe, bei der sternotriben von unten aus einer schiffchenartigen Struktur. Und nun noch ein blütenökologisches Kabinettstückchen, dessen »biologischer Sinn« wohl nur mit »Drang zur Vielfalt« zu deuten ist: Es gibt Lippenblütler, bei denen Staubblätter und Griffel nicht unter der Oberlippe, sondern auf der Unterlippe liegen, die sich darüber zum Schiffchen schließt. Die Oberlippe, die sonst die Staubblätter wie ein Dach beschirmt, breitet sich bei diesen Formen zur plakativen Fahne aus. Unter völlig anderen morphologischen Voraussetzungen resultiert also eine perfekte Konvergenz zu den Schmetterlingsblütlern. Zu dieser Gruppe von Lippenblütlern gehören einige altmodische Zierpflanzen wie Buntnesseln (*Coleus* = *Solenostemon*), der »Mottenkönig« (*Plectranthus*) sowie auch das Basilikum (*Ocimum*) (Abb. 65e).

Und nun wird es uns nicht mehr wundern, dass es auch das Umgekehrte gibt: Schmetterlingsblütler, die ihre Blüte um 180 Grad drehen, sodass das Schiffchen oben steht, die Fahne als Unterlippe fungiert und die dann funktionell eine Lippenblume bilden. Beispiele hierfür sind die prachtvolle südamerikanische Kübelpflanze *Erythrina crista-galli* und die blaublühende, erbsenartige *Clitoria ternatea*, die wir in den Gewächshäusern botanischer Gärten blühen sehen können (Abb. 63e-f).

## 5.2.8 Köpfchenblumen

Dieser Gestalttyp unterscheidet sich von allen anderen dadurch, dass hier die Einzelblüte so winzig ist, dass sie grundsätzlich nicht alleine, sondern notorisch in einem vielblütigen Körbchen oder Köpfchen zusammen steht. Die prominenteste Familie dieses Typs ist die der Korbblütler (Asteraceae, syn. Compositae). Der alte Familienname »Compositae« (lateinisch »die Zusammengesetzten«) nimmt genau darauf Bezug, dass hier die Blume nicht eine einzelne Blüte, sondern ein vielblütiger Blütenstand aus teilweise Hunderten winziger Einzelblüten ist (Abb. 66a, b). Allerdings sind diese winzigen Einheiten zu so überzeugenden »Gesamtkunstwerken« zusammengefasst, dass auch Botaniker immer wieder unbedacht von »Blüten«

**Abb. 65a-e:** Schmetterlingsblumen, die keine Schmetterlingsblütler sind. Diese Blüten zeigen als blütenökologische Konvergenz den Gestalttyp der Fahnenblume, gehören aber nicht zur Pflanzenfamilie der Schmetterlingsblütler (Fabaceae).

**a** Gewöhnliche Kreuzblume (*Polygala vulgaris*, Polygalaceae), **b** Hohler Lerchensporn (*Corydalis cava*, Fumariaceae), **c** Blassgelber Lerchensporn (*Pseudofumaria alba*, Fumariaceae), **d** *Plectranthus saccatus* (Lamiaceae), **e** *Schizanthus pinnatus* (Solanaceae).

sprechen und sich bewusst in Erinnerung rufen müssen, dass selbst bei einer prachtvollen Sonnenblume mit einer Scheibe von 30 cm Durchmesser die Einzelblüte dennoch nur millimeterklein ist.

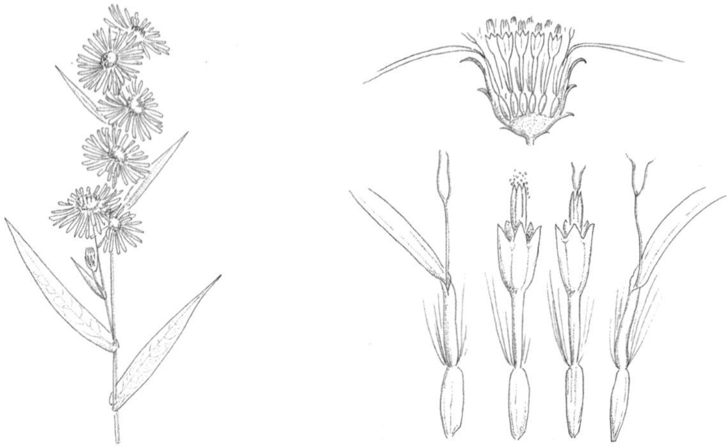

**Abb. 66a, b:** *Aster novi-belgii.* Das Köpfchen, das hier als »Blume« wirkt, besteht aus vielen kleinen Einzelblüten. Bei dem weitverbreiteten Typ, zu dem z.B. Aster, Gänseblümchen, Margerite und Sonnenblume gehören, sind die randlichen Blüten als »Zungenblüten« ausgebildet und oft nur weiblich, die auf der Scheibe stehenden Blüten sind zwittrige »Röhrenblüten«. Andere Korbblütler haben nur einen Blütentyp: Bei den Flockenblumen und Distelverwandten sind alle Blüten röhrig (Abb. 30a, 30b, 67f), bei den Verwandten von Salat, Endivie, Löwenzahn und Wegwarte sind alle zungenförmig (Abb. 30c, 67e).

Die Blüten der Korbblütler gehören trotz ihrer Kleinheit zu den höchstentwickelten, am stärksten abgeleiteten des Pflanzenreichs. Die fünf Kronblätter sind zu einer Röhre verwachsen, in deren Innerem fünf Staubblätter stehen. Die Staubfäden sind frei, die Staubbeutel sind jedoch wiederum an ihren Rändern miteinander verbunden, sodass sie ebenfalls eine Röhre bilden, in die bei der Reife der Pollen entleert wird. Wenn sich die Blüte öffnet, schiebt sich der Griffel mit den noch fest geschlossenen Narben (die Blüten sind stark proterandrisch) durch die Staubblattröhre und drückt wie der Kolben einer Spritze nach und nach den Pollen an der Spitze heraus. Bei einem anderen Typ wird der Pollen bereits in der Knospe auf die behaarte Außenseite des Griffels geladen; hier liegt also eine sekundäre

**Abb. 67a-f:** Erfolgsmodell Korbblütler. Die Asteraceae wetteifern mit weit über 20 000 Arten mit den Orchideen um den Titel der größten Pflanzenfamilie; gemessen an der Häufigkeit, Phytomasse und dem Anteil an der weltweiten Vegetation sind sie jedoch weit erfolgreicher als diese.

**a** *Callistephus chinensis,* **b** *Glebionis coronaria* (= *Chrysanthemum coronarium*), **c** *Helianthus x multiflorus,* **d** *Pseudogynoxys berlandieri,* **e** *Cicerbita macrophylla,* **f** *Cynara scolymus.*

a
b
c
d
e
f

Pollenpräsentation vor wie bei den Glockenblumen. In beiden Fällen gilt: »Erst, wenn der Pollen abgeholt ist, öffnen«. Denn erst wenn dieser abgeholt ist, öffnen sich die Narben und sind empfängnisbereit.

So kompliziert der morphologische Bauplan der Korbblütlerblüte auch ist: das Ganze ist so winzig, dass auch Insekten mit mäßig entwickelten Mundwerkzeugen meist keine Schwierigkeiten haben, an den Nektar am Grund der Kronröhre zu gelangen. Und für die Pollenübertragung von der Spitze der Antherenröhre spielt es im Ergebnis keine Rolle, dass sich darunter eine ganze komplizierte Korbblütlerblüte befindet, denn diese entspricht in Größe und Funktion im männlichen Stadium eigentlich einem einzigen Staubblatt bzw. im darauf folgenden weiblichen Stadium einem Fruchtknoten mit Griffel und Narbe.

Es ist erstaunlich und faszinierend, dass eine so hoch entwickelte, abgeleitete und erdgeschichtlich »moderne« Pflanzenfamilie wie die der Korbblütler blütenökologisch-funktionell wieder zu einer ganz einfachen, scheibenförmigen Blumenform zurückgekehrt ist, auf der sich eine Vielzahl auch unspezialisierter Blütengäste einstellen und Nektar und Pollen fressen können. Unter den mehr als 20 000 Arten von Korbblütlern haben sich nur in einzelnen Gruppen weitergehende Spezialisierungen entwickelt, etwa bei den südamerikanischen, kolibriblütigen *Mutisia*-Arten oder den Distel- und Flockenblumenverwandten, die tiefere Blütenröhren haben und damit gewisse Anpassungen an langrüsselige Hummeln und Schmetterlinge zeigen. Aber an der überwiegenden Mehrheit der Korbblütler finden wir ein breites Besucherspektrum von kleinen und großen Bienen, Schwebfliegen, Faltern verschiedener Familien, Käfern und anderen Blütengästen (Wagenitz 1981, Schwerdtfeger 1991, Abb. 29, 30a-c, 67a-f).

Und das ökologische Konzept der Köpfchenblume scheint aufzugehen, denn aus zahlreichen anderen Pflanzenfamilien sind ebenfalls Vertreter zu nennen, deren Blütenköpfchen teilweise bis in verblüffende Details denen der Korbblütler ähneln (Abb. 68a-f). Allein in der heimischen Flora sind dies z.B. *Eryngium* (Apiaceae), *Armeria* (Plumbaginaceae), *Jasione, Phyteuma* (Campanulaceae), *Globularia* (Plantaginaceae) und *Scabiosa, Knautia* oder *Dipsacus* (Dipsacaceae). Nur der Vollständigkeit halber sei erwähnt, dass auch Stieltellerblumen zu köpfchenartigen Blütenständen zusammentreten können, etwa bei *Asperula* und *Phuopsis* (Rubiaceae), *Valeriana* (Valerianaceae) sowie den Wandelröschen (*Lantana*, Verbenaceae).

**Abb. 68a-f:** Köpfchenblumen, die keine Korbblütler sind: Auch außerhalb der Familie der Asteraceae ist das Prinzip der kleinen Einzelblüte in köpfchenartiger Anordnung vielfach verwirklicht.

**a** *Eryngium giganteum* (Apiaceae), **b** *Globularia bisnagarica* (Plantaginaceae), **c** Ährige Teufelskralle (*Phyteuma spicatum*, Campanulaceae), **d** Acker-Witwenblume (*Knautia arvensis*, Dipsacaceae), **e** *Phuopsis stylosa* (Rubiaceae), **f** *Lantana montevidensis* (Verbenaceae).

a

b

c

d

e

f

## 5.3 Blütenökologische Stiltypen

Wir hatten gesehen, dass der Bauplan der Blüte, also vor allem Zahlen- und Verwachsungsverhältnisse, weitgehend von der Zugehörigkeit zur jeweiligen Pflanzenfamilie bestimmt sind. Bei den Gestalttypen, also Größen- und Symmetrieverhältnissen, deutete sich an, dass der vorgegebene Bauplan von den ökologischen Anpassungen an die Bestäuber mehr oder weniger »überformt« werden kann. Gänzlich ökologisch bestimmt und von der morphologischen Grundausstattung unabhängig sind nun die ökologischen Stiltypen, anhand derer wir die Blüten bestimmten Bestäubergruppen zuordnen können – selbst wenn wir nie Gelegenheit hatten, die Blütenbesucher zu beobachten. So ist die Weiße Lichtnelke (*Silene latifolia*) nach dem Bauplan ihrer Blüten zweifelsfrei eine Angehörige der Nelkengewächse, vom Gestalttyp eine Stieltellerblume und anhand der Stilmerkmale klar als Nachtfalterblume zu erkennen.

Ein Vergleich mit der Kunstgeschichte: Ein Sachverständiger muss nicht in den Archiven nach dem Baujahr eines Gebäudes forschen, um es als »Barock« oder »Jugendstil« einzuordnen. Und umgekehrt erkennt er die Epochen Renaissance, Barock, Rokoko oder Romantik an einem Gebäude ebenso gut wie an einem Gemälde, einer Skulptur oder einem Musikstück. Entsprechend können wir Blütenökologen an einer Blüte – egal welcher Pflanzenfamilie, welchen Bauplans oder Gestalttyps – erkennen, ob sie von Bienen oder Schmetterlingen, Vögeln oder Fledermäusen bestäubt wird. Und dazu befähigen uns die Merkmalskombinationen (Syndrome) der blütenökologischen Stiltypen:

- Bienenblumen (Melittophile)
- Tagfalterblumen (Psychophile)
- Nachtfalterblumen (Phalaenophile)
- Vogelblumen (Ornithophile)
- Fledermausblumen (Chiropterophile)
- Käferblumen (Cantharophile)
- Fliegenblumen (Myophile)
- … und was übrig bleibt: Blüten für unspezialisierte Besucher

**Abb. 69a-f:** Blütenökologischer Stiltyp »Bienenblume«.

**a** Gewöhnlicher Eisenhut (*Aconitum napellus*, Ranunculaceae), **b** *Rosa-gallica*-Form (Rosaceae), **c** Moschus-Malve (*Malva moschata*, Malvaceae), **d** Gewöhnlicher Hornklee (*Lotus corniculatus*, Fabaceae), **e** Heil-Salbei (*Salvia officinalis*, Lamiaceae), **f** Wollkopf-Kratzdistel (*Cirsium eriophorum*, Asteraceae).

a
b
c
d
e
f

### 5.3.1 Bienenblumen (Melittophile)

Für uns Mitteleuropäer ist »die Biene« der vertrauteste und nächstliegende Blütenbesucher, wobei wir, wie in Band 1 ausführlich dargelegt, keineswegs nur an die Honigbiene (*Apis mellifera*) denken dürfen, die ja nur eine der ca. 560 bei uns heimischen Bienenarten ist. Und als über Kontinente verbreiteter, äußerst flexibler Generalist hat ausgerechnet die uns vertrauteste Biene bei den Blüten zu nahezu keinen Anpassungen geführt, sodass wir nirgends von eigentlichen »Honigbienenblumen« sprechen können. Anderes gilt für große, anspruchsvolle Bienenformen wie Hummeln, Blattschneiderbienen, Pelz- und Langhornbienen oder Holzbienen. Viele davon sind jedoch wärmeliebende, mediterrane Tiere, während unter unseren mitteleuropäischen Witterungsverhältnissen die »Bienenszene« vor allem von den wetterfesten Hummeln dominiert wird. Viele der im Folgenden genannten Merkmale der Bienenblumen finden sich also besonders schön an den vielen Hummelblumen der nördlichen gemäßigten Zonen Europas, Asiens und Nordamerikas (Abb. 69a-f).

Die Farben der Bienenblumen sind freundliche Blütenfarben von Weiß über alle Rosatöne bis zu Violett, Blau oder Gelb. Nicht aber Rot! Das Farbspektrum der Bienen ist gegenüber dem unseren zum kurzwelligeren Bereich verschoben und schließt somit das für uns unsichtbare Ultraviolett (UV) ein, reicht aber am langwelligen Ende nicht bis zum Rot (Bd. 1, S. 43). Kein Wunder, dass bei uns, wo die Bestäuberfauna von Bienen und anderen Insekten dominiert wird, nahezu keine wirklich roten Blüten vorkommen. Wir müssen bei der Besprechung der Farbsichtigkeit der Insekten immer auch an Ultraviolett denken, das diese Tiere als Farbe sehen. Jede der für uns sichtbaren Farben ist für die Biene evtl. noch unterschiedlich, je nachdem, ob sie UV enthält oder nicht. Und »Weiß« als die Mischung aller sichtbaren Farben ist für die Biene nur dann auch »Bienenweiß«, wenn es auch UV reflektiert; fehlt das UV, resultiert die Komplementärfarbe »Bienenblaugrün«. Viele Blüten tragen als optische Markierungen Saftmale, die andersfarbig kontrastreich hervorgehoben sind und im Blütenzentrum den Weg zum Nektar weisen, besonders schön z.B. bei Storchschnabelarten mit hervorgehobener Nervatur oder dunklem »Auge« wie bei *Geranium psilostemon*. Andererseits weisen viele Blüten, die für unser Auge einfarbig erscheinen, für die Bienen sichtbare Saftmale im UV-Bereich auf. Oft ist z.B. die Blüte »Bienenweiß«, während das Saftmal im Blütenzentrum UV absorbiert und sich so als »Bienenblaugrün« abhebt. In derartigen Fällen von im UV-Bereich zweifarbigen Blüten wird dann grundsätzlich die Nähe zum Nektar durch ein plötzliches Fehlen der UV-Komponente angezeigt. Erreichen die Tiere den UV-freien Bereich, strecken sie bereits instinktiv den Saugrüssel aus.

Auch die auffälligen gelben Zungenblüten der Sonnenblume (*Helianthus annuus*) tragen im Zentrum ein für die Bienen sichtbares, UV-freies Saftmal. Daumer (1958) montierte sie umgekehrt an die Köpfchen; die Bienen liefen dann nicht ins Zentrum der Sonnenblume, sondern nach außen, um dort den Rüssel auszustrecken.

So freundlich sich die Bienenblumen unserem Auge farblich präsentieren, so empfinden wir auch ihre Düfte als frisch, »blumig« und angenehm. Dass die Blüten mit süßem »Honigduft« locken, ist freilich ein Mythos aus den Kinderbüchern: Der charakteristische Duft des aus dem Blütennektar produzierten Honigs ist eine Kombination aus dem Duft des entsprechenden Nektars und den Stoffen im Honig, die von den Bienen stammen.

Das Erblühen (die Anthese) der Bienenblumen ist natürlich auf die Aktivitätszeit der Besucher abgestimmt. Das Öffnen der Blüten, die Duftproduktion und das Freisetzen von Nektar und Pollen finden morgens statt. Vor allem reine Pollenblumen wie Mohn und Königskerze werden oft frühmorgens stark beflogen und bleiben dann, wenn der Pollen abgeholt ist, für den Rest des Tags auffällig unbesucht.

Die Nektarkonzentration ist bei Bienenblumen grundsätzlich höher als etwa bei Falter- oder Vogelblumen und liegt in der Regel über 20 % (das wären 200 g Zucker auf 1 l Wasser, Kap. 4.2). Dünnere Nektare werden nicht als »besser als nichts« betrachtet, sondern konsequent verschmäht. Dies erklärt sich leicht dadurch, dass Bienen ja den Nektar nicht nur für die eigene Versorgung sammeln, sondern ihn auch als Heizmaterial für den Winter in ihren Zellen oder Waben dauerhaft lagern. Und da ist es wie beim Marmeladekochen: Flüssigkeiten mit zu geringem Zuckergehalt gären oder schimmeln, erst eine ausreichend hohe Konzentration unterbindet das Wachstum von Mikroben. Was die Nektarzusammensetzung, also das Verhältnis der im Nektar vorkommenden Zucker Saccharose, Glukose und Fruktose betrifft, so ist der Nektar von Bienenblumen saccharosebetont, weist also erheblich mehr Saccharose als Hexosen auf.

Bevorzugte Gestalttypen: Wie schon beschrieben, sind die zygomorphen Blüten in besonderer Weise an Körperbau und Besuchsverhalten der Bienen angepasst. Wer also die beschriebenen Phänomene in lehrbuchmäßiger Ausprägung beobachten will, möge sich vor einen blühenden Bestand eines Schmetterlingsblütlers (Wicke, Ginster etc., Abb. 64) oder Lippenblütlers (Salbei, Taubnessel, Ziest, Abb. 62) setzen: Neben Wollbienen und Blattschneiderbienenverwandten – sofern im Gebiet vorhanden – sind vor allem die allgegenwärtigen Hummeln zu beobachten.

**Zusammenfassung der Merkmale der Bienenblumen**: Anthese morgens. Farben freundlich (aber nicht rot!); Saftmale häufig, zumindest im UV-Bereich. Düfte angenehm oder schwach. Nektarkonzentration hoch und saccharosereich oder reine Pollenblumen. Fast alle Gestalttypen, häufig zygomorphe Lippen-, Rachen- oder Schmetterlingsblüten.

### 5.3.2 Tagfalterblumen (Psychophile)

Die Farben der Tagfalterblumen reichen in unserer Flora vor allem von Rosa bis ins Rote und Violette (Abb. 70). In den Tropen gibt es auch Tagfalterblumen in charakteristisch gelbroter, orange- und signalroter Färbung (Abb. 71). Das Erblühen erfolgt morgens, die Düfte sind oft sehr angenehm wie bei den Nelken (*Dianthus*) und nicht selten mit einer schweren, süßen Vanillenote wie beim »Schmetterlingsflieder« (*Buddleja davidii*) oder der »Vanilleblume« (*Heliotropium peruvianum*) ausgestattet. Dabei scheinen diese charakteristischen süßen Düfte, wie sie übrigens auch die Blüten der Disteln und Kratzdisteln produzieren, tatsächlich »Schmetterlingsdüfte« zu sein, die nicht erst als Assoziation zu nektarreichen Blüten erlernt werden müssen, sondern auch auf unerfahrene, frisch geschlüpfte Tiere anziehend wirken (Andersson 2003, Andersson & Dobson 2003).

Der Nektar ist wie bei den Bienenblumen saccharosebetont, doch können die Nektarkonzentrationen bei den Tagfalterblumen viel niedriger liegen, da diese Tiere den Nektar nur für ihre eigene Ernährung nutzen und deshalb Mindestkonzentrationen wegen Lagerfähigkeit und Haltbarkeit keine Rolle spielen.

Schmetterlinge können mit ihrem Saugrüssel nur Flüssigkeiten aufnehmen und kommen daher normalerweise nicht in den Genuss des proteinreichen Pollens. Einige tropische Schmetterlinge wie die Passionsblumenfalter (Heliconiinae) nutzen ihn jedoch auf Umwegen: Sie weichen den Pollen in Nektar ein, um wertvolle Stoffe herauszulösen und mit dem Nektar aufzunehmen (Abb. 39). Dennoch sind die Falter zum Fressen von Pollenkörnern nicht imstande, sodass es unter den Tag- und Nachtfalterblumen keine reinen Pollenblumen gibt.

Der haardünne Saugrüssel der Schmetterlinge kann Nektar aus engsten Öffnungen saugen, sodass der ideale Gestalttyp der Tagfalterblume eine Stieltellerblume ist. In unserer Flora sind als Beispiele Nelken (*Dianthus*) und Lichtknelken (*Silene, Lychnis*) zu nennen, Primelgewächse wie *Primula*

---

**Abb. 70a-f:** Blütenökologischer Stiltyp »Tagfalterblume«.

**a** *Lychnis flos-iovis* (Caryophyllaceae), **b** *Heliotropium peruvianum* (Boraginaceae), **c** *Verbena bonariensis* (Verbenaceae), **d** *Zinnia elegans* (Asteraceae), **e** *Cirsium rivulare* (Asteraceae), **f** *Anacamptis pyramidalis* (Orchidaceae).

a
b
c
d
e
f

*farinosa* und *Androsace*-Arten, das Tausendgüldenkraut (*Centaurium erythraea*) und engröhrige Enziane wie *Gentiana verna*. Sehr ähnliche tagfalterblütige Stieltellerblumen finden sich beim Polsterphlox (*Phlox subulata*) und anderen Arten dieser großen nordamerikanischen Gattung.

**Zusammenfassung der Merkmale der Tagfalterblumen**: Anthese morgens. Farben: Rosa, Rötlich oder Violett (bei tropischen Tagfalterblumen auch leuchtendes Orange und Rot). Düfte angenehm, teilweise schwer und vanilleartig. Nektar oft dünnflüssig, saccharosereich. Keine Pollenblumen. Bevorzugte Gestalttypen Stieltellerblumen oder köpfchenartige Blütenstände, zygomorphe Blüten selten.

### 5.3.3 Nachtfalterblumen (Sphingophile)

Der Stiltyp der Nachtfalterblume ist sehr leicht zu erkennen (Abb. 72a-e, 73a-f, 74a-f): Das Erblühen findet abends statt, die Farben sind hell, meist weißlich, cremegelb, lichtgrün oder blassviolett. Die Formen und Umrisse sind oft aufgelöster als bei tagblütigen Verwandten, die Kronblätter sind also häufig tief geteilt, bandförmig oder zerschlitzt. Helle Farben und sternförmige Umrisse sind im schwachen Mondlicht besser zu erkennen als dunkle Blüten mit geschlossener Form.

Sehr charakteristisch sind die starken Blütendüfte der Nachtfalterblumen, die beim abendlichen Erblühen freigesetzt werden bzw. bei länger haltenden Blüten immer abends an Intensität zunehmen. In ihrer Intensität werden sie oft als schwer »parfümartig« und »betörend« beschrieben. Häufig ist die Duftproduktion stark und von Weitem wahrnehmbar; Extremfälle wie *Lonicera caprifolium* und *Cestrum nocturnum* (Abb. 73d) werden auch von Menschen mit untrainierten Nasen ohne Weiteres aus 20 m Entfernung wahrgenommen. Sehr weit tragende nächtliche Duftwolken verströmt auch die altmodische Zimmerpflanze »Bogenhanf« *(Sansevieria trifasciata):* Erblühen abends die ersten Blüten, nimmt man es bereits beim Betreten des Treppenhauses wahr. Anders als die Düfte der Bienenblumen, die oft nur aus der Nähe wahrnehmbar sind, sollen die der Nachtfalterblumen ihre Bestäuber auch bei weitgehender Dunkelheit, wenn optische Reize versagen, entlang der Duftfahnen zu den Blüten führen.

Schmetterlinge vieler verschiedener Familien sind nachtaktiv, doch sind längst nicht alle effektive Blütenbesucher; und nicht wenige widmen sich nach dem Schlüpfen aus der Puppe nur noch der Fortpflanzung und nehmen überhaupt keine Nahrung mehr auf.

**Abb. 71a-e:** Blütenökologischer Stiltyp »Tagfalterblume«. Tropische Tagfalterblumen.

**a** *Asclepias curassavica* (Asclepiadaceae), **b** *Ixora coccinea* (Rubiaceae), **c** *Tithonia rotundifolia* (Asteraceae), **d** *Lantana camara* (Verbenaceae), **e** *Epidendrum ibaguense* (Orchidaceae).

Die aktivsten Blütenbesucher unter den Nachtfaltern sind die Eulenfalter (Noctuidae) und die Schwärmer (Sphingidae): Während die Eulenfalter einen etwas flatternden Flug haben und sich beim Blütenbesuch oft zumindest mit den Vorderbeinen festhalten, vermögen die Schwärmer in hochfrequentem Schwirrflug vor den Blüten in der Luft zu stehen und sind in Bezug auf Virtuosität und Eleganz des Fluges sozusagen die »Kolibris der Nacht«. Beide Schmetterlingsgruppen verfügen über lange, dünne Saugrüssel. Zuzeiten wandern Gamma-Eulen (*Autographa gamma*) in Massen aus Südeuropa ein und besuchen dann sogar tagsüber in ganzen Trupps unsere Blumenbeete, sodass sich das Einführen des körperlangen, dünnen Saugrüssels in die dünnen, engen Röhrenblüten z.B. von Korbblütlern gut beobachten lässt. Im Vergleich zu den Rüssellängen der Eulenfalter erreichen die der Schwärmer jedoch wahre Rekordmaße. Auch in dieser Gruppe gibt es freilich Arten, die als Falter keine Nahrung aufnehmen und zurückgebildete Mundwerkzeuge haben. Beim Weinschwärmer und dem tagaktiven Taubenschwänzchen ist er nur wenige Zentimeter lang, beim Windenschwärmer erreicht er 10 cm, und einige tropische Schwärmer haben Saugrüssel von 25 cm Länge. Wie bei den Tagfaltern können diese Rüssel im Ruhezustand uhrfederartig unter dem Kopf zusammengerollt werden, ermöglichen aber einen Blütenbesuch aus »sicherem Abstand«: Wie mit einem langen Strohhalm trinkt das Tier den Nektar, während es im Schwirrflug über der Blüte steht.

Körperbau und Verhalten der Schwärmer finden sich im Blütenbau wieder. Flache Scheiben- und Schalenblumen spielen in dieser Gruppe keine Rolle, und auch enge Lippen- und Rachenblumen zum Hineinkriechen kommen nicht vor. Die typische Schwärmerblume ist vielmehr eine Stieltellerblume mit enger, langer Röhre. Diese muss übrigens nicht wie bei den Tagfalterblumen aufrecht orientiert sein und eine Landeplattform bieten; in Anpassung an den Schwirrflug der Schwärmer stehen die Blüten oft waagerecht, und nicht selten sind die Kronzipfel sogar zurückgeschlagen. (Beides werden wir übrigens bei den ebenfalls schwirrenden Kolibris wiederfinden.) Die freien Kronblattzipfel, die den »Teller« bilden, sind meist schmal, sodass statt der tellerförmigen eine eher sternförmige Figur resultiert.

Die Tiefe der Röhren kann bei tropischen Schwärmerblumen beeindruckende Ausmaße erreichen (Abb. 74a-f). Diese Distanz wird oft noch verlängert durch an langen Filamenten herausstehende Staubbeutel, die die Stelle markieren, wo der Schwärmer im Rüttelflug in der Luft steht. Rechnen wir diese Strecke zur Röhrenlänge dazu, so resultieren Strecken von bis zu 30 cm, die vom Rüssel des Schmetterlings überbrückt werden müssen. Zu den Rekordhaltern in Sachen Röhrenlänge gehören zwei-

**Abb. 72a-e:** Blütenökologischer Stiltyp »Nachtfalterblume".

**a** Pracht-Nelke (*Dianthus superbus*), **b** Taubenkropf-Lichtnelke (*Silene vulgaris*), **c** Wald-Geißblatt (*Lonicera periclymenum*), **d** Rotkelchige Nachtkerze (*Oenothera erythrosepala*), **e** Weiße Waldhyazinthe (*Platanthera bifolia*).

fellos tropische Amaryllisgewächse wie *Crinum* und *Hymenocallis* (Abb. 74f). Aber kaum weniger beeindruckend sind die Engelstrompeten der Gattung *Brugmansia*. Sie sind als große, abstehende oder hängende Trichterblumen ausgebildet, und die Basis der Blüte verengt sich zu einer langen Röhre, bei der der Zugang zum Nektar in fünf Fächer aufgeteilt ist (»Revolverblüte«).

Ebenso groß, aber von etwas anderer Funktion, sind die »Königinnen der Nacht«: Der Klassiker ist *Selenicereus grandiflorus* (Titelbild) aus Mittelamerika und der Karibik, die anderen *Selenicereus*-Arten haben ähnlich große Blüten, und noch größer sind sie bei der verwandten Gattung *Hylocereus* (Abb. 74a). Die Wunderblüten erreichen über 30 cm Durchmesser, entsprechend tief ist die Röhre, an deren Grund der Nektar abgeschieden wird. Die Blüten stehen waagerecht zur Seite. Sie sind, wie bei allen Kakteen, von radiärem Bau und zeigen daher keine eigentliche Ober- und Unterlippe, doch legen sich die vielen Staubblätter alle auf die Unterseite und öffnen ihre Antheren nach oben. Die Blüten sind so groß, dass auch die langrüsseligsten Nachtfalter den Nektar nicht »aus der Distanz« trinken können, sondern gezwungen sind, sich mit der Bauchseite tief in die Staubblattmassen zu schmiegen und sich intensiv mit Pollen einzupudern.

Zu den spektakulärsten tropischen Schwärmerblüten gehören die Orchideen aus der *Angraecum*-Verwandtschaft mit dem »Stern von Madagaskar« *Angraecum sesquipedale*. Auch hier beträgt die Distanz zum Nektar unglaubliche 30 cm, wobei er hier aber nicht am Grund einer tiefen Blütenröhre, sondern am Ende eines langen Sporns angeboten wird. Und diese Art hat sozusagen blütenökologische Geschichte geschrieben: Charles Darwin, der durch seine Freundschaft zu Kew Gardens Gelegenheit hatte, viele tropische Orchideen zu untersuchen, hat festgestellt, dass unter all den seinerzeit bekannten langrüsseligen Schwärmern jedoch keiner war, der über einen zu diesem Blütensporn passenden Rüssel verfügt, dass es aber eine solche Form geben müsse und sie gewiss noch entdeckt werden würde. Tatsächlich wurde später ein entsprechender Falter entdeckt und als *Xanthopan morgani f. praedicta* (d.h. »die Vorhergesagte«) beschrieben. Und seit jener Zeit wird diese spektakuläre Pflanze-Tier-Interaktion als Beispiel für Ko-Evolution und Mutualismus (gegenseitiger Nutzen) in den Schulbüchern bemüht. Aber erst seit 30 Jahren kennen wir

---

**Abb. 73a-f:** Blütenökologischer Stiltyp »Nachtfalterblume«. Tropische Nachtfalterblumen mit extrem starken, parfümartigen Düften.

**a** *Echinopsis ancistrophora* (Cactaceae), **b** *Pelargonium triste* (Geraniaceae), **c** *Brunfelsia americana* (Solanaceae), **d** *Cestrum nocturnum* (Solanaceae), **e** *Sansevieria thyrsiflora* (Dracaenaceae), **f** *Polianthes tuberosa* (gefüllte Form, Agavaceae).

a
b
c
d
e
f

durch die Arbeiten des Erlanger Zoologen LUTZ-THILO WASSERTHAL (1997, 1999, 2001) die ganze Wahrheit: Die langen Saugrüssel dienen aus der Warte der Schwärmer vor allem dazu, den Nektar (auch aus kurzen Blüten!) aus der Distanz zu gewinnen, ohne sich allzu nah in die Reichweite von Krabbenspinnen, Gottesanbeterinnen, Baumfröschen und anderen Jägern zu begeben, die auf den Blüten lauern könnten. Dabei würden sie aber u.U. kaum mit den Staubblättern und Narben in Berührung kommen. Die überlangen Röhren zwingen nun auch die bestausgestatteten Schwärmer dazu, »bis zum Anschlag« an die Blüte heranzurücken und sich mit Pollen zu kontaminieren bzw. diesen auf die Narben zu übertragen.

**Zusammenfassung der Merkmale der Nachtfalterblumen**: Anthese abends. Farben hell, meist weißlich oder grünlich. Blütenform oft sternförmig gegliedert, Kronzipfel schmal, zuweilen geschlitzt oder gefranst. Duftfreisetzung abends, Düfte sehr angenehm, parfümartig stark, »betörend«. Nektar saccharosereich, dünnflüssig, Nektarbergung grundsätzlich tief am Grund enger, dünner Röhren bzw. Sporne. Trichter- oder Stieltellerblumen, bei tropischen Formen oft mit extrem langen Röhren.

## 5.3.4 Vogelblumen

Nicht jeder Blumenvogel ist ein Kolibri! Wie in Band 1 (ab S. 104) beschrieben, haben sich in den verschiedensten Verwandtschaftsgruppen der Vögel blütenbesuchende Formen entwickelt. Insgesamt betätigen sich Vögel aus ca. 50 Familien als gelegentliche Blütengäste; reguläre Besucher und Bestäuber konzentrieren sich jedoch auf zehn Vogelgruppen. In Amerika sind es vor allem – aber nicht ausschließlich – die Kolibris, in der Alten Welt Nektarvögel, Honigfresser, Blütenpicker, Loris etc. (STILES 1981, STILES & FREEMAN 1993).

In Europa jedoch fehlen eigentliche Blumenvögel und entsprechende Vogelblumen. Es wäre aber ein falscher Schluss, Blumenvögel und Vogelblumen nur in den Tropen zu vermuten. In Patagonien, Südafrika, Australien und Neuseeland kommen Blumenvögel weit südlich des Wendekreises vor, und umgekehrt gibt es in den USA, und als Zugvögel selbst in Kana-

**Abb. 74a-f:** Blütenökologischer Stiltyp »Nachtfalterblume«. Exotische Schwärmerblumen mit »Luxusmaßen«; die Blütenausmaße erfordern Saugrüssel von über 10 cm Länge.

**a** *Hylocereus costaricensis* (Cactaceae), **b** *Quisqualis indica* (Combretaceae), **c** *Brugmansia versicolor* (Solanaceae), **d** *Hillia parasitica* (Rubiaceae), **e** *Ipomoea alba* (Convolvulaceae), **f** *Crinum kunthianum* (Amaryllidaceae).

a
b
c
d
e
f

da, einige Kolibris, sodass Anpassungen an blütenbesuchende Vögel keinesfalls an »Tropische Vegetation« gebunden sind. Auch »vor den Toren Europas«, auf den Kanarischen Inseln vor der Westküste Nordafrikas, gibt es zahlreiche Vogelblumen (Abb. 75c-d); die dazugehörigen Nektarvögel sind dort offenbar erst »vor Kurzem« ausgestorben. Die Ursache für das Fehlen von Nektarvögeln in den gemäßigten Zonen Europas und Asiens sind einzig die dortigen Gebirge wie die Alpen oder der Himalaya, die sich in Ost-West-Richtung erstrecken und so den Blumenvögeln einen Wechsel von Nord nach Süd während der blumenfreien Jahreszeit unmöglich machen. Dass vor dem Bestehen der Alpen als einer solchen Barriere auch in Mitteleuropa Blumenvögel lebten, zeigt ein Fund aus der Grube Messel, der mit einem Alter von 47 Millionen Jahren zugleich der bisher älteste Nachweis eines blütenbesuchenden Vogels darstellt. Nachzuweisen war dies durch den Erhalt fossiler Pollenkörner im Magen von *Pumiliornis tesselatus* (Mayr & Wilde 2014).

Auf den ersten Blick auffällig sind die leuchtenden Farben der Vogelblumen: Hatten wir bei den Bienen festgestellt, dass sie zwar UV-sichtig, aber rotblind sind, so gilt das nicht für die Vögel. Für sie ist vielmehr, wie für uns, Rot die reizintensivste Farbe, weshalb sich bekanntlich viele vogelverbreitete Früchte bei der Reife rot verfärben. Entsprechend sind viele vogelbestäubte Blüten leuchtend orange- oder signalrot. Andere sind gelb, metallisch lindgrün, stahlblau oder türkis, was gelegentlich als »Papageienfarben« zusammengefasst wird. Nicht selten wird die leuchtende Farbwirkung von den Blüten auf die Hochblätter übertragen, wie bei den berühmten Heliconien: Die Blüten sind hier klein, unscheinbar und kurzlebig und schauen aus den kahnförmigen Hochblättern nur wenig heraus. Dafür bilden die Hochblätter prachtvolle stehende oder hängende Blütenstände, die weithin sichtbar sind und den Kolibris über viele Wochen signalisieren, dass hier täglich ein paar frische kleine Blüten geöffnet sind (Abb. 77e-f). Dasselbe Prinzip finden wir bei vielen Ananasgewächsen (Bromeliaceae), wo sich ebenfalls über einen langen Zeitraum an einem mit roten Hochblättern geschmückten Blütenstand täglich einige kleine Blüten öffnen (Abb. 77a-d).

Von sagenhafter Buntheit sind die Blüten der Bromelien-Gattung *Billbergia*: im Rahmen roter Hochblätter öffnen sich Blüten mit Metallicgrün und

---

**Abb. 75a-f :** Blütenökologischer Stiltyp »Vogelblume«. Altweltliche Vogelblumen.

**a** *Halleria lucida* (Scrophulariaceae, S-Afrika), **b** *Agapetes macrantha* (Ericaceae, Himalaja), **c** *Canarina canariensis* (Campanulaceae, Kanaren), **d** *Teucrium heterophyllum* (Lamiaceae, Kanaren), **e** *Clivia nobilis* (Amaryllidaceae, S-Afrika), **f** *Strelitzia reginae* (Musaceae, S-Afrika).

*Canarina* und *Teucrium* sind Beispiele für Vogelblumen der Kanarischen Inseln, wo die Nektarvögel jedoch heute nicht mehr vorkommen.

a
b
c
d
e
f

Stahlblau; die gelben Staubbeutel und die weiße Narbe machen das Farbspektrum komplett (Abb. 77c-d).

Aus den langlebigen Hochblättern entfalten sich über einen langen Zeitraum täglich neue Blüten, sodass der Blütenstand den Tieren wochenlang Nektar bietet.

Düfte suchen wir bei den Vogelblumen vergebens. Die meisten Vögel, zumindest alle blütenbesuchenden Formen, haben einen schwach entwickelten Geruchssinn; konsequenterweise sind die Vogelblumen duftlos.

Erblühen und Nektarfreisetzung finden morgens statt. Der Nektar ist relativ dünnflüssig und wird in großen Mengen produziert. In manchen Fällen, wie bei den afrikanischen Vogelblumen *Aloe, Kniphofia* und *Veltheimia,* kann man ihn sogar in dicken Tropfen aus den Blüten herausschütteln. Bei einigen Formen ist der Nektar blutrot (*Nesocodon mauritianus*) oder fast schwarz (*Melianthus* spp., *Aloe castanea*).

Hinsichtlich der Nektarzusammensetzung unterscheiden sich die neuweltlichen von den altweltlichen Vogelblumen. In Amerika, wo die Kolibris die dominierende Gruppe der Blumenvögel darstellen, ist der Nektar saccharosereich wie bei den Bienenblumen, wenn auch von geringer Konzentration, sodass er von den Bienen trotz seiner Menge nicht gesammelt wird (Kap. 4.2). Die von Nektarvögeln und Honigfressern besuchten Vogelblumen Afrikas und Asiens haben jedoch meist saccharosefreie Nektare; der gesamte Nektarzucker liegt hier in Form der Hexosen Glukose und Fruktose vor. In diesem speziellen Fall weiß man, dass die altweltlichen Blumenvögel nicht über Verdauungsenzyme verfügen, die den Doppelzucker Saccharose in Glukose und Fruktose spalten können, und dass Saccharose daher für sie unverdaulich wäre (Martinez del Rio 1990, Martinez del Rio & Karasov 1990). Das Umgekehrte stellt kein Problem dar: In den amerikanischen Tropen können wir in den Parks und Anlagen beobachten, wie Kolibris die Blüten von *Aloe, Etlingera* und anderen altweltlichen Vogelblumen besuchen – trotz ihrer »falschen« Nektarzusammensetzung.

Die Blumenvögel haben in der Regel lange, dünne Schnäbel, deren Reichweite noch von einer lang vorschnellbaren Zunge verlängert wird. In Anpassung daran sind die Blüten der Vogelblumen meist tief röhrenförmig.

**Abb. 76a-f:** Blütenökologischer Stiltyp »Vogelblume". Kolibriblumen der Neuen Welt.

**a** *Fuchsia magellanica* (Onagraceae), **b** *Salvia splendens* (Lamiaceae), **c** *Canna indica* (Cannaceae).

*Aquilegia formosa* (**d**, Ranunculaceae), *Epilobium canum* (**e**, Onagraceae) und *Castilleja hispida* (**f**, Orobanchaceae) sind Kolibriblumen aus den gemäßigten Gebieten Nordamerikas; ihre nahe Verwandtschaft mit bienenblütigen europäischen Akeleien, Weidenröschen bzw. Augentrost ist ihnen anzusehen, doch weisen sie Stilmerkmale der Vogelblütigkeit auf.

a
b
c
d
e
f

Im Gegensatz zu dem als Landeplattform fungierenden Saum der Stieltellerblumen ist dieser hier oft bis zur Funktionslosigkeit reduziert. Dies gilt sogar für zygomorphe Blüten aus der Verwandtschaft der Lippenblütler, Rachenblütler, Gesnerien- und Akanthusgewächse. Zwar bringen diese den familientypischen Bauplan der Lippen- oder Rachenblüte mit Ober- und Unterlippe mit (Kap. 5.2.7); doch ist bei den vogelblütigen Formen die Unterlippe keine Landefläche, sondern verkürzt oder zurückgeschlagen – was fast einer Aufschrift »Landung von Bienen unerwünscht« gleichkommt. Die oft nach unten hängende Form vermittelt dieselbe Botschaft. Besonders schön demonstrieren uns dies die Gesnerien aus der *Columnea*-Verwandtschaft (Abb. 78c-d).

Was die Präsentation der Blüte an der Pflanze betrifft, gibt es wiederum Unterschiede zwischen den Kolibriblumen und den altweltlichen Vogelblumen. Im Gegensatz zu den Kolibris (englisch »hummingbirds«, wörtlich »Summvögel«; auf Kuba heißen die Kolibris lautmalerisch »zum-zum«) vermögen die übrigen Blumenvögel nicht im Schwirrflug vor den Blüten in der Luft zu stehen, müssen sich zum Blütenbesuch setzen und werden daher als »perching birds« (»Sitzvögel«) zusammengefasst. Dementsprechend stehen die Kolibriblumen zum freien Anflug an den Zweigenden in den Luftraum hinaus oder hängen unter den Zweigen herab wie bei den bekannten Fuchsien. Bei den altweltlichen Vogelblumen dient entweder der Blütenstandsstiel selbst als Sitzstange wie bei *Aloe, Kniphofia* oder *Phormium* (Abb. 75a-f), oder die Blüten sind im sparrigen Zweiggewirr der Pflanze so verteilt, dass die Tiere sie kletternd erreichen können wie bei *Halleria, Dermatobotrys* oder *Eucalyptus*. Manche altweltlichen Vogelblumen werden auch vom Boden aus besucht (Bd. 1, Abb. 28).

Eine einzigartige Sitzstange hat die »Paradiesvogelblume« (*Strelitzia*), die mit wenigen Arten in Südafrika verbreitet ist. Die bekannteste ist *Strelitzia reginae*: Die drei äußeren Blütenblätter bilden den leuchtend orangeroten Schauapparat. Von den drei inneren ist nur eines entwickelt, das als stahlblaue, pfeilförmige Struktur die Staubblätter und den Griffel umgibt und so robust ist, dass es als waagerechter Landeplatz dienen kann. Beim Blütenbesuch setzen sich die Nektarvögel auf diese »Sitzstange«, wobei diese auf ihrer Oberseite schlitzförmig auseinanderklappt und den Pollen freigibt (Abb. 75f).

---

**Abb. 77a-f:** Blütenökologischer Stiltyp »Vogelblume«. Kolibriblütige Bromelien und Heliconien.

**a** *Aechmea warasii*, **b** *Aechmea* (*Streptocalyx*) *biflora*, **c** *Billbergia distachya*, **d** *Billbergia guttata*, **e** *Heliconia rostrata*, **f** *Heliconia rostrata* (Detail).

a
b
c
d
e
f

**Zusammenfassung der Merkmale der Vogelblumen**: Farben leuchtendes Rot oder sonstige grelle »Papageienfarben«, bei mehreren neuweltlichen Gruppen Farbwirkung von den Blüten auf die Hochblätter verlagert. Duft fehlt grundsätzlich. Nektar dünnflüssig, bei den Kolibriblumen saccharosereich, bei den altweltlichen Vogelblumen meist saccharosefrei. Blütentextur oft robust, röhrenförmig, bei Blüten mit zygomorphem Bauplan »Lippen« oft reduziert. Blütenorientierung bei Kolibriblumen oft frei abstehend oder hängend, bei altweltlichen Vogelblumen in Verbindung mit Sitzgelegenheit.

## 5.3.5 Fledermausblumen

Für uns Mitteleuropäer mag es kaum vorstellbar sein, dass es unter den Fledermäusen, die wir als reine Insektenfresser kennen, in den Tropen auch blütenbesuchende Formen gibt – und zwar genau wie bei den Blumenvögeln in der Neuen andere Gruppen als in der Alten Welt. In Amerika rekrutieren sich die Blumenfledermäuse aus der Familie der Blattnasen (Phyllostomidae, Bd. 1, S. 112), in den altweltlichen Tropen sind es kleinere, zierlichere Formen aus der Gruppe der Flughunde (Pteropodidae). Eine wunderschöne und reich bebilderte Übersicht gibt Dobat & Peikert-Holle 1985.

Fledermausblumen werden nachts von Tieren besucht, bei deren Orientierung das Augenlicht eine geringe Rolle spielt. Ihre Farben sind dementsprechend – fast als wollten sie nicht die Aufmerksamkeit tagaktiver Blütenbesucher erregen – trüb cremefarben, grünlich oder bräunlich. Das Erblühen findet abends statt. Sehr charakteristisch sind die Düfte. Hatten wir bei den Schwärmerblumen die köstlichsten, betörendsten Parfümdüfte kennengelernt, so sind die der Fledermausblumen »dumpf« krautig, gemüseartig, gärig oder erinnern an frisch angerührten Gips. Die Blüten sind oft groß und von robuster, fleischiger Textur, denn nicht alle Blumenfledermäuse gehen beim Blütenbesuch behutsam zu Werke. Auch wenn einige zierliche Blattnasen schwirrend vor der Blüte in der Luft stehen können wie Kolibris, so klammern sich doch viele Arten beim Blütenbesuch fest, sodass die Blüten morgens erhebliche Blessuren von den Krallen der Tiere aufweisen.

---

**Abb. 78a-f:** Blütenökologischer Stiltyp »Vogelblume«. Kolibriblütige Lippen- und Rachenblumen.

**a** *Sanchezia oblonga* (Acanthaceae), **b** *Odontonema schomburgkianum* (Acanthaceae), **c** *Columnea schiedeana* (Gesneriaceae), **d** *Columnea moorei* (Gesneriaceae), **e** *Neomortonia nummularia* (Gesneriaceae), **f** *Pearcea rhodotricha* (Gesneriaceae).

a
b
c
d
e
f

Die Nektare der Fledermausblumen sind dünnflüssig, fließen aber in großen Mengen. In dieser Hinsicht rekordverdächtig ist der Balsaholzbaum (*Ochroma pyramidale*), in dessen becherförmigen Blüten 7,5 ml (also fast ein halbes Schnapsglas!) Nektar gemessen wurden. Die neuweltlichen Fledermausblumen haben hexosereiche Nektare, bei den altweltlichen scheinen saccharosereiche zu überwiegen.

In Anpassung an die Größe der Tiere wird nicht nur der Nektar, sondern auch der Pollen reichlich produziert und ist oft schmierig-klebrig. Die Blumenfledermäuse sammeln den Pollen zwar nicht gezielt wie die Bienen, dennoch lecken sie den Pollen, mit dem sie sich beim Blütenbesuch kontaminiert haben, als willkommenes Proteinzubrot gierig von allen erreichbaren Körperstellen ab. Die Fledermausblumen haben oft auffällig große Staubbeutel, wenn sie nicht zu den Pflanzenfamilien gehören, die bauplanbedingt ohnehin viele Staubblätter haben wie die Bombacaceae, Malvaceae oder Myrtaceae.

Ein einzigartiges, auf die Lebensweise der Fledermäuse abgestimmtes Merkmal ist die auffällige Exposition der Fledermausblumen. Die Fledermäuse orientieren sich bekanntlich kaum mit den Augen, sondern nehmen ihre Umgebung wahr, indem sie das Echo der von ihnen ausgestoßenen Ultraschalltöne auswerten. Es muss uns erstaunen, in welch kurzen Sekundenbruchteilen diese Hirnleistung erfolgt, sodass bei stockdunkler Nacht ein rasanter Flug selbst durch das Unterholz des Waldes oder das Labyrinth einer Grotte möglich ist. Allerdings werden durch dieses »Raumhören« vor allem exponierte, in den Flugraum hinausragende Strukturen wahrgenommen. Im Blattwerk sitzende Blüten, die uns optisch sofort entgegenleuchten würden, können von der Peilortung der Fledermäuse kaum wahrgenommen werden. Konsequenterweise sind daher die Blüten der Fledermausblumen grundsätzlich aus dem Laub herausgehoben: Die großen, knobelbecherartigen Blüten der Säulenkakteen (*Carnegiea, Pilosocereus* etc., Abb. 79a) sind von den Tieren ohnehin nicht zu »überhören«; kleinere Blüten ragen an unproportional langen, auslegerartigen Stielen in den Luftraum hinaus (Abb. 79e), hängen flagelliflor an langen, peitschenartigen Blütenständen aus der Baumkrone herab (Abb. 79b, c) oder erscheinen kauliflor am alten, nackten Stamm in Bodennähe, weit unter dem Astansatz (Abb. 79d). Besonders schön kann man das in den Gewächshäusern botanischer Gärten an den Ananasgewächsen (Bromeli-

**Abb. 79a-f:** Blütenökologischer Stiltyp »Fledermausblume«.

**a** *Pilosocereus leucocephalus* (Cactaceae), **b** *Mucuna* spec. (Fabaceae), **c** *Markea neurantha* (Solanaceae), **d** *Amphitecna macrophylla* (Bignoniaceae), **e** *Capanea grandiflora*, **f** *Werauhia platynema* (Bromeliaceae).

a
b
c
d
e
f

en) sehen, von denen sehr viele Gattungen und Arten in Kultur vertreten sind: Die Gattung *Vriesea* hat viele kolibriblütige Arten, die unser Auge mit leuchtend roten Blütenständen erfreuen, und daneben nachtblühende fledermausbestäubte Verwandte, die kürzlich in der eigenen Gattung *Werauhia* abgetrennt wurden. Bei den kolibriblütigen empfinden wir nicht nur die Farbe, sondern auch den Aufbau und die Proportionen der Pflanze als angenehm. Die fledermausblütigen Werauhien haben dagegen überlange, schwankende, »kopflastig« wirkende Blütenschäfte, die den Zweck haben, die sich sukzessive öffnenden Einzelblüten weit in den Flugraum der Tiere hinauszurecken (Abb. 79f).

**Zusammenfassung der Merkmale der Fledermausblumen**: Anthese abends. Farben unscheinbar, weißlich, cremefarben, grünlich oder bräunlich. Düfte dumpf, muffig, oft »gemüseartig«. Nektar reichlich, dünnflüssig, bei neuweltlichen Fledermausblumen hexosereich, bei den altweltlichen saccharosereich. Pollen ebenfalls reichlich, zuweilen schmierig-klebrig. Gestalttypen vor allem plumpe Trichter-, Becher- oder Glockenformen sowie Bürsten- und Pinselblumen. Keine zygomorphen Rachenblumen zum Hineinkriechen. Blüten oder Blütenstände in der Regel exponiert an langen Stielen, peitschenartig hängenden Blütenständen oder kauliflor am Stamm.

## 5.3.6 Käferblumen

Käfer sind unter den blütenbesuchenden Insekten die erdgeschichtlich ältesten. Bienen und die modernen Schmetterlinge haben sich im ausgehenden Erdmittelalter gemeinsam mit der immer reicher werdenden Flora der Blütenpflanzen entfaltet und in Reaktion auf das Nektarangebot ihre Saugrüssel entwickelt und perfektioniert. Käfer gab es jedoch lange vor der Entfaltung der Angiospermen. Sie haben kauende Mundwerkzeuge, mit denen sie alle mögliche feste Nahrung, auch tote und lebende Pflanzen oder Tiere, zerkleinern können, und man kann sich gut vorstellen, dass sozusagen bereits in der Geburtsstunde der ersten bedecktsamigen Blütenpflanze ein Käfer zur Stelle war, um ihren Pollen zu fressen. In der klassischen blütenökologischen Literatur wird daher gerne die schalen-

**Abb. 80a-f:** Blütenökologischer Stiltyp »Käferblume«.

**a-c** *Victoria cruziana* (Nymphaeaceae); **a** In der ersten Nacht erblüht die Blüte cremeweiß und lockt mit ihrem starken Duft *Cyclocephala*-Käfer als Bestäuber an. **b, c** Am zweiten Nachmittag erblüht die Blüte rosa und öffnet sich ganz weit, sodass die Käfer, mit neuem Pollen bedeckt, die Blüte verlassen. **d** *Homalomena erythropus* (Araceae) mit *Cyclocephala*-Käfern, **e** *Xanthosoma mexicanum* (Araceae), **f** *Philodendron campii* (Araceae).

förmige, übersichtliche »Ur-Blüte« der Magnolie (Abb. 22a-c) als typische Käferblume vorgestellt.

Allerdings wäre es ein Trugschluss, in den Käferblumen einfach primitive Standardblüten zu vermuten, die auf einer frühen, unspezialisierten Stufe stehen geblieben sind und keine Anpassungen an bestimmte Bestäubergruppen entwickelt haben. Denn nicht jede offene, unspezialisierte Blüte, auf der neben Fliegen, Wanzen und anderen Zufallsgästen auch ein paar Käfer herumkrabbeln, ist dadurch eine Käferblume. Vielmehr haben auch die Käferblumen spezifische Anpassungen und zeigen bestimmte Stilmerkmale, anhand derer wir sie als solche erkennen können. Wie bei den übrigen Stiltypen finden sich auch von diesem blütenökologischen Stiltyp in den Tropen die eindrucksvollsten Formen.

Als Beispiel soll hier die imposante Blüte der tropisch-amerikanischen Riesenseerose *Victoria* dienen. Die Gattung enthält nur zwei Arten: *Victoria amazonica* (ehemals »*Victoria regia*«) aus dem Amazonasgebiet Brasiliens und Boliviens und *Victoria cruziana* (Abb. 80a-c) im südlich angrenzenden Paraguay und Argentinien. Zwischen den riesigen, bis 1,8 m messenden Schwimmblättern öffnen sich abends die großen, weißen Seerosenblüten und verströmen einen weit über das Wasser ziehenden Duft, der zahlreiche Blatthornkäfer der Gattung *Cyclocephala* anlockt. Zur besseren Freisetzung der Duftstoffmoleküle erhitzt sich die Blüte durch heftiges Veratmen der gespeicherten Stärkereserven auf über 30 °C. Die Blüten sind proterogyn, in der ersten Blühnacht sind also die Narben reif und empfangen den Pollen, den die Käfer von vorher besuchten Blüten mitbringen. Nektar haben die Blüten nicht, doch werden die Käfer, die in großen Mengen in der Blüte herumkrabbeln, mit Futterkörpern verköstigt, die sie ohne Schaden für die fertilen Teile der Blüte abfressen können. Morgens schließen sich die Blütenblätter, und die nachtaktiven Käfer überdauern darin den Tag. Am Nachmittag tritt die Blüte in das männliche Stadium ein: Wärme und Duftproduktion sind abgeklungen, die Narben sind längst bestäubt, dafür öffnen sich jetzt die Massen von Staubblättern, die die Käfer geradezu mit Pollen überschütten. Die Blütenblätter, die sich inzwischen in Rosa umgefärbt haben, öffnen sich jetzt ganz weit, und die Käfer verlassen, ihrer Deckung beraubt, die alten Blüten und fliegen, mit Pollen bedeckt und von den Duftfahnen geleitet, zu neu erblühenden Blüten.

Käferblumen mit ähnlicher Funktionsweise gibt es in den verschiedensten Pflanzengruppen: unter den Seerosen bei der tropisch-amerikanischen Untergattung *Hydrocallis* (z.B. *Nymphaea amazonum*), bei vielen Rahmapfelgewächsen (Annonaceae, Gottsberger 1999a, 1999b) und unter den Monokotylen bei Aronstabgewächsen (z.B. *Caladium*, *Philodendron* und

*Xanthosoma,* Abb. 80d-f) und vielen Palmen (Silberbauer-Gottsberger 1999). In diesen genannten Fällen sind Käfer der Gattung *Cyclocephala* die Bestäuber, doch gibt es auch zahlreiche Palmen, die von Rüsselkäfern bestäubt werden. Da die Käfer sich, wie schon bei den Fliegen genannt, weniger optisch und dafür überwiegend geruchlich orientieren, gibt es in diesem Stiltyp weniger »sichtbare«, für unser Auge charakteristische gemeinsame Gestaltmerkmale, zumal die Käferblumen aus Einzelblüten oder – wie bei den Palmen und Aronstabgewächsen – aus ganzen Blütenständen gebildet sein können. Dennoch kann die folgende Übersicht als mehr oder weniger allgemeingültig für alle Käferblumen gelten.

**Zusammenfassung der Merkmale der Käferblumen**: Anthese abends. Farben oft hell, cremefarben oder grünlich. Düfte stark und, bei der Gruppe der *Cyclocephala*-bestäubten fruchtig, oft mit sehr charakteristischer, an Lösungsmittel erinnernder Komponente. Nektar fehlt. Gestalt sehr variabel: schalen- oder glockenförmig oder Blütenstände, die von Hochblättern umhüllt werden, sodass sich die Käfer durch enge Spalten hineinzwängen müssen (Aronstabgewächse, Palmen). Blüten in solchen Fällen stets proterogyn. Blüten(stände) oft mit Heizung.

## 5.3.7 Fliegenblumen

Die Zweiflügler, also die Fliegen und Mücken, scheinen uns von allen blütenbesuchenden Tieren in Bezug auf ihre Sinneswelt wohl die am wenigsten verwandten. Entzückt beobachten wir nektartrinkende Wirbeltiere wie Kolibris und Fledermäuse, und auch die Bienen rühren uns mit ihrem emsigen, scheinbar zielgerichteten Sammeln. Fliegen dagegen scheinen instinktgesteuert durch die Welt zu brummen, und ihr »Fliegenhirn« reagiert vor allem auf Gerüche, und noch dazu am stärksten auf solche, die uns am Widerlichsten scheinen. Die hübschen Schwebfliegen und einige andere Fliegengruppen wurden in Bezug auf ihre Farbsichtigkeit und ihre sonstigen Sinnesleistungen intensiv untersucht, aber viele andere Zweiflügler orientieren sich tatsächlich überwiegend geruchlich und finden in der uns wenig verständlichen Welt der Duftstoffmoleküle ihre Nahrung, ihren Partner oder das geeignete Substrat zur Eiablage. Aber auch diese mental scheinbar so einfach organisierte Tiergruppe hat bei den Blüten einen eigenen Stiltyp hervorgebracht, und sogar einen besonders charakteristischen.

Die Fliegenblumen sind optisch wohl die vielfältigsten (Abb. 81a-c): Es gibt millimeterkleine und metergroße, radiäre, zygomorphe, kolbenförmige und völlig asymmetrische, glatte, gerunzelte, geschwänzte und behaarte und sogar kesselförmige, die als Falle funktionieren (Kap. 6). Zuweilen ist die Oberfläche gerunzelt wie die ausgetrocknete Haut eines Kadavers oder mit hässlichen, schwarzen »Flimmerhaaren« bedeckt, die im kleinsten Lufthauch vibrieren und den Eindruck machen, als würden bereits zahlreiche Insekten auf der Blüte wimmeln (Vogel 2002). Und so vielfältig wie die Formen sind auch die Farben: Weiß, Gelbgrün, Grün, Rotbraun oder Schwarz als reine Farben oder in Kombinationen, liniert, gesprenkelt oder gefleckt. Wirklich typische, allen gemeinsame optische Kennzeichen fehlen also, und dies liegt daran, dass bei vielen Fliegengruppen das Form- und Farbsehen eine geringe Rolle spielt. Eine umso entscheidendere Rolle spielen die Düfte: Für bestimmte flüchtige chemische Substanzen liegt die Wahrnehmungsschwelle teilweise im Bereich einzelner Moleküle, sodass Fliegen auf weite Entfernungen z.B. Fäkalien oder eine einzige kleine tote Maus wittern und den Duftgradienten zurückverfolgen können, um an diesen – für uns ekligen, aber biologisch noch »verwertbaren« – Materialien zum Beispiel ihre Eier abzulegen.

Folgerichtig sprechen Fliegenblumen in der Regel nicht den Gesichtssinn, sondern den Geruchssinn der Fliegen an, wobei sich die emittierten Düfte »nach den Wünschen der Kundschaft«, also der anzusprechenden Fliegengruppe und ihrem Verhalten richten. So haben sich einzelne Vertreter aus völlig unterschiedlichen Pflanzengruppen, etwa den Osterluzeigewächsen, den Hundsgift- und Seidenpflanzengewächsen oder den Aronstabgewächsen auf Schmeißfliegen und Fleischfliegen als Bestäuber spezialisiert und beleidigen unsere Nase daher mit penetrantem Aasgestank. Andere riechen nach Pilzen und locken winzige Pilzmücken als Bestäuber an, manche Anthurien riechen nach gärendem Obst und werden von Obstfliegen (Essigfliegen, *Drosophila*) bestäubt (Schwerdtfeger et al. 2002, Stökl et al. 2010). Viele andere Fliegenblumen scheinen für uns erstaunlicherweise geruchlos. Dass hier grundsätzlich trotzdem dezente, für unsere Nase kaum wahrnehmbare Düfte im Spiel sein müssen, sehen wir daran, dass sie dennoch erfolgreich ihre ganz spezifischen Bestäuber anlocken, obwohl die Blüten häufig »unsichtbar« unter dem Laub, im Moos (die Blüten der Orchideengattung *Dracula* bohren sich geradezu ins Moos!) oder sonst wie versteckt blühen und optisch von diesen ohnehin schwachsichtigen Tieren gewiss nicht aus der Entfernung gefunden werden können.

**Abb. 81a-c:** Blütenökologischer Stiltyp »Fliegenblume«.

**a** *Hoodia gordonii* (Asclepiadaceae, S-Afrika), **b** *Bulbophyllum echinolabium* (Orchidaceae), **c** *Anthurium schlechtendalii* (Araceae).

Weitere Fliegenblumen Abb. 85a-e, 86a-d, 90a-d, 99a-e.

a
b
c

Häufig dienen fadenförmig ausgezogene »Schwänze« als Osmophoren der Duftproduktion und Freisetzung (Vogel & Renner 1990), besonders auffällig bei der andinen Orchideengattung *Dracula* (Vogel 1963).

Nektar im eigentlichen Sinne produzieren die Fliegenblumen nicht, denn viele funktionieren ohnehin als Täuschblumen, die den Tieren z.B. ein geeignetes Brutsubstrat (Kap. 6.2) vorgaukeln. Bei einigen Fallenblumen, die ihre Bestäuber zeitweise inhaftieren, dient jedoch die Feuchtigkeit der Narbe dazu, die Tierchen am Leben zu erhalten. Pollen ist selbstverständlich wie bei allen Blütenpflanzen zur Bestäubung vorhanden, ein gezieltes Pollensammeln wie bei den Bienen legen die Fliegen allerdings nicht an den Tag, sodass der Pollen sparsam produziert wird und dem eigentlichen Bestäubungszweck vorbehalten bleibt.

Gestalttypen: Natürlich stellen sich auf flachen Scheiben- oder Schalenblumen, auf den Blüten von Minze und Oregano oder auf kleinen Korbblütlerköpfchen, wo Nektar und Pollen leicht erreichbar sind, als Gelegenheitsgäste unter anderem auch Fliegen ein. Auch wenn die wertvollen Blütenprodukte für die Versorgung dieser »low-energy foragers« eine wichtige Rolle spielen können, zeigen dennoch diese wenig spezialisierten Blüten umgekehrt keinerlei Anpassungen an Bestäubung durch Fliegen. Eigentliche Fliegenblumen vertrauen gänzlich auf das Verhalten der von ihnen spezifisch angelockten Bestäuber und sind dann häufig als Fallenblumen ausgebildet, in die die Fliegen hineingelockt werden, den Pollen übertragen, mit neuem behaftet und dann wieder in die Freiheit entlassen zu werden – die sie nur dazu nutzen, um gleich in die nächste Falle zu geraten. Typische Kesselfallenblüten finden sich in konvergent entstandener Entsprechung zum Beispiel bei *Aristolochia, Ceropegia* (Vogel 1961) und *Arum*, die jeweils zu völlig unterschiedlichen Pflanzengruppen gehören (Abb. 82a-f, Abb. 87a-d, Kap. 6.2). Andere Fliegenblumen sind flach ausgebreitete Sterne und inhaftieren ihre Bestäuber nicht, dazu gehören z.B. die Seidenpflanzenverwandten *Stapelia* und *Orbea*, die als faszinierend-skurrile »Ordenssterne« trotz ihres Geruchs nach »toter Maus« gelegentlich auf Großmutters Fensterbank anzutreffen waren (Abb. 85a-c).

**Abb. 82a-f:** Blütenökologischer Stiltyp »Fliegenblume«: Kesselfallenblumen haben sich in erstaunlicher Entsprechung konvergent in mehreren Pflanzenfamilien entwickelt.

**a** *Aristolochia pilosa* (Aristolochiaceae), **b** *Aristolochia cymbifera* (Aristolochiaceae), **c** *Ceropegia haygarthii* (Apocynaceae), **d** *Ceropegia stapelioides* (Asclepiadaceae), **e** *Arum maculatum* (Araceae), **f** *Dracontium pittieri* (Araceae).

a
b
c
d
e
f

**Zusammenfassung der Merkmale der Fliegenblumen**: Anthese oft abends. Farben trüb, dunkel, grünlich, bräunlich und oft gefleckt. Zuweilen runzlige Oberflächen, schwarze Behaarung aus »Flimmerhaaren« oder lang ausgezogene, schwanzförmige Anhänge als »Osmophoren«. Düfte grundsätzlich vorhanden und wichtigstes Lockmittel; abhängig von der Fliegengruppe penetranter Aas- oder Fäkalgestank, muffig nach Pilzen, Käse oder »Heringslake«, oder auch für uns kaum wahrnehmbar. Nektar fehlt, da meist Täuschblumen, Pollen nur zu Bestäubungszwecken. Gestalt sehr variabel, oft nicht optisch, sondern funktionell bestimmt zum Beispiel als Kolben- oder Kesselfallenblume.

### 5.3.8 … und was übrig bleibt: Blüten für unspezialisierte Besucher

Wer die in diesem Kapitel beschriebenen blütenökologischen Stilmerkmale aufmerksam studiert und verinnerlicht hat, wird in Zukunft in der Lage sein, beim Besuch einer tropischen Parkanlage oder einem Gang durch die Gewächshäuser eines botanischen Gartens in vielen Fällen zu erkennen, an welche Bestäubergruppe die jeweilige Pflanze in ihrem natürlichen Lebensraum angepasst ist. Und er wird seine Begleiter erstaunen können, wie präzise man anhand der Stilmerkmale eine Hummel-, Kolibri-, Schwärmer- oder Fledermausblume erkennen kann.

Aber warum klappt dies besser in einem botanischen Garten als beim Spaziergang durch den Wald vor unserer Haustür? Der Grund ist, dass die Blüten unterschiedliche Grade der Spezialisierung an bestimmte Bestäuber zeigen. Blumen mit klaren, teilweise »exklusiven« Anpassungen an spezifische Bestäuber werden seit Loew 1889 als eutrop bezeichnet, solche mit eher unspektakulärem »Standardaufbau« ohne bestimmte Spezialisierungen sind allotrop (»allo«: griechisch »anders, verschieden«). Dazwischen wird dann als mittlerer Zustand noch hemitrop genannt, wobei hier offensichtlich die Grenze zwischen mittel und schwach mehr als schwierig zu ziehen ist. Die oben beschriebenen klassischen blütenökologischen Stiltypen sind vor allem bei eutropen Blumen klar erkennbar. Wir haben gesehen, dass z.B. eine typische Kolibriblume es den Bienen mehr als schwer macht: Der Nektar ist wegen seiner schwachen Konzentration für Bienen unbrauchbar, die Röhre für den Bienenrüssel zu lang, und die hängende Blüte und der fehlende Landeplatz erfordert ein freies Schwirren in der Luft. Die lange Röhre der Nachtfalterblumen macht es allen anderen Bestäubern unmöglich, den Nektar zu erreichen, und in die zygomorphe Blüte eines Lippen- oder Rachenblütlers zwängt sich kein Schmetterling hinein. In der Sprache der modernen Ökologie wird dies als »ressource allocation« (Einnischung, also Aufteilung der Ressourcen, in diesem Fall: der Bestäuber) bezeichnet. Aber auch lange davor waren derlei blütenökologische Anpassungen ein Tummelplatz der Evolutionsbiologen, denn zweifellos ist es für die Pflanze von evolutionärem Vorteil, sich genau und exklusiv an einen bestimmten Bestäubertyp anzupassen.

Aber zugleich auch von Nachteil! Und hier bewahrheitet sich das in der Natur häufig anzutreffende Prinzip, dass bei derselben ökologischen Herausforderung ganz verschiedene und sogar gegensätzliche Möglichkeiten erfolgreich sein können. Neben den oben beschriebenen eutropen Blüten mit ihren faszinierenden Anpassungen gibt es ja auch unzählige Blüten, wo wir gar keine Stilmerkmale feststellen können. Dies zeigt uns drastisch der Vergleich der beiden größten Pflanzenfamilien (Wagenitz 1981): Die Orchideen mit ihren über 20 000 Arten sind zugleich die Pflanzenfamilie mit der größten Fülle faszinierender, teilweise einzigartiger blütenökologischer Spezialisierungen oft an eine einzige Art von Bestäubern. Die Korbblütler, nicht weniger artenreich und ebenso weltweit verbreitet, haben zwar morphologisch abgeleitete, »komplizierte« Blüten, die Zusammenfassung der winzigen Blüten zu köpfchenartigen Blütenständen (Abb. 67) macht aber die Blumen der Korbblütler wiederum zu allotropen »Selbstbedienungsbuffets«, auf denen eine Vielzahl von Insekten herumkrabbelt und sich mit Nektar und Pollen verköstigen kann – selbst solchen, die sonst keine Anpassungen an Blütenbesuch zeigen und reine »Gelegenheitsgäste« sind wie Glanzkäfer, Wanzen, kleine Mücken etc. Dieser Punkt wird im Zusammenhang mit den Orchideen noch einmal aufgegriffen (Kap. 7).

Und diese allotropen Blüten sind in unserer heimischen Flora eher die Regel als die Ausnahme. Kolibris, Nektarvögel und Blumenfledermäuse kommen bei uns nicht vor, unsere Nachtfalter, wenn sie denn überhaupt als Imago Nahrung aufnehmen, sind von bescheidener Größe, und in vielen Regionen bleibt es ein seltenes Glück, wenn einmal aus Südeuropa Windenschwärmer und Taubenschwänzchen einwandern. Dasselbe gilt für die Bienenfauna: Die vielen faszinierenden Bienenformen mediterraner Klimate, etwa Langhornbienen, Blattschneiderbienen, Holzbienen, sind in Mitteleuropa auf Sommerwärmegebiete beschränkt, und ein verregneter Sommer kann lokal zum Aussterben ganzer Populationen führen. Je weiter wir uns von den warmen in die gemäßigten und kalten Zonen begeben, je eingeschränkter stellt sich die Bestäuberfauna dar, und je mehr ist das Bestäubungsgeschehen von der Gunst des Wetters abhängig. Daher ist es nur verständlich, dass hier der Anteil blütenökologischer Spezialisten ab- und der der Generalisten zunimmt. Der evolutive Erfolg all dieser kleinen, bescheidenen Blütchen ist gerade, sich auf keine bestimmte Bestäubergruppe spezialisiert und von ihr abhängig gemacht zu haben. Und bei Blüten von wenigen Millimetern Größe ist es auch wenig entscheidend, ob ihre Gestalt noch als tiefe Schalenblume oder schon als weite Trichterblume anzusprechen ist. Daher wird im vorliegenden Buch darauf verzichtet, derartige unspezialisierte Blüten mehr als nötig »systematisieren« zu wollen, so wie es in manchen klassischen blütenökologischen Werken geschehen ist.

**Abb. 83a-d:** Blüten für unspezialisierte Besucher. Viele kleine Blüten heimischer Pflanzen sind „allotrop", lassen also wenig Spezialisierungen an bestimmte Bestäubergruppen erkennen: **a** *Euonymus europaeus* (Celastraceae), **b** *Sambucus nigra* (Adoxaceae), **c** *Pastinaca sativa* (Apiaceae), **d** *Achillea millefolium* (Asteraceae).

# 6 Die unfeinen Seiten der Bestäubung – Betrug und Täuschung

In den vorangegangenen Kapiteln haben wir ausführlich das bekannte und grundehrliche Geschäft »Bestäubung gegen Belohnung« beleuchtet – oder jedenfalls wird dies gerne so dargestellt, obwohl WESTERKAMP (1999:25) zu Recht feststellt, dass es immerhin Zweck und Absicht des Blütenbesuches ist, hier z.B. Nektar zu trinken, und dass dies daher nach keiner »Belohnung« verlangt. Denn wer sich ein Essen kocht oder ein Restaurant besucht, sieht ja sein Mahl auch nicht als »Belohnung« seines Tuns. Wir haben gesehen, dass Tiere zum Sammeln der Blütenprodukte von Blüte zu Blüte fliegen und dass Quantität und Qualität dieser Produkte gerade ausreichend sein müssen, um kontinuierliches Sammeln zu rechtfertigen, aber nicht so üppig, dass die Tiere gleich satt und zufrieden nach Hause fliegen. Und wir haben einige hochinteressante Spezialfälle kennengelernt, wo der Grund des Blütenbesuchs nicht Nektar und Pollen sind, sondern Öl, Parfüm oder Harz.

Aber es geht auch anders. Eine erstaunlich große Zahl von Pflanzenarten aus allen möglichen Verwandtschaftsgruppen sind Täuschblumen, die von den Tieren bestäubt werden, obwohl sie ihnen nichts bieten. Doch wie kann so etwas funktionieren? Immerhin dürften selbst Fliegen, jedenfalls aber die lernfähigen Bienen oder gar blütenbesuchende Vögel und Säuger nach wenigen erfolglosen Versuchen gelernt haben, dass in den Blüten einer betreffenden Pflanzenart grundsätzlich nichts zu holen ist, und diese in Zukunft konsequent meiden. Doch hat die Natur für diese Aufgabe, nämlich Bestäubungsdienste ganz ohne Gegenleistung zu erreichen, gleich vier ganz unterschiedliche Lösungsansätze parat.

## 6.1 Nektar- und Pollentäuschblumen

Nektartäuschblumen gibt es auch vor unserer Haustür. Gehen wir zur Blütezeit im Juni auf einen unserer Orchideen-Halbtrockenrasen und schauen uns die Blütenstände unserer Knabenkräuter der Gattung *Orchis* sozusagen mit den Augen einer Hummel an (Abb. 84a, b): Weithin leuchtend stehen die rosavioletten Blütenkerzen in der Wiese, genauso wie etwas später im Jahr die von Ziest, Gamander, Rotklee oder Esparsette. Jeder Stängel ist besetzt mit zygomorphen Blüten mit als »Fahne« werbender, lockender Oberlippe und einer Unterlippe, die einen einladenden Landeplatz anbietet. Der Blütengrund setzt sich nach hinten in einen Nektarsporn fort, der wie bei Rittersporn und Lerchensporn exakt auf die Länge eines Hummelrüssels abgestimmt ist. Das Knabenkraut ist also nach allen Kriterien eine typische Hummelblume (Kap. 5.3.1). Der einzige Fehler: Der Nektarsporn enthält keinen Nektar! Das kann aus Sicht einer Hummel freilich gerade ein Zufall sein, schließlich geraten die Tiere beim Blütenbesuch immer wieder einmal an Blüten, die kurz zuvor durch Artgenossen besucht und entleert wurden und wo noch kein Nektar nachproduziert wurde. Die Hummeln werden also weitere Blüten und wohl auch noch benachbarte Pflanzen untersuchen, bis sie lernen, dass hier die Enttäuschung System hat und keine einzige der Blüten Nektar enthält. Erfahrene Hummeln wissen dies und meiden die Art konsequent, doch schlüpfen im Frühsommer täglich genug neue Hummeln, die jede für sich die Erfahrung machen muss, dass die *Orchis*-Blüten grundsätzlich nektarlos sind. Diese Art ist in ihrem Bestäubungsgeschäft also ausschließlich von unerfahrenen Hummeln abhängig, die noch »neu im Geschäft« sind – und von benachbarten Blütenpflanzen, denen sie ähneln und die Nektar anbieten.

Die Nektarlosigkeit bringt für die genetische Rekombination der Pflanze übrigens noch einen unerwarteten Vorteil mit sich: Die Tiere sollen ja zwischen den Pflanzenindividuen möglichst emsig hin- und herfliegen. Wir hatten schon gesehen, dass allzu lohnende Pflanzen den Tieren ermöglichen, ihre Bedürfnisse an einem oder mehreren Individuen zu befriedigen und sich dabei selbst um die Bestäubungsdienste betrügen. Sind alle Blüten jedoch leer, wird die Hummel nach dem Besuch von drei, vier Blüten bereits zur nächsten Pflanze abfliegen und dort ihr Glück versuchen – bis sie gelernt hat, dass auch bei den weiteren Individuen grundsätzlich nichts zu holen ist.

Und dies ist die Schwachstelle aller Nektartäuschblumen! Die Tiere lernen früher oder später, dass die Art trotz ihrer lockenden Signale notorisch leer

**Abb. 84a-e:** Nektartäuschblumen aus der Familie der Orchideen: Auch die heimischen Orchideen unserer Magerwiesen bieten teilweise in ihren Spornen keinen Nektar.

**a** *Orchis purpurea*, **b** *Orchis tridentata*.

Die herrlichen, riesigen Blüten der *Cattleya*-Arten des tropischen Amerika sind »überoptimale Auslöser« für nektarsammelnde Bienen, aber ebenfalls Täuschblumen.

**c** *Cattleya bowringiana*, **d** *C. dowiana* var. *aurea*, **e** *C. lueddemanniana* 'Semialba'.

a

b

c

d

e

ist, und meiden sie fortan. Dass dieses System trotzdem funktioniert, liegt zum einen daran, dass diese Erfahrung nicht instinktiv verankert oder vererbt ist, sondern von jedem Individuum – und es schlüpfen ja täglich neue – erlernt werden muss. Instinktiv verankert sind jedoch die auslösenden Reize wie Farben, Formen, Düfte etc., die Neulinge zum Besuch der Blüten verleiten und derer sich die Täuschblumen meisterhaft bedienen. Dies können sogar »überoptimale Auslöser« sein, wie wir es im Extrem z.B. an den ebenfalls nektarlosen tropischen *Cattleya*-Orchideen (Abb. 84c-e) sehen: Von der Form ist die Lippe eine auf die Größe von Prachtbienen und Holzbienen abgestimmte Rachenblume; in Farbe, Duft und Größe stellt die *Cattleya*-Blüte alle nektarführenden Blüten ihres Lebensraums in den Schatten und muss jeder Biene als »Füllhorn des Paradieses« erscheinen – zumindest für die ersten paar Besuche.

In vielen Fällen gibt es eine auffallende Ähnlichkeit zwischen der nektarlosen Täuschblume und einem nektarführenden »Vorbild« bzw. Modell. Die Modellart kommt oft in großen, individuenreichen Beständen vor und ernährt ihren treuen Kundenstamm von Bestäubern. Wenn die ähnliche, nachahmende Täuschblume als Minderheit untergemischt ist, werden ihre Blüten von den konditionierten Bestäubern sozusagen »aus Versehen« mit besucht. Solange diese Enttäuschungen seltene Ausnahmen bleiben, bleibt das Ganze unter dem Strich für den Bestäuber trotzdem noch ein lohnendes Geschäft.

Es handelt sich um ein klassisches Beispiel für die sogenannte BATES'sche Mimikry: Eine seltenere Art genießt die ökologischen Vorteile einer häufigeren, indem sie deren Äußeres nachahmt. Das üblicherweise gebrauchte Lehrbuchbeispiel ist der epochale Klassiker (GILBERT 1975) der bunten, tropischen *Heliconius*-Schmetterlinge (Abb. 57d), die aus ihrer Larvennahrung, blausäurehaltigen Passionsblumen-Blättern, durch bitter schmeckendes Gift vor Vögeln geschützt sind. Auch hier muss jeder junge Vogel individuell lernen, dass das *Heliconius*-Design mit abscheulichem Geschmack einhergeht. Die Opfer, die die Schmetterlinge dem Lerneffekt der Vögel bringen, werden noch dadurch minimiert, dass mehrere, auch für unser Auge schwer unterscheidbare *Heliconius*-Arten sich zu einem »Mimikry-Ring« (MÜLLER'sche Mimikry) zusammenschließen und von dem Lerneffekt, den ein Vogel mit einem Individuum einer der Arten macht, gleich mehrere Arten profitieren. Aber auch hier gibt es »ökologische Trittbrettfahrer«: Aus der Familie der Weißlinge (Pieridae) gibt es ebenfalls Arten, die in verblüffender Ähnlichkeit die Warnfarben der *Heliconius*-Falter angelegt haben und dadurch den Schutz vor Vögeln genießen – obwohl sie völlig harmlos sind! Aber auch hier funktioniert das Ganze nur, solange die nachahmende Art deutlich seltener bleibt als ihr

Modell und solange also für die Vögel meistens gilt, dass die Warnfarbe Ungenießbarkeit bedeutet.

Und wieder zurück zu den Nektartäuschblumen: Sie müssen in der Population ihrer Vorbilder so selten bleiben, dass nicht beide miteinander – der nektarlose Nachahmer mitsamt dem Vorbild – von den Tieren als uninteressant abgespeichert und verschmäht werden. Dies ist einer der Gründe, warum Orchideen, von deren ungeheurer Artenfülle mindestens ein Drittel Täuschblumen sind, in der Regel keine Massenbestände bilden, sondern auch in der Natur sprichwörtlich »selten und kostbar« sind.

Eine weitere interessante Form der Bates'schen Mimikry findet sich bei drei Arten der südafrikanischen Orchideengattung *Disa*. Diese werden von einem Tagfalter (*Aeropetes tulbaghia*, mountain pride butterfly) besucht, der bei *Disa uniflora* Nektar findet. Der Falter orientiert sich dabei an der Farbe der Orchideen, die regional variiert. *Disa ferruginea* und *D. porrecta* nun haben keinen Nektar, täuschen die Falter aber durch die regional unterschiedliche Farbe der nektarführenden Orchideenart (Johnson et al. 1998).

## 6.2 Brutsubstrattäuschblumen

Es gibt jedoch eine gänzlich andere Art von Täuschblumen, und zwar eine aus unserer menschlichen Sicht noch viel raffiniertere, geradezu durchtriebene: Eine ganze Reihe von Pflanzenarten aus verschiedensten Familien ahmt mit ihren Blüten nicht nektar- und pollenreiche Nahrungsquellen nach – da können die Tiere notfalls aus Erfahrung lernen –, sondern spricht die Brutfürsorgeinstinkte der Tiere an, die zum großen Teil instinktiv verankert und daher einem Lernen kaum zugänglich sind. Die in der Welt der Bestäubungsökologie sonst so allgegenwärtige Ko-Evolution ist hier nicht im Spiel, die Beziehung der Pflanzen zu ihren Bestäubern ist hier vielmehr eine völlig einseitige und kann auch Tiere betreffen, die sonst nicht das Geringste mit Blüten zu tun haben: Das Tier entfaltet sein instinktgeleitetes Such- und Eiablageverhalten, und die Pflanze schaltet sich in die Instinkthandlungen ein – nicht als Symbiosepartner, nicht als Mutualist, sondern als Schmarotzer!

### 6.2.1 Fliegentäuschblumen

Ein Beispiel, das wir bequem am Zimmerfenster beobachten können, bieten die Stapelien aus der Familie der Seidenpflanzen- und Hundsgiftgewächse (Apocynaceae): Das bekannteste Beispiel ist der »Ordensstern«

*Orbea variegata* (Abb. 85a), der zu Großmutters Zeiten (damals unter dem Namen *Stapelia variegata*) ein kurioses Topfpflänzchen der kühlen, hellen Treppenhaus- und Schlafzimmerfenster war. Anders als viele ihrer Verwandten, die als ökologische Spezialisten der Steinwüsten Südafrikas gehobene Pflegeansprüche stellen, ist *O. variegata* vom Kap der Guten Hoffnung in Bezug auf Wärme und Feuchtigkeit weniger empfindlich, lässt sich leicht durch Stecklinge vermehren und entfaltet ab Spätsommer ihre eigenartigen »Ordenssterne«. Nektar haben sie nicht, und der Pollen ist bei den Seidenpflanzengewächsen zu sehr komplizierten Pollinarien verfestigt und daher nicht sammelbar. Dennoch krabbeln Stubenfliegen und Schmeißfliegen auf den Blüten, denn diese riechen, wenn man mit der Nase nahe genug heran geht, nach – toter Maus! Es sind chemische Substanzen wie Indol und Skatol, die von den Fliegen in geringster Konzentration aus großer Entfernung wahrgenommen werden und sie zu ihrem Brutsubstrat leiten, an dem sie ihre Eier ablegen können. Und diese Stinkstoffe gehen normalerweise von nichts anderem aus als totem, faulendem tierischen Gewebe. Die Fliegen können gar nicht anders, als im Zentrum der Blüte – der Quelle des stärksten Gestanks – ihre Eier abzulegen, auch wenn die schlüpfenden Fliegenmaden sofort vertrocknen und Hungers sterben. Für den Fliegennachwuchs ein fataler, tödlicher Irrtum! Der Erfolg des Betrugs äußert sich für die Pflanze in Form unproportional großer, schotenförmiger Balgfrüchte, denen schließlich flache braune Samen an seidigen Flugschirmen entschweben.

Dass die im südafrikanischen Kapland endemische Pflanze als Topfpflanze überall auf der Welt so erfolgreich die lokalen Fliegen zu täuschen vermag, ist der beredte Beweis dafür, dass wir es hier nicht mit gegenseitiger Anpassung, sondern mit einem einseitigen Schmarotzen der Pflanze auf den unabhängig von ihr vorhandenen Instinkthandlungen der Tiere zu tun haben.

Großmutters Ordensstern *Orbea variegata* hat noch eine Reihe großer Schwestern. Auch diese sah man gelegentlich auf den Fensterbänken, doch sind die Stapelien derzeit weitgehend »out«, sodass wir spektakuläre Arten wie *Stapelia grandiflora, St. hirsuta* oder *St. gigantea* (Abb. 85b, c) heute vor allem in den Gewächshäusern botanischer Gärten sehen können. Neben dem Geruch ähneln diese Blüten noch in weiteren »liebevollen Details« ihrem Vorbild, einem stinkenden Stück Aas: Die Textur der Blüten ist fleischig, die Oberfläche runzelig wie schlaffe, austrocknende Haut und teilweise mit schwarzen, leicht beweglichen »Flimmerhaaren« geziert, die sich beim leisesten Hauch bewegen und möglicherweise eine bereits vorhandene wimmelnde Fliegenschar vortäuschen sollen. Wenn die Pflanzen in voller Blüte stehen und warmes Wetter herrscht, ist der ekelhafte Aas-

**Abb. 85a-e:** Brutsubstrattäuschblumen: Aasblumen aus der Familie der Asclepiadaceae.

**a** *Orbea variegata*, der »Ordensstern" von Großmutters Fensterbank, **b, c** *Stapelia gigantea* mit ihren bis 25 cm großen Blüten.

Die Blaue Schmeißfliege (*Calliphora vomitoria*) sucht, durch den Gestank angelockt, nach dem vermeintlichen Aas. Im Blütengrund bereits vertrocknete Fliegeneier und -maden.

Bei den »Leuchterblumen« (**d** *Ceropegia nilotica*, **e** *C. fusca*, siehe auch Abb. 82c-d) findet sich derselbe komplizierte Bestäubungsmechanismus en miniature am Grund des laternenartigen Blütenkessels. Auch hier sind winzige Dipteren die Bestäuber.

geruch auch von weitem wahrnehmbar, schillernde Schmeißfliegen tummeln sich in den Blüten, und wir können aus der Nähe Gruppen frisch abgelegter Fliegeneier und die bedauernswerten vertrocknenden Junglarven sehen. Die Blüten von *St. gigantea,* die eine etwas »tote« rosa-gelbliche Färbung haben, erreichen 20-30 cm Durchmesser und gehören damit zu den größten Einzelblüten im Pflanzenreich.

Bleiben wir noch bei den Seidenpflanzengewächsen und schauen uns die einzigartige Ausprägung ihrer Staubblätter und Pollen an. Zwar haben diese ursächlich nichts mit den Täuschblumen zu tun, machen jedoch die faszinierenden Anpassungen mit dem Täuschgeschehen noch erstaunlicher. Bei dieser Familie bilden die fünf Staubblätter zusammen mit den Enden der Fruchtblätter eine feste, zentrale Säule (Gynostegium), oft mit einer wachsartig glatten Oberfläche. Der Pollen jeder Staubbeutelhälfte (Theke) liegt nicht in Form einzelner Pollenkörner, sondern als fest vereinigtes Pollinium vor. Die Inhalte zweier benachbarter Theken sind immer antherenübergreifend zu einem Pollinarium vereinigt und über Stielchen mit einem Klemmkörper (Corpusculum) verbunden. Insekten, die sich im Inneren der Blüte zu schaffen machen, müssen sich auf der glatten Säule festhalten, und ihre Füße geraten, durch Leitschienen geführt, früher oder später in den schlitzförmigen Klemmkörper. Gegen leichten Widerstand werden die Pollinarien aus ihren Fächern gezogen und so die Beine befreit – mitsamt den daran hängenden Klemmkörpern. Die Vereinigung der gesamten Pollen zu Pollinien und die Verschmelzung von Staub- und Fruchtblättern zur Säule stellen auffällige Parallelen zu den Verhältnissen bei den Orchideen (Kap. 7) dar, sodass die Seidenpflanzengewächse nicht erst seit Albers & Meve (2002) gerne als »Orchideen unter den Zweikeimblättrigen« bezeichnet werden. Das ganze Geschehen ist »mechanisch« so speziell und komplex, dass es erstaunen muss, wie das Herauslösen der Pollinarien und konsequenterweise auch das Abliefern derselben bei einem der nächsten Blütenbesuche relativ oft klappt, doch zeugt die regelmäßige Ausbildung der auffälligen, schwalbenschwanzartigen Früchte mit den eleganten Flugsamen vom Erfolg auch dieses in unseren Augen so komplizierten Prinzips.

Zurück zu den Täuschblumen der Familie: Verwandt mit den Stapelien sind die faszinierenden Leuchterblumen der Gattung *Ceropegia,* deren 180 Arten überwiegend in den Trockengebieten Süd- und Ostafrikas und Arabiens wachsen, doch einige wenige Arten können wir sogar auf den Kanarischen Inseln wild wachsend antreffen. Der deutsche Name »Leuchterblume« bezieht sich darauf, dass die Blütenkrone hier nicht sternförmig ausgebreitet, sondern als geschlossenes Gebilde gestaltet ist, das die alten Botaniker an die schmiedeeisernen Straßenlaternen erinnert haben mag (Abb. 85d-e). Das oben genannte komplizierte Gynostegium findet sich hier, fast mikroskopisch klein, im Grund dieses »Leuchters«, und die winzigen Bestäuber zwängen sich durch fensterartige Öffnungen hinein, arbeiten sich durch die schnorchelartig verengte Röhre hinab und finden sich in der blasenartig erweiterten Bestäubungskammer, wo sie im Idealfall mitgebrachte Pollinarien hinterlassen bzw. neue mitnehmen. Die Blüten sind proterogyn, also zuerst empfängnisfähig, und erst im späteren Blühstadium werden die Pollinarien freigesetzt. Bei frischen Blüten ist der Weg nach außen durch Reusenhaare versperrt. Erst bei älteren, längst bestäubten und nun männlichen Blüten wird der Weg gangbar, und die Tiere können wieder ins Freie gelangen – doch ihr »Fliegenhirn« leitet sie instinktgesteuert sogleich in die nächste Fallenblüte. Die Leuchterblumen beleidigen uns nicht durch penetranten Aasgeruch, viele scheinen für unsere Nase sogar geruchlos, doch sind auch sie offenbar Täuschblumen. Anders ist es nicht zu erklären, dass die spezifischen Bestäuber, offenbar durch bestimmte Düfte angelockt, die farblich unscheinbaren Blüten nicht nur finden, sondern energisch den Weg ins Innere suchen und dort Eier ablegen wollen, denn Nektar wird auch hier nicht geboten (Vogel 1961).

Verblüffend ähnliche blütenökologische Konvergenzen finden wir bei zwei ganz anderen Pflanzenfamilien, die mit den Leuchterblumen nicht im Entferntesten verwandt sind und wo auch gänzlich andere morphologische Voraussetzungen vorliegen: bei den Pfeifenwinden und Osterluzeien (*Aristolochia*) sowie bei den Aronstabgewächsen.

Aus der erdgeschichtlich alten Familie der Osterluzeigewächse (Aristolochiaceae), die überwiegend in den Tropen verbreitet sind, haben es nur zwei Arten bis in unsere mitteleuropäische Flora geschafft: die Haselwurz unserer Buchenwälder (*Asarum europaeum*, s. u. ) und die Osterluzei (*Aristolochia clematitis*, Abb. 86a), die als Arzneipflanze mit den mittelalterlichen Mönchen ihren Weg aus dem Mittelmeergebiet in unsere Klostergärten fand und mittels wuchernder unterirdischer Ausläufer unsere Flora eroberte. Im Bauplan haben die Osterluzeien mit den Leuchterblumen nicht viel gemein, so gibt es nur eine einfache Blütenhülle (Perigon), die Blüten haben einen schiefen, zungenförmigen Saum, sind dreizählig und die Pollen ganz normal als Blütenstaub ausgebildet. Davon abgesehen, ähneln die Blüten in Aussehen und Funktion ganz verblüffend den Ceropegien: auch hier werden die Tiere – kleine Dipteren – mittels spezifischer Duftstoffe angelockt und verleitet, sich durch den Schlauch in die Falle zu zwängen, auch hier sind die Blüten proterogyn und nehmen zuerst den Pollen entgegen, bevor sie in der zweiten, männlichen Blühphase die Tiere mit Pollen bepudern, und auch hier entlässt die Falle die Tiere anschließend wieder ins Freie, was bei unserer Osterluzei durch ein Kippen der zuerst aufrecht stehenden Falle erleichtert wird.

Wie bei den Ceropegien gibt es auch bei den Aristolochien keinen Pollen zu sammeln und keinen Nektar zu trinken, wenngleich die Tierchen in ihrem temporären Gefängnis mittels winziger Tröpfchen Narbenfeuchtigkeit am Leben erhalten werden. Bei der in wärmeren Gebieten Deutschlands vorkommenden Osterluzei sind die Blüten grünlich gelb, der anlockende Duft ist für unsere Nase nicht wahrnehmbar. Während man im natürlichen Habitat der Pflanze im Mittelmeergebiet regelmäßig kleine, trauermückenähnliche Dipteren in den Kesseln finden kann, fand sich bei Untersuchungen ihrer Blüten an größeren Beständen im Taubertal seltsamerweise keine einzige Fliege oder Mücke in dem Kesselgefängnis und in der Folge auch keine einzige reife Frucht an den Pflanzen.

Ob dies ein Hinweis darauf ist, dass die Osterluzei sich doch auf bestimmte Blütenbesucher spezialisiert hat, die in Mitteleuropa nicht vorkommen, oder ob dies Zufall oder wetterbedingt war, dass die Blüten im Beobachtungsjahr nicht bestäubt wurden, ist nicht geklärt.

Einige andere Arten der Aristolochien aus dem Mittelmeergebiet haben auffälligere, rötlich bräunliche Blüten, ebenso wie die »Pfeifenwinde« *Aristolochia macrophylla*, die aus Nordamerika stammt und als eine der wenigen winterharten Arten als schöner Schlinger an der Gartenpergola gezogen werden kann (Abb. 86b). Viel spektakulärer sind jedoch die tropischen Arten, die wir in botanischen Gärten bewundern können: *Aristolochia gigantea* hat wahrhaft gigantische, bis 30 cm große Blüten, ihr Duft ist schwach und für unsere Nase höchstens »krautartig«. Noch viel größer sind die Blüten von *Aristolochia grandiflora*, die mit einem halbmeterlangen Schwanz geziert sind. Der Eingang zur Bestäubungskammer ist ein »Schwarzes Loch«, dem ein infernalischer Aasgestank entströmt, und so sind die Blüten bei schönem Wetter von brausenden Wolken von Schmeißfliegen umschwirrt, die mittels des Gestanks durch die geöffneten Gewächshausfenster den Weg zu der Pflanze finden (Abb. 86c,d).

Die meisten Gattungen von Kesselfallentäuschblumen stellt die Familie der Aronstabgewächse, die an blütenökologischen Skurrilitäten kaum zu überbieten ist. Das oben geschilderte Prinzip wird bei den Aronstabgewächsen mit gänzlich unterschiedlichen morphologischen Voraussetzungen erreicht. Wie bei den Korbblütlern ist auch bei den Aronstabgewächsen die einzelne

---

**Abb. 86a-d:** Brutsubstrat-Täuschblumen: Kesselfallenblüten der »Pfeifenwinden« (Gattung *Aristolochia*).

**a** Die mediterrane *Aristolochia clematitis* ist in Mitteleuropa seit dem Mittelalter eingebürgert. **b** *A. macrophylla* (= *A. durior*) aus Nordamerika lässt sich als winterharter Schlinger an der Pergola halten. **c-d** *A. grandiflora* aus dem tropischen Amerika. Den langen »Schwanz« mitgerechnet, erreichen die Blüten einen halben Meter Länge. Dem Blüteneingang entströmt infernalischer Aasgestank, der z.B. Goldfliegen (*Lucilia caesar*) anlockt.

a
b
c
d

Blüte millimeterklein und funktioniert niemals für sich allein, vielmehr bildet auch hier der gesamte Blütenstand mit seinen vielen winzigen Blüten eine »Scheinblume« (Pseudanthium). Die einzelne Blüte ist noch viel stärker als bei den Korbblütlern reduziert und kaum noch als Blüte zu erkennen: Die Blütenhüllblätter sind fast unkenntlich und ohne Funktion, da die Blüten ohnehin in großer Zahl in den charakteristischen, fleischigen »Stab« (Kolben, Spadix) eingelassen sind. Bei einigen Gattungen (*Spathiphyllum, Anthurium*) sind die winzigen Blüten dennoch zwittrig, bei den meisten, so auch bei unserem heimischen Aronstab, jedoch getrenntgeschlechtlich, und die männlichen Blüten sind dann auf ihre wenigen Staubblätter, die weiblichen auf den Fruchtknoten reduziert. In den meisten Fällen wird der Kolben von einem zugeordneten, auffälligen Hochblatt (Spatha) eingehüllt oder dekoriert, das bei den bekannten »Flamingoblumen« (*Anthurium andraeanum, A. scherzerianum*) rot, bei den »Einblättern« oder »Blattfahnen« (*Spathiphyllum*) weiß, in vielen Fällen aber grünlich, bräunlich oder sonst unscheinbar ist, denn die Bestäuber sind auch hier oft Tiere, für deren Orientierung das Augenlicht keine große Rolle spielt.

Betrachten wir unseren heimischen Aronstab (*Arum maculatum*, Abb. 88): Dass die Blütenfahnen hellgrünlich und oft nur mit Mühe in dem üppigen Laub zu entdecken sind, weist schon darauf hin, dass hier die Anlockung weniger über die Optik, sondern über den Geruchssinn erfolgt. Bestäuber sind winzige Schmetterlingsmücken (Psychodidae), die sonst ihre Eier an schleimige Bakterienbeläge legen, von denen sich die Larven ernähren. Die Spatha umhüllt den Kolben, der in seinem unteren Teil weibliche, darüber männliche kleine Blüten trägt. Der obere Teil der Spatha bildet die bekannte Fahne, der untere ist um die fertilen Blüten wie ein blasenförmiger Kessel geschlossen, dazwischen ist das Ganze stark verengt. Abends öffnet sich die Blütenfahne, und der Kolben entwickelt eine messbare Wärmeproduktion. Diese für eine Pflanze erstaunliche Hitzeentwicklung kommt durch heftiges Veratmen der in dem Kolben gespeicherten Stärke zustande. Seit Langem weiß man, dass sich in dem Kessel winzige Mückchen finden, und glaubte, dass die Tierchen in kühlen Aprilnächten in den Blütenständen

---

**Abb. 87a-d: Brutsubstrattäuschblumen:** *Amorphophallus titanum* (Araceae).

**a** Im Wechsel mit einem einzigen, riesigen Laubblatt entwickelt die Knolle in größeren Abständen einen Blütenstand von ca. 3 m Höhe. **b** Blick in den Kessel im weiblichen Stadium. Man erkennt zahllose weibliche Blüten mit ihren roten Griffeln und den kopfförmigen, gelben Narben. **c** Im anschließenden männlichen Stadium werden die Pollen freigesetzt, die mittels Viscinfäden in kettenförmigen Strängen zusammenhängen. In der Natur lockt der Gestank Aaskäfer als Bestäuber an; in unseren Gewächshäusern stellen sich Ameisen ein. **d** Nach wenigen Tagen sind die Stärkevorräte verbraucht und der Kolben sinkt in sich zusammen. (Fotos: Björn Schäfer, Zoologisch-Botanischer Garten Wilhelma, Stuttgart)

a
b
c
d

einen willkommenen Unterschlupf finden, um sich aufzuwärmen. Tatsächlich dient die Wärme jedoch dazu, die Duftstoffe zu verflüchtigen, die für unsere Nase nur schwach wahrnehmbar sind, jedoch in Scharen Schmetterlingsmücken anlocken. Diese drängeln sich durch die Engstelle, und Reusenhaare am Kolben versperren den Rückweg. Im unteren Teil des Kessels bestäuben sie die weiblichen Blüten, das feuchte Narbenexsudat hält sie bei Kräften. Am nächsten Tag sind die weiblichen Blüten bestäubt und die Narben trocken, und die darüber stehenden männlichen Blüten entleeren den Pollen über die unfreiwilligen Gäste. Dann welken die Reusenhaare, und die Tiere finden wieder hinaus, um den Pollen in den nächsten Blütenstand zu tragen.

Das anhand unseres Aronstabs beschriebene Prinzip findet sich in Abwandlungen bei vielen Gattungen von Aronstabgewächsen. Die *Spathiphyllum*- und einige *Anthurium*-Arten sind Parfümblumen (Schwerdtfeger et al. 2002, Kap. 4.4, Abb. 45a-d), die also ein für die Tiere tatsächlich nützliches Produkt anbieten, die meisten Aronstabgewächse sind jedoch Täuschblumen mit ähnlicher Funktionsweise – allerdings mit unterschiedlichen Anlockungsprinzipien. Die Aronstabgewächse der Mittelmeerländer, vor allem aber der Tropen stellen einige der faszinierendsten blütenökologischen Phänomene; einige davon in Stichworten:

Bei *Helicodiceros muscivorus* aus dem westlichen Mittelmeergebiet spricht der englische Name »Dead horse arum lily« für sich: Der braunrote Blütenstand stinkt infernalisch nach Aas und lockt Schmeißfliegen in die Kesselfalle. Entsprechend funktioniert *Dracunculus vulgaris* aus Italien, Kroatien und Griechenland: Die Pflanze entwickelt ornamentale, handförmig geteilte Blätter und eine bis halbmetergroße, braunrote Spatha, die einen glänzend schwarzen Kolben umhüllt. Der zunächst prall mit Stärke gefüllte Kolben ist nach wenigen Tagen runzlig eingefallen, die Stärke wurde zu Zwecken der Wärmeproduktion verheizt, um den atemberaubenden Aasgestank zu verbreiten, die Bestäuber sind auch hier Schmeißfliegen.

Wie zu erwarten finden sich unter den Aas imitierenden Blütenpflanzen auch Orchideen, was Vogel (1954) bereits früher vermutet hatte. Bei der in Südafrika verbreiteten Orchideengattung *Satyrium* bildet die Lippe einen Doppelsporn, in dem Nektar angeboten wird. Einige Arten, darunter *Satyrium pumilum*, bilden keinen Nektar. Untersuchungen an dieser Art ergaben, dass sie Oligosulfide ausbildet, die auch bei der Zersetzung von toten Tieren entstehen. Durch eine relativ geringe Menge an Aasgeruch lockt sie speziell solche Fleischfliegenarten (Sarcophagidae), die ihre Eier bevorzugt an kleinen toten Tieren ablegen. Hierdurch erreicht sie eine deutliche Einschränkung der Artenzahl an Fliegen, die ihre Eier an Aas legen und sichert sich so eine effektivere Bestäubung (Van der Niet et al. 2011).

**Abb. 88:** Aronstab, *Arum maculatum* (Araceae).

Eine nicht auf Aas- oder Fäkalgeruch setzende Art des Dufteinsatzes in Form einer Duftmimikry betreibt ein in Palästina verbreiteter Aronstab (*Arum palaestinum*). Beim Aufblühen verströmt dieser Aronstab einen Duft, der jenem von durch Hefe vergorenem Obst gleicht. Hierdurch werden Fruchtfliegen angelockt in Erwartung von gärendem Obst, das ihre Lieblingsspeise und zudem Eiablagesubstrat ist. Gefangen in dem Kessel des Aronstabs, müssen die Fruchtfliegen ausharren bis zum nächsten Morgen, an dem sie, gut mit Pollen eingestäubt, wieder entlassen werden, um gleich auf den nächsten aufblühenden Aronstab hereinzufallen. Insgesamt konnten acht verschiedene Fruchtfliegenarten in den Fallenblumen des Palästinensischen Aronstabs festgestellt werden, darunter auch die bekannteste Fruchtfliege *Drosophila melanogaster*, die lange Zeit das wichtigste Versuchstier der Genetiker war. Untersuchungen der Hirnströme dieser Fruchtfliegenarten zeigten, dass durch den Duft des Aronstabs die gleichen Nervenzentren erregt wurden wie durch den Geruch gärenden Obstes (Stökl et al. 2010). Noch weiter gehen übrigens verschiedene Pilze mit der Mimikry, indem sie den Duft von Blüten nachahmen und so Insekten dazu verleiten, auf ihnen zu landen und nach Nektar zu suchen. Dabei stäuben diese sich mit den Sporen der Pilze ein und tragen so zu deren Verbreitung bei (Schiestl et al. 2006).

## 6.2.2 Pilzmückentäuschblumen

Dass Pilze den Duft von Blütenpflanzen nachahmen, um die getäuschten Besucher zur Verbreitung ihrer Sporen zu nutzen, ist noch nicht allzu lange bekannt (s. oben). Dass andererseits Blütenpflanzen Pilze nachahmen, um eine weitere Insektengruppe zur Bestäubung zu gewinnen, ist dagegen bereits seit Längerem bekannt (Vogel 1978) und stellt eine besondere Form der Myiophilie dar. Überwiegend geschieht dies durch den Geruch und die Farbe, mit denen die Weibchen von Pilzmücken (Mycetophilidae) angelockt werden. Diese suchen meist Hutpilze auf, um dort zwischen den Lamellen ihre Eier abzulegen. Auch für diesen »Kundenkreis« gibt es Täuschblumen, die die spezifischen Duftstoffe produzieren und die Tiere zur – auch hier vergeblichen – Eiablage veranlassen, wobei in vielen Fällen zum Pilzduft noch lamellenartige, blättrig-weiße Strukturen kommen. Die versteckte Welt der Pilzmücken ist die feuchte Bodenstreu, Moospolster etc., wo die Orientierung überwiegend geruchlich erfolgt. Dort blühen, für unser Auge oft versteckt und unsichtbar, auch viele Pilzmückenblumen. Der einzige wirklich heimische Vertreter ist die Haselwurz (*Asarum europaeum*, Abb. 90a), die wie die oben beschriebenen Pfeifenwinden zur Familie der Aristolochiaceae gehört. Im Frühjahr blühen die Pflanzen, doch müssen wir, da sie ihre Signale

**Abb. 89a-c:** Die in Südafrika verbreitete Orchidee *Satyrium pumilum* bietet keinen Nektar an, sondern lockt mit einer genau dosierten Menge an Aasgeruch ganz bestimmte Fleischfliegenarten an. Damit erreicht sie eine relativ gezielte Bestäubung. Wie gut dieser Selektionsprozess wirkt, zeigt das Bild von dem Aas, auf dem zwischen zahlreichen anderen Aas besuchenden Fliegen nur eine einzige Art mit Pollinien von *Satyrium pumilum* zu sehen ist. (Fotos: Dennis Hansen)

nicht an sehende Augen richten, die braunen, dreieckigen, glockenförmigen Blüten unter den Decken der wintergrünen Blätter geradezu gezielt suchen. Unsere heimische Art vertraut weitgehend auf Selbstbestäubung; bei den Gattungsgenossen aus Fernost und Nordamerika ließ sich die Bestäubung durch getäuschte Pilzmücken besser untersuchen (Vogel 1978). Die für den Garten bestgeeignete Art ist *Asarum caudatum* aus dem westlichen Nordamerika, bei der die Blüten größer und in drei lange schwanzartige Anhängsel ausgezogen sind (Abb. 90b).

Die Baum-Pfeifenwinde (*Aristolochia arborea*) geht noch einen Schritt weiter: Am Eingang ihrer braunen Kesselfalle steht die plastische Nachbildung eines Pilzes, wodurch der Anlockungseffekt für Pilzmücken endgültig unwiderstehlich wird (Abb. 90c). Die Blüten erscheinen kauliflor im unteren, längst blattlosen Bereich des Stammes, oft fast am Boden. Allgemein werden mehrere Arten der Pfeifenwinden von Pilzmücken bestäubt, und einige von ihnen besitzen ähnliche Blütenformen. Ebenfalls mit Farbe, Duft und Form werden Pilzmücken von Blütenpflanzen aus verschiedenen anderen Pflanzenfamilien überlistet. So nutzt eine in den kolumbianischen Anden beheimatete Orchidee (*Dracula chestertonii*) mit diesen drei Hilfsmitteln Pilzmücken zur sicheren Kreuzbestäubung. Weitere Pilznachahmer sind einige zu den Pfeifenwinden zählende Haselwurzarten (*Asarum* spp., Aristolochiaceae) sowie Arten der zu den Aronstabgewächsen gehörenden Gattungen *Arisarum* und *Arisaema* (Kaiser 2006). Selbst bei den Steinbrechgewächsen gibt es in der Gattung *Mitella* vier Arten, die durch Pilzmücken bestäubt werden (Okuyama et al. 2004). Das ist neben den Aristolochiaceen und Asclepiadaceen die dritte Familie innerhalb der zweikeimblättrigen Pflanzenarten, bei denen diese Form der Bestäubung nachgewiesen werden konnte. Faszinierende Pilzmückenblumen finden sich weiterhin unter der großen Verwandtschaft der Orchideengattung *Masdevallia*, die mit vielen Arten vor allem die feucht-kühlen, niederschlagsreichen Bergregenwälder der südamerikanischen Anden bewohnt und durch ihre eigenartigen, dreieckigen und mit langen Schwänzen versehenen Blüten gekennzeichnet ist. Die pilzmückenbestäubten Arten wurden von der Gattung *Masdevallia* abgetrennt und bilden nun eine eigene Gattung, die tatsächlich den wissenschaftlichen Namen *Dracula* trägt. Die *Dracula*-Arten wachsen oft epiphytisch auf den mit dichten Moospolstern bedeckten Ästen der Bäume der Nebelwälder. Die Blüten entwickeln sich meist an langen, waagerechten

**Abb. 90a-d:** Brutsubstrat-Täuschblumen: Pilzmückenblumen.

**a** Das heimische *Asarum europaeum* (Aristolochiaceae) mit seiner bescheidenen Blüte. **b** *Asarum caudatum* aus Nordamerika. **c** Bei *Aristolochia arborea* (Aristolochiaceae) sind im Inneren der Blüte täuschend echte Attrappen von Hutpilzen zu erkennen. **d** *Dracula bella* (Orchidaceae).

a
b
c
d

Blütenständen und liegen oft geradezu mit dem »Gesicht« nach unten auf der Moosdecke. Die Lippe der Blüte ist weiß und mit Lamellen versehen, die denen eines Pilzes täuschend ähnlich sehen (Abb. 90d).

### 6.2.3 Käfertäuschblumen

Bis hierher sah es so aus, als würden nur die »dummen« Fliegen auf die Tricks der Blütenpflanzen hereinfallen. Doch bei der Bemühung, Besucher möglichst für sich allein zu gewinnen, ist ihnen kein Trick zu schade. So strömt die zu den Ingwergewächsen gehörende, auf Borneo verbreitete *Orchidantha inouei* einen Geruch aus, der nach Dung riecht und tatsächlich Dungkäfer aus der Familie der Blatthornkäfer anlockt. Wie die meisten Dungkäfer formen auch die auf Borneo vorkommenden Dungkäfer der Gattung *Onthophagus* aus dem Dung Kugeln, in die sie ihre Eier legen. Bisher konnten vier *Onthophagus*-Arten an den orchideenähnlichen Blüten von *Orchidantha inouei* gefunden werden. Deren Blüten liegen direkt der Erde auf, sodass die durch den Duft angelockten Käfer ungehindert in die Blüte spazieren und dort die Pollinien übernehmen bzw. die Bestäubung mit den mitgebrachten Pollinien vollziehen können (Sakai & Inoue 1999).

Die oben bereits genannten, als Aastäuschblumen funktionierenden und Fliegen oder Mücken anlockenden Aronstabgewächse Südeuropas vermitteln zu den noch spektakuläreren der Tropen: Die Gattung *Amorphophallus* stellt mit der »Titanwurz« (*Amorphophallus titanum,* Abb. 91a-d) aus Sumatra einen der Superlative des Pflanzenreichs. Im Wechsel mit einem einzigen, mehrere Meter hohen, schirmförmig geteilten Blatt wird ein Blütenstand entwickelt, der aus einer topfförmig ausgebreiteten, braunroten Spatha einen gelblichen Kolben bis knapp 3 m in die Höhe reckt. Der riesige »hässliche, unförmige Phallus« (so die wörtliche Übersetzung des Gattungsnamens!) enthält Mengen von Stärke, die innerhalb kürzester Zeit veratmet wird und so den Kolben auf ca. 38 °C aufheizt. Der dadurch umso effektiver freigesetzte Gestank lockt in der Heimat im Regenwald Sumatras Aaskäfer und Kurzflüglerkäfer an, die hier ihr Eiablagesubstrat vermuten und dabei die Pflanze bestäuben. In den botanischen Gärten lockt das eklig-faszinierende Spektakel Rekordzahlen von Besuchern an. Mehrere botanische Gärten in Deutschland engagieren sich in der Erhaltung, Vermehrung und erfolgreichen Kultur der Pflanze: Die unterirdische Knolle braucht jahrelang beste Bedingungen, um so viele Reservestoffe zu speichern, dass sie sich das Entwickeln des riesigen Blütenstandes »leisten« kann. Bis in jüngste Zeit hielt der Zoologisch-Botanische Garten Wilhelma in Stuttgart den Weltrekord; dort erreichte am 21. Oktober 2005 ein Blütenstand die unglaubliche Höhe von 2,94 m.

**Abb. 91a-e:** Sexualtäuschblumen aus der Familie der Orchideen.

**a** Bei der heimischen »Fliegen-Ragwurz« (*Ophrys insectifera*) bezieht sich der deutsche Name nur auf die Ähnlichkeit, sie wird jedoch von getäuschten Grabwespen-Männchen bestäubt. **b** »Hummel-Ragwurz« (*Ophrys holosericea*), **c** *Pterostylis ophioglossa*, **d** *Mormolyca ringens*, **e** *Trigonidium egertonianum*.

Die tropisch-altweltliche Gattung *Amorphophallus* findet ihre Entsprechung im tropischen Amerika in der Gattung *Dracontium* (Abb. 81f): Auch hier entwickelt die große unterirdische Knolle im Wechsel ein riesiges, geteiltes Blatt und einen gewaltigen Blütenstand, der ebenfalls als Täuschblume von Aasinsekten bestäubt wird.

## 6.3 Sexualtäuschblumen

Wenn schon die skurrilen Pfeifenwinden und Aronstabgewächse an blütenökologischer Finesse scheinbar kaum zu überbieten sind, so werden sie doch noch von den Sexualtäuschblumen übertroffen, wo die Blüte nicht das Brutsubstrat zur Eiablage, sondern gar den Geschlechtspartner vortäuscht. Und anders als bei so vielen anderen blütenökologischen Phänomenen finden sich die spektakulärsten Beispiele hier ausnahmsweise nicht in den Tropen, sondern fast vor unserer Haustür: mit einigen Arten in Mitteleuropa, vor allem aber in unseren Urlaubsgebieten in Südfrankreich, Italien, Griechenland, der Türkei, Israel oder Marokko, also rund um das Mittelmeer. Es sind die Ragwurz-Orchideen der Gattung *Ophrys* (Abb. 91a-b). Die kleinen Blüten sind häufig braun, grau oder sonstwie trüb gefärbt und fallen aus der Entfernung im Gras kaum auf. Sie haben keine leuchtenden Farben, keine »blumigen« Düfte, bieten wie alle Orchideen keinen sammelbaren Pollen und auch keinen Nektar und haben also überhaupt wenig »Pflanzliches«. Oft sind die Blüten filzig behaart. Der aus dem Griechischen entlehnte Gattungsname *Ophrys* bedeutet Augenbraue, und die deutschen Namen Hummelragwurz, Bienen- oder Fliegenragwurz beschreiben die Ähnlichkeit mit den pelzigen Körpern der genannten Insekten. Unseren Vorfahren mussten diese »Bienen am Stiel« als Laune der Natur erscheinen, und schon öfter hatte man sogar »Attacken« von Bienen auf die Blüten beobachtet. Doch erst Kullenberg 1956 konnte die Bedeutung dieser Insektenähnlichkeit aufklären (Kullenberg 1956, 1961, Kullenberg & Bergström 1976). Die Blüten werden von liebestollen Männchen bestimmter Arten von Wildbienen bzw. Grabwespen bestäubt, die sie für Weibchen halten, mit ihnen zu kopulieren versuchen und dabei die Pollinarien übertragen.

Wie funktioniert das im Einzelnen? Die Orchideen blühen zu Beginn der Flugzeit der Wildbienen, wenn schon viele Männchen, aber noch keine Weibchen geschlüpft sind. Die Blüten senden artspezifische Sexuallockstoffe (Pheromone) aus, die den Männchen das Vorhandensein von Weibchen vortäuschen, sodass diese eifrig ihre Flugreviere patrouillieren. Die Blüten entsprechen in Größe, Form und Behaarung entfernt den Weibchen der jeweiligen Arten; und da die Männchen derart durch die Pheromone »angeheizt« und noch keine echten Weibchen verfügbar sind, muss die Ähnlichkeit nicht allzu groß sein, um die Männchen zu Kopulationsversuchen mit den Blüten zu veranlassen. So groß ist oft die »Not«, dass sich teilweise ganze Gruppen von Männchen um eine Blüte balgen und sich gegenseitig von der Attrappe zu vertreiben suchen. In der Regel setzen sich die Männchen geradeaus auf die Lippe der Blüte und nehmen bei ihren Kopulationsversuchen mit der Stirn die Pollinarien auf. Bei der Artgruppe um *Ophrys lutea* jedoch signalisiert der Haarstrich der Blüte dem Männchen bei der Landung ein »Falsch herum«, sodass es sich blitzschnell umdreht und nun nicht mit dem Kopf, sondern mit der Spitze des Abdomens an die Klebscheiben der Pollinarien gerät und diese also am Hinterleib angeheftet bekommt. So haben alle *Ophrys*-Arten faszinierende Beziehungen zu bestimmten solitären Wespen- oder Bienenarten entwickelt, und bis heute werden, z.B. durch die Arbeitsgruppen von Ayasse (Ulm) und Paulus (Wien), ständig neue faszinierende Erkenntnisse zur Bestäubungsökologie von *Ophrys* publiziert.

**Tab. 3:** Bestäubergruppen verschiedener Orchideengattungen mit Sexualtäuschblumen (nach Gaskett 2011 und Herberstein et al. 2014)

| **Orchideengattung** | **Areal** | **Bestäubergruppe** |
|---|---|---|
| *Ophrys* | Mittelmeergebiet bis M-Europa | Bienen, Grabwespen |
| *Drakaea* | Australien | Rollwespen |
| *Spiculaea* | Australien | Rollwespen |
| *Caladenia* | Australien | Bienen, Rollwespen |
| *Chiloglottis* | Australien | Rollwespen |
| *Cryptostylis* | Australien | Schlupfwespen |
| *Caleana* | Australien | Pflanzenwespen |
| *Leporella* | Australien | Ameisen |
| *Pterostylis* | Australien | Pilzmücken |
| *Disa* | Südafrika | Bienen, Wespen, Fliegen, Falter |
| *Lepanthes* | Trop. Amerika | Pilzmücken |
| *Trichoceros* | Trop. Amerika | Fliegen |
| *Trigonidium* | Trop. Amerika | Bienen |
| *Mormolyca* | Trop. Amerika | Bienen |

Die »Kerfstendel« der mediterranen Gattung *Ophrys* sind nicht die einzigen Orchideen, deren Bestäubung auf Pseudokopulation durch sexuell erregte Insektenmännchen beruht. In verschiedenen Weltgegenden haben sich ähnliche Phänomene entwickelt, und zwar unabhängig aus verschiedenen, nicht untereinander verwandten Gruppen von Orchideen und mit jeweils verschieden Gruppen von Insekten als »Partner« (oder besser: »Opfer«, Tab. 3, Gaskett 2011, Herberstein et al. 2014, Abb. 92c-e). Außerhalb der Familie der Orchideen jedoch sind gesicherte Fälle von Pseudokopulation bisher offenbar unbekannt.

## 6.4 Beute- und Alarmtäuschblumen

Eine andere Form der Täuschung zielt vor allem auf die Arbeiterinnen von sozialen Faltenwespen ab. Diese Blütenpflanzen nutzen eine ältere Kommunikationsform zwischen Pflanzen und Wespen zum gegenseitigen Vorteil in neuer und einseitiger Weise. Die Wespenarbeiterinnen sind nämlich vor allem damit beschäftigt, tierisches Eiweiß in Form anderer Insekten zu suchen und zu jagen, um den Nahrungsbedarf der Brut ihres Volkes zu decken. Viele Pflanzen lenken die Aufmerksamkeit der Wespen durch besondere Alarmstoffe auf sich, wenn sie beispielsweise von Raupen angefressen werden. Die Wespen finden so leichter ihre Beute und die Pflanzen sind von ihren Schädlingen befreit. Erstmals konnte nachgewiesen werden, dass es Orchideen gibt, die solche Alarmstoffe nachahmen und aus ihren Blüten als Duft absondern. Gefunden wurden diese Duftstoffe in den Blüten der Breitblättrigen (*Epipactis helleborine*) und der Violetten Stendelwurz (*E. purpurata*), die in Mitteleuropa verbreitet sind (Brodmann et al. 2008a+b). Vor allem Arbeiterinnen der Deutschen (*Vespula germanica*) und der Gemeinen Wespe (*V. vulgaris*) werden von den Alarmstoffen angelockt und bestäuben bei der Landung auf den Blüten zielsicher diese Orchideen.

Eine andere Art von Alarmstoffen nutzt eine nur auf der chinesischen Insel Hainan heimische Orchidee (*Dendrobium sinense*), um die dortigen Hornissen als Bestäuber zu missbrauchen. Wenn Honigbienen (*Apis* spp.) angegriffen werden, sondern sie einen charakteristischen Alarmstoff ab. Der in Europa, Afrika, Kasachstan, Turkmenistan und dem Iran verbreitete Bienenwolf (*Philanthus triangulum*), der zu den Grabwespen (Crabronidae) zählt und seine Brut mit Honigbienen ernährt, ortet diese über deren Alarmstoff. Auf die gleiche Weise findet die Schwarzschild-Hornisse (*Vespa bicolor*), die in Asien weit verbreitet ist, ihre bevorzugten Beutetiere, die Honigbienen. Untersuchungen haben nun ergeben, dass die Hainan-Orchidee einen der Hauptstoffe des Alarmstoff-Duftgemischs von Honigbienen selber produziert und über die Blüten absondert. Die Schwarzschild-Hornissen riechen diesen Stoff, stürzen sich auf die Orchideenblüten in Erwartung einer leicht zu erbeutenden Honigbiene und bestäuben dabei die Blüten von *Dendrobium sinense* (Brodmann et al. 2009).

Wespen hinters Licht zu führen versuchen auch die in Mitteleuropa verbreiteten Braunwurzarten *Scrophularia nodosa* und *S. umbrosa* aus der Familie der Scrophulariaceae. Dabei zeigen sich die Vertreter dieser Gattung weltweit als äußerst plastisch in ihrem Bemühen, Bestäuber exklusiv für sich zu gewinnen. Bei Untersuchungen an großblütigen Braunwurzarten in Europa und der Europa und Afrika vorgelagerten Inselregion Makaronesien, die von den Azoren über Madeira und den Kanarischen Inseln bis zu den Kapverden reicht, zeigte sich eine überraschende Vielzahl an Blütenbesuchern: Neben verschiedensten Insekten gab es auch Arten, die von Vögeln und selbst von jungen Eidechsen bestäubt wurden (Ortega-Olivencia et al. 2012).

Untersuchungen an in Mitteleuropa verbreiteten Blütenpflanzen, die weibliche Wespen zur Bestäubung anlocken, ergaben, dass sowohl die beiden Orchideen *Epipactis helleborine* (Breitblättrige Stendelwurz) und *E. purpurata* (Violette S.) wie auch die Geflügelte Braunwurz (*Scrophularia umbrosa*) Duftstoffe abgeben, die Pflanzen sonst verwenden, wenn sie von Raupen angefressen werden und damit deren Feinde anlocken wollen (Brodmann et al. 2012). Im Unterschied zu den Stendelwurzen, die reine Täuschblumen sind und keinen Nektar bieten, sondern die Blüten der Braunwurzarten zum Teil reichlich Nektar ab. Außerdem produzieren sie weitere Duftstoffe, die die Alarmstoffe zeitweise auch wieder überdecken bzw. ganz außer Kraft setzen. Als Ursache wird von Brodmann et al. (2012) angenommen, dass die Hauptblütezeit der Geflügelten Braunwurz sich nicht voll mit der Hauptflugzeit sozialer Faltenwespen deckt, die hauptsächlich von den Alarmstoffen angelockt werden.

**Abb. 92:** Briefmarke der Deutschen Post aus dem Sonderprogramm »Briefmarke individuell« mit einer Arbeiterin der Deutschen Faltenwespe (*Vespula germanica*) an *Scrophularia nodosa*, die auf der Suche nach Fleisch irregeführt wurde und dort aber mit Nektar belohnt wird. Die Briefmarke wurde 2014 herausgegeben vom Verein Lebendiges Bienenmuseum e.V. in einer Auflage von 50 Stück jeweils mit den postalischen Werten 45 Cent und 60 Cent.

Eigene Untersuchungen zeigten, dass das Besucherspektrum beider in Mitteleuropa verbreiteten Braunwurzarten ähnlich und sehr viel breiter ist als jenes der beiden Stendelwurzarten. In Tab. 4 sind die von Flügel nachgewiesenen Blütenbesucher der beiden Braunwurzarten aufgeführt, wobei die geringere Zahl von Nachweisen an der Geflügelten Braunwurz auf die geringere Beobachtungshäufigkeit zurückzuführen ist. Auffällig ist an dem Besucherspektrum, dass die Faltenwespen insgesamt überwiegen. Dabei finden sich nicht nur die sozialen Faltenwespen, allen voran die Deutsche und die Gewöhnliche Wespe (*Vespula germanica* und *V. vulgaris*), sondern daneben auch eine Reihe solitär lebender Faltenwespen und Grabwespen. Das gute Nektarangebot lockt daneben zahlreich Bienen an; insgesamt konnten 13 Bienenarten festgestellt werden, darunter vier Hummel- und sechs Furchenbienenarten. Schwebfliegen sind nicht allzu häufig an den beiden Braunwurzarten zu finden, insgesamt waren es sechs Arten. Von diesen fand sich allerdings nur eine Art an der insgesamt 19 Mal beobachteten Knotigen Braunwurz, während die nur viermal auf ihre Blütenbesucher hin untersuchte Geflügelte Braunwurz immerhin fünf Schwebfliegenarten als Besucher empfing. Ob dieses Verhältnis der geringen Anzahl an Beobachtungen insgesamt zuzuschreiben ist oder ob hier Schwebfliegen von *Scrophularia umbrosa* eher angelockt werden als von *Scrophularia nodosa*, ist noch nicht genauer untersucht.

**Tab. 4:** Blütenbesucher, die an den beiden Braunwurzarten *Scrophularia nodosa* mit 19 Aufnahmen und *S. umbrosa* mit vier Aufnahmen in Mitteleuropa und Marokko beobachtet werden konnten.

| **Besucherart** | **S.n.** | **S.u.** |
|---|---|---|
| **Vespidae, Soziale Faltenwespen** | | |
| *Dolichovespula media* (RETZIUS 1783) | | X |
| *Dolichovespula saxonica* (FABRICIUS 1793) | X | |
| *Dolichovespula sylvestris* (SCOPOLI 1763) | X | X |
| *Polistes dominula* (CHRIST 1791) | X | X |
| *Polistes gallicus* (LINNAEUS 1767) | X | |
| *Vespula germanica* (FABRICIUS 1793) | X | |
| *Vespula rufa* (LINNAEUS 1758) | | X |
| *Vespula vulgaris* (LINNAEUS 1758) | X | |
| **Vespidae, Solitäre Faltenwespen** | | |
| *Ancistrocerus gazella* (PANZER 1798) | X | |
| *Ancistrocerus trifasciatus* (MÜLLER 1776) | X | |
| *Gymnomerus laevipes* (SHUCKARD 1837) | | X |
| *Microdynerus* spec. | X | |
| *Odynerus spinipes* (LINNAEUS 1758) | X | |
| *Symmorphus gracilis* (BRULLÉ 1832) | X | |
| **Crabronidae, Grabwespen** | | |
| *Crabro peltarius* (SCHREBER 1784) | X | |
| *Pemphredon inornata* (SAY 1824) | X | |

| | | |
|---|---|---|
| *Pemphredon morio* (Van der Linden 1829) | X | |
| *Podalonia* spec. | X | |
| *Stigmus pendulus* (Panzer 1804) | X | |
| *Stigmus solskyi* (Morawitz, A. 1864) | X | |
| **Apidae, Bienen und Hummeln** | | |
| *Bombus hypnorum* (Linnaeus 1758) | X | |
| *Bombus pascuorum* (Scopoli 1763) | X | |
| *Bombus pratorum* (Linnaeus 1761) | X | |
| *Bombus terrestris* (Linnaeus 1758) | X | |
| *Hylaeus difformis* (Eversmann 1852) | X | X |
| *Hylaeus gibbus* (Saunders 1850) | X | |
| *Lasioglossum calceatum* (Scopoli 1763) | | X |
| *Lasioglossum morio* (Fabricius 1793) | X | |
| *Lasioglossum parvulum* (Schenck 1853) | X | |
| *Lasioglossum rufitarse* (Zetterstedt 1838) | X | |
| *Lasioglossum sexstrigatum* (Schenck 1870) | X | |
| *Lasioglossum smeathmanellum* (Kirby 1802) | X | |
| *Macropis europaea* (Warncke 1973) | X | X |
| **Syrphidae, Schwebfliegen** | | |
| *Episyrphus balteatus* (De Geer 1776) | X | |
| *Melanostoma mellinum* (Linnaeus 1758) | | X |
| *Neoascia podagrica* (Fabricius 1775) | | X |
| *Paragus albifrons* (Fallén 1817) | | X |
| *Paragus finitimus* (Goeldlin 1971) | | X |
| *Pipizella* spec. | | X |
| **Gesamt:** | **30** | **13** |

Ebenfalls gefälschte Alarmstoffe sondern die Blüten einer im östlichen Mittelmeer verbreiteten Orchidee (*Epipactis veratrifolia*) ab. Sie nutzen die Nachbildung der Alarmpheromone von Blattläusen, um die Weibchen von Schwebfliegen anzulocken und dadurch eine gezielte Bestäubung zu erreichen. Sie spricht dabei jene Gruppe von Schwebfliegen an, deren Larven von Blattläusen leben. Die von ihr abgesonderten Alarmpheromone sind jenen von Blattläusen so täuschend ähnlich, dass sie die Schwebfliegen sogar dazu verleitet, Eier in die Blüten der Orchidee abzulegen (Stokl et al. 2010). Die Orchidee nutzt dabei den Brutpflegeinstinkt der Schwebfliege aus, die bestrebt ist, ihre Eier möglichst in die Nähe einer Blattlauskolonie zu legen. Eine ähnliche Strategie verfolgt eine aus Japan und Nordost-Asien verbreitete Orchidee (*Epipactis thunbergii*), die ebenfalls von Weibchen verschiedener Schwebfliegenarten zur Eiablage aufgesucht und dabei zuverlässig bestäubt wird (Sugiura 1996). Auch von zwei Frauenschuharten, der im Norden Borneos vorkommenden *Paphiopedilum rothschildianum* (Atwood 1985) und der aus China stammenden *P. dianthum* (Shi et al. 2007) ist bekannt, dass sie von weiblichen Schwebfliegen bestäubt und zuweilen mit Eiern belegt werden. In allen drei Fällen ist aber bisher noch nicht untersucht, ob diese Orchideen ebenfalls das Alarmpheromon von Blattläusen zur Anlockung der Schwebfliegenweibchen nutzen.

Keine Orchidee ist die zu den Pfeifenblumen zählende *Aristolochia rotunda,* die ihre Bestäuber mit Alarmstoffen von Wanzen in ihre Fallenblumen lockt (Oehlschlägel et al. 2014). Die in Südeuropa verbreitete Rundknollige Osterluzei hat, wie alle Pfeifenblumen und ähnlich wie der Aronstab Fallenblumen, deren Eingang durch Reusenhaare verschlossen sind. Diese Fallenblumen locken ihre Bestäuber mit Aasgeruch an und geben ihren Besuchern erst nach erfolgter Bestäubung durch das Verwelken der Reusenhaare den Eingang wieder frei. Von der untersuchten Osterluzei wird dagegen zu über 90 % eine Art aus der Fliegenfamilie der Halmfliegen (Chloropidae) angelockt, deren Weibchen ihren Eiweißbedarf bei Spinnen oder anderen Wanzenräubern decken, die gefangene Wanzen aussaugen. Anlockend wirken dabei nicht alle Wanzen-Alarmpheromone, sondern vor allem jene von zwei bestimmten Weichwanzenarten (Miridae). Während die noch lebende Weichwanze von der Spinne eingewickelt oder von anderen Wanzenräubern angefressen wird, scheidet sie einen Alarmstoff aus, der wiederum die Halmfliegen anlockt. Während die Räuber den verflüssigten Wanzeninhalt aufsaugen, lecken die Halmfliegen gleichzeitig an der Einstichstelle den Wanzenbrei mit auf. Die Osterluzei imitiert nun diesen Wanzen-Alarmstoff und lockt damit die Halmfliegen in ihre Fallenblumen. Sowie eine Halmfliege Pollen einer anderen Osterluzeiblüte mitbringt und die Blüte bestäubt, öffnen sich deren Staubblätter, pudern die gefangenen Halmfliegen ein und entlassen sie auf den Weg zur nächsten Täuschung.

# 7 Eine Welt für sich: Orchideen

In den vorangegangenen Kapiteln wurden bereits in verschiedenem Zusammenhang die Orchideen erwähnt, sei es bei den Parfümblumen, den Sexualtäuschblumen oder dem unglaublich langen Nektarsporn des »Stern von Madagaskar«. Die Familie der Orchidaceae muss wohl etwas ganz Besonderes sein, wenn sie mit weit über 20 000 Arten mit den Korbblütlern um den Titel der größten Pflanzenfamilie wetteifert, sonst aber in vielerlei Hinsicht das genaue Gegenteil zu den Korbblütlern darstellt (Wagenitz 1981). Während die Korbblütler erfolgreich die Vegetation der Prärien und Steppen, Halbwüsten, Sandstrände, Wiesen, Ödländer und Hochgebirge bestimmen und teils als flexible Generalisten weltweit als sogenannte Unkräuter Karriere gemacht haben, sind die ebenso formenreichen Orchideen immer Spezialisten geblieben: auf besondere, oft bedrohte Standorte beschränkt, von einer bestimmten Mikroflora von Boden und Substrat abhängig und in ihrer Bestäubung oft streng an eine einzige, spezifische Tierart gebunden. Orchideen sind und bleiben etwas Rares, Kostbares, Spezielles. An der globalen Phytomasse haben sie im Vergleich zu den Korbblütlern oft nur verschwindend geringen Anteil, und dennoch gibt es kaum ein blütenökologisches Phänomen, zu dem die Orchideen nicht ein besonderes Kabinettstückchen beizutragen hätten. Grund genug, sie in diesem Zusammenhang noch einmal gesondert vorzustellen.

Der Name der heimischen Gattung *Orchis* (»Knabenkraut«) und der ganzen Familie leitet sich von dem griechischen Wort für »Hoden« her, da viele unserer heimischen Arten unter der Erde zwei hodenähnliche Speicherknöllchen haben – weshalb man seit der Antike hierin ein Mittel zur Stärkung der Manneskraft vermutete. Die meisten Arten wachsen allerdings nicht als Erdorchideen, sondern als Aufsitzerpflanzen (Epiphyten) in den Ästen der Bäume der tropischen Tiefland- und Bergregenwälder. Die »herrlich blühenden Schmarotzerpflanzen«, von denen frühe Forschungsreisende wie Humboldt und Darwin begeistert nach Hause schrieben, waren vor allem solche epiphytischen Bromelien und Orchideen. Wenn auch die Mannigfaltigkeitszentren in den feuchten Tropen liegen, so ist doch die Gesamtverbreitung der Familie weltweit: von Alaska bis Feuerland, von

Island bis ans Kap, von Sibirien und China bis Neuseeland. Die Vielfalt der Wuchsformen reicht von der moosartig winzigen *Pleurothallis sertularioides* bis zum zentnerschweren *Grammatophyllum speciosum* mit meterhohen Trieben und tausenden von Blüten; es gibt blattlose, mit grünen Wurzeln ausgestattete Orchideen und solche, deren Vegetationskörper sich unterirdisch von Pilzen ernähren lässt, ohne eine Gegenleistung zu erbringen (mykoheterotrophe Ernährung).

## 7.1 Bau und Orientierung der Orchideenblüte

Allen Orchideen gemeinsam – mit Ausnahme der Frauenschuhorchideen – ist der charakteristische und unverwechselbare Blütenbau (Abb. 93, 94). Als Angehörige der Einkeimblättrigen Pflanzen (Liliopsida = »Monokotyledonae«) haben die Orchideen dreizählige Blüten mit drei äußeren (Sepalen) und drei inneren Blütenhüllblättern (Petalen). Das im Knospenstand zum Stängel gerichtete (adaxiale) Blütenhüllblatt ist als Lippe (Labellum) besonders gestaltet und oft größer, bunter oder gekräuselter als die übrigen Blütenhüllblätter. Ihm gegenüber steht im Zentrum der Blüte die Säule (Columna), die sich aus den Enden der drei Fruchtblätter mit der Narbe und dem einzigen Staubblatt zusammensetzt. Der Komplex aus Lippe und Säule bildet in der geöffneten Blüte eine zygomorphe Struktur aus Ober- und Unterlippe etwa nach Fingerhut- oder Taubnesselart, wobei das große, bunte Labellum als Landeplattform die »Unterlippe« bildet, die Säule sich aber dachartig als »Oberlippe« darüber wölbt, um den Pollen z.B. auf Stirn oder Rücken des Bestäubers anzubringen (Abb. 95b). Da das in der Knospe

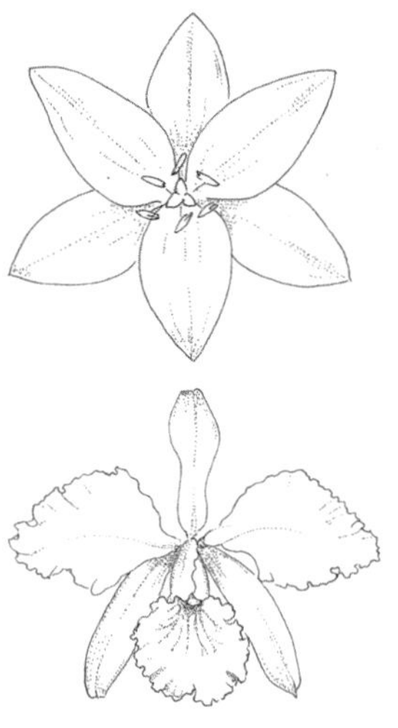

**Abb. 93, 94:** Aufbau der Orchideenblüte (*Cattleya*, unten) im Vergleich mit einer »normalen« einkeimblättrigen Pflanze (*Tulipa*, oben). Beide haben zwei Kreise mit je drei äußeren (Sepalen) und inneren Perigonblättern (Petalen). Bei der Tulpe ist die Blüte radiär, alle Sepalen und Petalen sind gleich gestaltet und sechs freie Staubblätter umgeben den dreiteiligen Fruchtknoten. Bei der Orchidee ist die Blüte zygomorph, und eines der Petalen ist als Lippe (Labellum) besonders geformt. Darüber wölbt sich dachförmig die Säule (Columna, Gynostemium), ein Komplex aus Griffel, Narbe und dem einzigen Staubblatt. Säule und Lippe funktionieren zusammen wie Ober- und Unterlippe z.B. einer Taubnesselblüte. Im Beispiel sind die Bestäuber große Bienen, die in die Lippe hineinkriechen und beim Zurückkriechen die Pollenpakete auf dem Rücken angeheftet bekommen.

**Abb. 95a-e:** Bau und Orientierung der Orchideenblüte.

**a, b** *Cattleya gaskelliana*, Gesamtansicht und Blick in den Eingang der Lippe. Die meisten Orchideenblüten sind »resupiniert«, die Lippe wird also zum Zeitpunkt des Blühens nach unten gedreht. **c-e** Bei einer Minderheit von Orchideenarten bleiben die Blüten unresupiniert, sodass die Lippe nach oben weist. **c** *Encyclia cochleata*, **d** *Encyclia fragrans*, **e** *Epidendrum radicans*.

oben liegende Labellum aber als Unterlippe vorgesehen ist, kann das Ganze erst funktionieren, wenn sich die Blüte kurz vor der Entfaltung dreht (resupiniert): Der stielartig dünne, unterständige Fruchtknoten dreht sich um 180 Grad, sodass die Lippe letztendlich unten steht. Nur bei hängenden Blütenständen ist keine Resupination nötig; hier ist das Labellum von vornherein nach unten orientiert. Die Ausrichtung des Labellums nach unten geschieht unter dem Einfluss der Schwerkraft: Fixiert man knospende Orchideenstiele in unnatürlicher, z.B. schräger Lage, reagieren die Knospen innerhalb weniger Tage auf die neue Situation, da das Funktionieren der Bestäubung bei zygomorphen Blüten zwangsläufig mit der korrekten Oben-unten-Ausrichtung steht und fällt. Für jeden blütenökologisch interessierten Menschen einleuchtend, ist dies den Fotojournalisten dieser Welt jedoch nicht klar: Man beachte die unerträglich vielen willkürlich falsch herum – mit der Lippe nach oben – abgedruckten Orchideenblüten in den Bildbroschürchen und Kunstdruckkalendern. Gänzlich unverständlich jedoch, warum selbst in einer neuen, umfassenden Darstellung der Blütenökologie der Orchideen (van der Cingel 2001) 5% der zahlreichen Abbildungen falsch herum sind! Nur eine kleine Minderheit von Orchideen funktioniert mit unresupinierten Blüten mit aufrechtem Labellum (*Encyclia cochleata, E. fragrans, Epidendrum radicans*, Abb. 95c-e).

## 7.2 Pollen, Pollinien und Pollinarien

Orchideen haben Pollen, aber sie haben keinen Blütenstaub. Orchideen haben nur ein einziges, in die Säule eingelassenes Staubblatt (nur die Frauenschuhe haben zwei!), und die Abertausenden von Pollenkörnern sind nicht wie üblich locker und körnig, sondern sämtlich zu einer honig- oder wachsartig halbfesten Masse oder zu wirklich festen, löffelförmigen Pollinien verklebt. Bei den abgeleiteten Formen bilden die meist vier Pollinien zusammen mit Stielchen und Klebscheibe ein Pollinarium. Die Klebscheibe dient dazu, das Pollinarium dem Bestäuber gezielt an eine oft genau definierte Körperstelle anzuheften. Manchmal wie mit Hasenohren fliegt der Bestäuber mit seinem »Kopfschmuck« dann umher und bringt sie zur nächsten Blüte. Dort würden sie zwangsläufig genau dieselbe Stelle – den Sitz der Pollinarien – berühren, wenn sie nicht während des Fluges etwas austrocknen und sich nicht so in eine Richtung neigen würden, dass sie letztendlich genau in die Narbenhöhle treffen, die etwas unterhalb des Sitzes der Pollinarien angeordnet ist. Die Klebscheiben der Pollinarien haften an dem glatten Chitinpanzer erstaunlich gut, noch klebriger ist jedoch die Narbenscheibe, die die Pollinien

**Abb. 96a-d:** Langlebigkeit der Orchideenblüten. Viele Orchideenblüten sind von einem einzigen spezifischen Bestäuber abhängig und auf langes Warten eingerichtet. Bei *Paphiopedilum* und *Phalaenopsis* hält die Einzelblüte wochenlang, und die vielblütigen Blütenstände von *Phalaenopsis* sind monatelang in Blüte.

**a** *Paphiopedilum lawrenceanum*, **b** *P. villosum*, **c** *Phalaenopsis lueddemanniana*, **d** *P. schilleriana.*

festhält. In anderen Fällen ist der Inhalt der Pollinien in Portionen, sog. Massulae aufgeteilt, sodass der Bestäuber mit seiner Pollinarienfracht – manchmal trägt er ganze Büschel davon – bei jedem Blütenbesuch wie mit einem Stempel portionsweise diese Pollinienbröckchen in der klebrigen Narbenscheibe hinterlässt.
Die Positionierung des Pollinariums auf dem Körper des Bestäubers ist eine artspezifisch auf den Millimeter genau festgelegte Angelegenheit und funktioniert so exakt, dass ein und dasselbe Tier gleichzeitig an verschiedenen Körperstellen die Pollinarien verschiedener Orchideen transportieren und auf die jeweils richtigen Blüten übertragen kann (Gerlach 1999).
In jedem Fall funktioniert die Pollenübertragung (Be»stäubung« ist es ja hier nicht!) anders als bei allen anderen Pflanzen: Während der Pollen sonst staubförmig am Bestäuber haftet und mal mehr, mal weniger Pollenkörner übertragen werden, ist es hier ein »Alles-oder-nichts«. In vielen Fällen schlägt die Übertragung fehl, z.B. wenn der Bestäuber zu klein ist, sich nicht exakt richtig verhält, die Klebscheibe nicht haftet oder aus sonstigen Gründen das Herauslösen aus dem Pollinienfach oder das »Einlochen« in der Narbenhöhle misslingt. Wenn aber die Übertragung optimal läuft, sind mit einem Schlag Tausende, bei großen tropischen Formen teilweise Hunderttausende von Pollenzellen gleichzeitig übertragen und können im Fruchtknoten ebenso viele Samenanlagen befruchten. Bei den Orchideen ist der unterständige Fruchtknoten auch deshalb so stielartig dünn, weil die Bildung der Samenanlagen in einem frühen Stadium stagniert und erst dann wieder aufgenommen wird, wenn entsprechende Phytohormone das Signal geben, dass tatsächlich eine Bestäubung erfolgt ist.
Die Vereinigung des gesamten Pollens zu Pollinarien und die Präzision der Pollenübertragung ist nun geradezu der Schlüssel zum Verständnis all der Besonderheiten der Orchideenfamilie:
**Die Langlebigkeit der Orchideenblüte.** Viele Orchideen haben sehr langlebige Einzelblüten: Unter den bekannten tropischen Formen halten die der *Cattleya*-Arten etwa zwei Wochen, die von Frauenschuh (*Paphiopedilum*) vier Wochen oder länger, und bei der bekannten Gattung *Phalaenopsis* kann die Einzelblüte vier bis sechs Wochen, der gesamte Blütenstand mit den nacheinander erblühenden Blüten mehrere Monate Haltbarkeit erreichen (Abb. 96a-d). Sind die Blüten aber bestäubt, welken sie innerhalb von Stunden. Dies weist darauf hin, dass die Anpassung an die präzise Übertragung der Pollinarien auch einschließt, dass auf das Erscheinen der einzig geeigneten Tierart notfalls lange gewartet wird.

**Die winzige Größe der Orchideensamen**. Orchideensamen sind bei einigen Formen »feilspanförmig«, bei den meisten jedoch wie Staubkörner und fast mikroskopisch klein und gehören zusammen mit denen der Sommerwurz-(*Orobanche*)Arten zu den kleinsten des Pflanzenreichs. Während bei vielen anderen Pflanzen wegen der unpräzisen Bestäubung nur eine einzige Samenanlage pro Fruchtblatt gebildet wird (bei Windblütigen ist dies die Regel!, Kap. 8), ermöglicht die Pollenmenge eines einzigen Pollinariums die Befruchtung teilweise Hunderttausender Samenanlagen, wobei die Menge der Samen pro Kapsel nur auf Kosten der Größe des einzelnen Samens erreicht werden kann.

**Die Abhängigkeit der Keimung von Bodenpilzen**. Die Kleinheit der Orchideensamen bedingt, dass sie im Unterschied zu den Samen anderer Pflanzen zwar einen wenigzelligen Embryo und eine Samenschale (Testa), aber wenig oder meist gar kein Nährgewebe erhalten, sodass sie aus eigener Kraft zwar durch Wasseraufnahme quellen, aber nicht keimen können. Die Keimung kann nur erfolgen, wenn sie im frühen Keimstadium von geeigneten Bodenpilzen »infiziert« werden, wodurch sie an das meterweit hinstreichende Pilzmyzel und den Stofftransport des Pilzes angeschlossen sind und von ihm wie von einer Amme Kohlenhydrate, Mineralien, organische Säuren und andere lebenswichtige Substanzen erhalten. Erst Monate oder Jahre später hat die Pflanze in der Regel genug Grünmasse und ist photosynthetisch selbstständig. Viele tropische Orchideen sind als ausgewachsene Pflanzen relativ unabhängig von ihrem Pilzpartner; dies sind die leicht zu haltenden Arten, die wir in den Gewächshäusern sehen oder selbst am Fensterbrett zur Blüte bringen können. Andere bleiben zeitlebens davon mehr oder weniger abhängig und sind daher bis heute schwer oder nicht kultivierbar.

**Der Nimbus der Orchideen als heikel und kostbar.** Seit man Orchideen sammelte, galten sie als rar und kostbar, was zum Großteil darauf zurückzuführen war, dass sie, obwohl sie Abertausende von Samen bildeten, sich nicht durch Aussaat vermehren ließen. In der Frühzeit der Orchideenkultur blieben seltene Keimungen auf den Töpfen der Mutterpflanze unerklärliche Zufallsbefunde. Erst Anfang des 20. Jahrhunderts wurde die Abhängigkeit der Orchideenkeimung von Pilzpartnern aufgeklärt, die Pilze isoliert und die Orchideensamen mit einigem Erfolg auf diesen Pilzkulturen ausgesät. Von dieser symbiotischen Aussaatmethode ist man abgekommen, heute säen die Orchideenbetriebe die Samen asymbiotisch im Labor auf sterilen Agar-Agar-Nährböden aus, denen alle Nährstoffe, Phytohormone etc. beigemischt werden.

**Die ungeheure Arten- und Formenfülle der Orchideen.** Wollte man heute die erfolgreichste Pflanzenfamilie küren, wären sicher die Korbblütler die Favoriten (Abb. 68). Es vergeht wohl kein Tag, wo nicht jeder Mensch dieser Erde mit Korbblütlern oder Produkten daraus zu tun hat. Worauf beruht ihre Omnipräsenz? Viele sind in ihrer Vermehrung äußerst effektiv (denken wir an die herumfliegenden Schirmchen des Löwenzahns!), machen Massen von Früchten, die in ihrer Verbreitung keiner besonderen Partner bedürfen und leicht keimen. Viele sind erfolgreiche Pionierpflanzen, konkurrenzkräftige, ökologisch flexible Stauden oder beides zugleich (Goldrute, Herbstaster!). Vor allem aber sind sie, die modernste und abgeleitetste Familie aller Zweikeimblättrigen, wieder zu einer sehr unspezifischen Blütenökologie zurückgekehrt: Von ausgefeilten Anpassungen und Spezialisierungen befreit, lassen sich die zu Köpfchen zusammengefassten Blüten von einer Vielzahl auch unspezialisierter Besucher bestäuben, und ein als Unkraut um die halbe Welt verschleppter Korbblütler braucht kaum zu befürchten, dort nicht den passenden Bestäuber zu finden. Andere Korbblütler, wie die Beifuß- und Ambrosia-Verwandten, sind sogar windblütig geworden; da kann dann, genauso wie bei den vielen Selbstbestäubern, die sich ebenfalls zahlreich unter den Pionierarten befinden, blütenökologisch gar nichts mehr passieren.

Aber dieselbe ungeheure Artenzahl erreichen die Orchideen mit der genau entgegengesetzten Strategie. Als Unkräuter, die vom Menschen geschaffene, instabile und konkurrenzschwache Standorte besiedeln, taugen sie nicht. Dafür sind sie in ihre Lebensräume perfekt eingenischt, was die physiologischen Ansprüche an Licht, Temperatur, Feuchtigkeit und Nährstoffe und vor allem die Keimungsökologie betrifft. Vor allem aber sind bei den Orchideen, stärker als bei jeder anderen Pflanzenfamilie, ausgefeilte blütenökologische Anpassungen entstanden, die oft das Höchstmaß von Spezifität erreichen: eine Orchideenart braucht genau eine Art von Bestäuber und umgekehrt, wie im Extremfall bei den Sexualtäuschblumen (Kap. 6.3) oder der Partnerschaft zwischen Parfümorchideen und Prachtbienen (Kap. 4.4). Bei den Korbblütlern kann jede hergeflogene Art von »Krabbelvieh« über das Köpfchen stolpern und Bestäubung vollziehen, bei den Orchideen entscheiden Millimeterbruchteile des Körperbaus und Nuancen des Verhaltens des Bestäubers über das Alles oder Nichts der Pollinienübertragung. Zu vegetationsbestimmenden Massenpflanzen haben sie es damit nicht gebracht, zweifellos aber zur in allen Büchern über Blütenökologie meistvertretenen und -genannten Pflanzengruppe (Wagenitz 1981).

## 7.3 Blütenökologische Stiltypen bei Orchideen

Der Bauplan der Orchideenblüte ist (wieder mit Ausnahme der Frauenschuhe) bei allen Orchideen gleich, sind es doch unter anderem die Baupläne der Blüten, die die Abgrenzung der Pflanzenfamilien seit den Zeiten der klassischen Botanik definieren. Was den Gestalttyp betrifft, ist der Grundtyp der Orchideenblüte, wie oben beschrieben, eine zur Seite orientierte, zygomorphe Lippen- oder Rachenblüte von Taubnesselart, mit großer Unterlippe und der oft dachartig verbreiterten Säule als Oberlippe, von der der Pollen abgegeben bzw. entgegengenommen wird. Große Formen (*Cattleya*) können als eigentliche Rachenblüten funktionieren, in die der Bestäuber wie in eine Garage ganz hineinkriecht (Abb. 95b), bei vielen kleinen Orchideen sitzt der Bestäuber nur der Unterlippe auf, rüsselt nach dem Nektar und bekommt dabei die Pollinarien auf Gesicht oder Stirn, auf die Oberseite des Rüssels oder Schnabels aufgeklebt. Natürlich gibt es hiervon Abweichungen: So sind die Blüten von *Epidendrum radicans* (Abb. 95e) nicht resupiniert und stehen in größerer Gruppe aufrecht, die Lippen sind verkleinert, und so entsteht ein Arrangement, das an den Blütenstand z.B. einer Bartnelke erinnert und wo die Zygomorphie der Einzelblüte kaum eine Rolle spielt. Ähnliche köpfchenförmige, an Schmetterlinge angepasste Einzelblüten finden wir bei den alpinen Gattungen *Nigritella* etc.

Von gänzlich unkonventioneller, in kein Schema einzuordnender Gestalt sind die Blüten der Parfümgattungen *Stanhopea, Gongora, Catasetum* und ihrer Verwandten (Abb. 44a-e). Hier basiert das Funktionieren der Blüte oft darauf, dass die parfümsammelnden Prachtbienenmännchen an der glatten Oberfläche den Halt verlieren, rücklings auf die Klebscheiben der Pollinarien fallen oder in sonstwie mechanisch komplizierter Art die Pollinarien aufgeheftet bekommen. An Unglaublichkeit kaum zu überbieten ist das Bestäubungsprinzip bei *Coryanthes:* Hier fallen die Tierchen in ein unfreiwilliges Bad, das aus der wannenförmigen Lippe gebildet wird, die von der Blüte selbst mit Wasser gefüllt wurde. Das Herauskrabbeln aus dieser glattwandigen Badewanne ist nur an einer Engstelle möglich, wo zwischen Lippe und Säule ein Durchlass besteht, durch den sich die Biene jedoch nur mit einiger Mühe hindurchzwängen kann – was so lange dauert, bis das Pollinarium auf dem Rücken sicher festhaftet. Für diese im gesamten Pflanzenreich einzigartige Blütengestalt haben die blütenökologischen Systeme keinen Begriff parat.

Was die blütenökologischen Stiltypen betrifft, finden sich fast alle der im Kap. 5 genannten Kategorien auch bei den Orchideen. Eine Grundübersicht zu den verschiedenen Bestäuberklassen findet sich bereits im Klassiker der Orchideen-Blütenökologie (Pijl, v.d. & Dodson 1966). Es gibt auch einige selbstbestäubende Arten, bekannt ist z.B. die heimische Bienenragwurz *Ophrys apifera*, der bei ihrem weiten Vordringen nach Norden ihr mediterraner Bestäuber abhandengekommen ist und die hier auf Selbstbestäubung vertraut. Bei der schönen mittelamerikanischen *Cattleya aurantiaca* wissen die Orchideensammler, dass es neben den Formen mit attraktiven orangen Blüten auch solche mit unscheinbaren kleistogamen Blüten gibt, die grünlich und geschlossen bleiben und dennoch jede eine dicke Frucht bildet – für die niemand Verwendung hat.

Zwei blütenökologische Prinzipien suchen wir jedoch bei den Orchideen vollends vergebens: Eine erfolgreiche Bestäubung durch beliebige, unspezialisierte Zufallsbesucher spielt angesichts der erforderlichen Präzision der Pollinienübertragung keine Rolle, und Windbestäubung (Kap. 8) ist bei einer Familie, deren Pollen notorisch zu festen Massen verklebt sind, eigentlich gänzlich undenkbar. Doch den Wind als Hilfe bei der Bestäubung völlig außer Acht zu lassen, das ist angesichts der Vielfalt bei Orchideen wiederum undenkbar: Mindestens drei lateinamerikanische *Bulbophyllum*-Arten nutzen den Wind, um die sie besuchenden Fliegen in die richtige Position zur Übertragung des Pollens zu bringen. Bei den meisten *Bulbophyllum*-Arten wird die bewegliche Lippe durch die landende Fliege niedergedrückt und schnellt beim Weiterkrabbeln der Fliege durch die Verlagerung von deren Gewicht wieder in die Ausgangslage, die Fliege dabei auf die Narbe drückend. Bei *Bulbophyllum involutum*, *B. ipanemense* und *B. weddellii* dagegen, bei denen Weibchen der Nistfliegen (Milichiidae) durch spezifische, dem Geruch des Brutsubstrats ähnelnde Duftstoffe angelockt werden, müssen die Lippen vom Wind bewegt werden, um die Nistfliegen in die richtige Position zur Pollenübertragung zu bringen (Teixeira et al. 2004).

Morphologisch lassen sich die Blüten der Orchideen in folgende Kategorien einteilen:

**Fallenblüten.** Hier lassen sich Klapp- und Kippfallen unterscheiden. In beiden Fällen müssen die Bestäuber durch einen bestimmten Ausgang. Um eine Selbstbestäubung zu verhindern, streifen sie bei diesem Ausgang meist erst die Narbe und danach die Pollinien.

**Pheromon- und Alarmstoffblüten.** Diese Blüten produzieren spezifische Duftstoffe, die entweder Männchen anlocken und zur Pseudokopulation verführen, oder aber Weibchen, die dort in Erwartung einer leichten Beute auf die Blüte stürzen und so die Befruchtung vollführen.

**Röhrenblüten.** Röhrenblüten sind so aufgebaut, dass die Bestäuber unterhalb der Säule in eine Röhre kommen müssen. Die Pollinien werden dabei meist auf den Rücken der Besucher geheftet.

**Schlüssellochblüten.** Der Aufbau der Schlüssellochblüte zwingt die Besucher zu einer bestimmten Stellung, bei der die Pollinien meist am Kopf oder Rüssel der Besucher angeheftet werden.

Im Folgenden werden die Orchideen nach den Besuchergruppen und ihren dafür spezifisch entwickelten Lockmitteln aufgeführt:

**Bienenblumen**. Viele heimische Orchideen aus der *Orchis*-Verwandtschaft

**Abb. 97a-e:** Orchideen mit Stilmerkmalen der Bienenblumen.

**a** *Cypripedium calceolus*, **b** *Dactylorhiza maculata*, **c** *Vanilla planifolia*, **d** *Epidendrum stamfordianum*, **e** *Dendrobium loddigesii*.

sind mit ihren zygomorphen Lippenblumen typische Bienenblumen, auch wenn wir gesehen haben, dass die geradezu lehrbuchmäßigen Signale der Bienenblume die Tiere hier oft hinters Licht führen, da oft gar kein Nektar vorhanden ist (Kap. 6). Keine Bienenblume im morphologischen Sinn ist unser kostbarer heimischer Frauenschuh (*Cypripedium calceolus*, Abb. 97a), der aber trotzdem Bienen der Gattung *Andrena* durch die auffälligen Farbsignale in seine schuhförmige Lippe lockt, ähnlich wie die nordamerikanischen und fernöstlichen (*Paphiopedilum*) Verwandten. Raubspinnen, insbesondere Krabbenspinnen, nutzen oft den Kessel der Frauenschuharten, um darin den Bienen aufzulauern und stören so das Vorhaben der Orchideen. Und schließlich gehören auch die an der Pseudokopulation und am Parfümsammeln beteiligten Tiere zur Gruppe der Bienen, ohne dass man die von ihnen bestäubten Blüten nach den blütenökologischen Stilmerkmalen als typische »Bienenblumen« erkennen würde.

Viele der prachtvollen tropischen Orchideen, in der neuen Welt die *Epidendrum*-Verwandten mit der Luxusgattung *Cattleya*, in Südostasien *Dendrobium*, *Vanda* etc. sind ebenfalls Bienenblumen (Abb. 84a-e, 97a-e). Hier müssen wir natürlich nicht an Honigbienen oder kleine stachellose Bienen, sondern an große, robuste Bienen denken, etwa Holzbienen oder die Weibchen der mächtigen Prachtbiene *Eulaema* (Abb. 44e) – deren Männchen derweil die Parfümorchideen besuchen. Aber selbst die herrlichen, riesigen *Cattleya*-Blüten sind Täuschblumen, die z.B. auf die Ähnlichkeit ihrer Blüten mit jenen der nektarführenden Bignoniaceen wie *Tabebuia* vertrauen.

**Tagfalterblumen**. Eine der häufigsten heimischen Orchideen unserer Halbtrockenrasen ist *Gymnadenia conopsea*, deren leuchtend rosafarbene, zart duftende Blütenkerzen Schmetterlinge anlocken, die mit ihrem Saugrüssel aus dem dünnen Sporn Nektar trinken (in diesem Fall real, *Gymnadenia* ist keine Täuschblume!). Im Mittelmeergebiet häufig ist *Anacamptis pyramidalis* mit gleichem Prinzip (Abb. 69f).

Ein sehr eindrucksvolles Beispiel ist das oben schon kurz erwähnte *Epidendrum radicans* (bzw. seine nahen Verwandten *E. ibaguense* etc., Abb. 71e), das in vielen Lebensräumen des tropischen Mittel- und Südamerika vertreten ist und sogar an gestörten Straßenböschungen etc. große Bestände bilden kann – gemeinsam mit zwei dort häufigen Unkräutern, der brombeerartig wuchernden Wildform des »Wandelröschens« *(Lantana camara)* und der Seidenpflanze *Asclepias curassavica*. Ein Lehrbuchbeispiel für die verschiedenen Formen der Mimikry: Die beiden letzteren bilden gemeinsam einen »Mimikryring« (MÜLLER'sche Mimikry), da sie sich in Design und Funktion entsprechen, mit denselben Signalen dieselben Bestäuber anlocken und von den nektartrinkenden Tagfaltern gemeinsam profitieren. Die Orchidee, ihren Vorbildern durch kontrastreiches Orangerot und

**Abb. 98a-e:** Orchideen mit Stilmerkmalen der Nachtfalterblumen.

**a** *Angraecum eburneum*,
**b** *Brassavola cucullata*,
**c** *Brassavola nodosa*,
**d** *Epidendrum ciliare*,
**e** *Dendrophylax funalis*.

Gelb ebenfalls ähnlich, ist jedoch eine nektarlose Täuschblume. Sie wird, wo sie nun schon dazwischen steht, zufällig und gelegentlich mit besucht, der daraus resultierende Fruchtansatz ist zwar gemessen an der Blütenfülle gering, aber jede reifende Kapsel entlässt ja gleich Tausende von Samen (Bierzychudek 1981, Boyden 1980).

**Nachtfalterblumen**. Zum Thema Nachtfalterblumen bieten die Orchideen eine Fülle herrlicher und prominenter Beispiele. Der »Stern von Madagaskar« (*Angraecum sesquipedale*) fand wie in jeder blütenökologischen Arbeit auch in diesem Buch bereits gebührende Erwähnung (Kap. 5.3.3). In Bezug auf die Länge des Sporns, der selbst den langrüsseligsten Schwärmer zum Kontakt mit den Pollinarien zwingt, müssen alle anderen Nachtfalterblumen in seinem Schatten stehen, doch finden sich die typischen Syndrome, also das abendliche Öffnen, die hellen Farben und vor allem der herrliche, parfümartige Duft bei vielen Verwandten aus der *Angraecum*-Verwandtschaft (Abb. 98a-e). Diese Gruppe, deren natürliche Verbreitung sich von Ostafrika rund um den indischen Ozean erstreckt, stellt wunderschöne, edle Orchideen für die warmen, feuchten Gewächshäuser; manche kleine Arten sind für Terrarien geeignet.

In der neuen Welt gibt es selbstverständlich auch sphingophile Orchideen, etwa *Epidendrum nocturnum, E. parkinsonianum* und *E. ciliare*. *Epidendrum ciliare* ist übrigens auch von historischem Interesse: Diese weitverbreitete Art gehört zu den am längsten bekannten tropischen Orchideen, die man damals allesamt wegen ihrer epiphytischen Lebensweise zunächst als »Epidendrum« (= »auf dem Baum«) benannt hat. Während in der Folge Tausende von Arten entdeckt und zahllose neue Gattungsnamen und -kombinationen geprägt wurden, hat *Epidendrum ciliare* unbeirrt den Namen behalten, den Linnaeus ihr vor einem Vierteljahrtausend gab (Abb. 98d). Sehr faszinierend sind die in der Karibik verbreiteten blattlosen Orchideen der Gattungen *Polyrhiza* bzw. *Dendrophylax:* Photosynthese betreiben sie nur mit ihren üppigen, chlorophyllführenden Luftwurzeln, und es sieht etwas unproportioniert aus, wenn dieses graugrüne Wurzelbündel zwar kein einziges Blatt, aber formvollendete Nachtfalterblüten trägt (Abb. 98e).

**Vogelblumen**. Den blütenbesuchenden Vögeln, in Amerika vor allem den Kolibris, in den altweltlichen Tropen den Nektarvögeln etc., haben die Orchideen ebenfalls etwas zu bieten – oder versprechen es jedenfalls: Die schon genannte *Cattleya aurantiaca* (Abb. 99a) ist mit ihrer Farbe, ihrer festen Textur und ihrem fehlenden Duft eine Kolibriblume par excellence – allerdings ohne Nektar und damit wie ihre Gattungsgenossen eine Täuschblume. Viele artenreiche neotropische Gattungen wie *Isochilus* oder *Elleanthus* haben neben bienenblütigen Vertretern auch solche, die mit leuchtend rötlichen Farben und röhrenförmiger Form für Kolibris interessant werden.

**Abb. 99: a** *Cattleya aurantiaca* ist wie ihre Gattungsgenossen (Abb. 84c-e, 95a, b) nektarlos, zeigt aber die Stilmerkmale einer Kolibriblume. b-e Die *Pleurothallis*-Verwandtschaft umfasst zahlreiche Gattungen mit Aberhunderten von Arten, meist mit kleinen Blüten, über deren blütenökologische Anpassungen noch kaum etwas bekannt ist. Als Bestäuber sind meist kleine Fliegen und Mücken zu vermuten. **b** *Pleurothallis quadrifida,* **c** *P. ophioglossa,* **d** *Restrepia muscifera,* **e** *R. trichoglossa.*

In Südostasien ist *Dendrobium cuthbertsonii* ein Beispiel für vogelblütige Vertreter aus der Riesengattung *Dendrobium*.

**Fledermausblumen** sind unter den Orchideen bisher nicht bekannt. Voraussetzungen dafür wären üblicherweise große Mengen dünnflüssigen Nektars; vor allem ist es aber schwer vorstellbar, die Pollinarien am pelzigen Körper dieser Tiere sicher anzubringen. Andererseits haben wir in diesem Buch bereits an vielen Stellen gesehen, dass »schwer vorstellbar« in der bunten, skurrilen Welt der blütenökologischen Beziehungen noch kein Hinderungsgrund ist.

**Fliegenblumen**. Die Dipteren, also die Fliegen und Mücken, tauchen in verschiedenen Verwandtschaftskreisen der Orchideen als Bestäuber auf: Aasblumen nach Stapelienart finden wir z.B. bei *Bulbophyllum echinolabium* (Abb. 81b), wo die ganze Blüte groß, lang geschwänzt und trüb-bräunlich ist und in der Mitte eine schwarze, behaarte, stinkende Lippe trägt. Die *Dracula*-Arten mit ihrer Lippe, die eine Attrappe eines Lamellenpilzes darstellt, sind Pilzmückentäuschblumen (Kap. 6.2). Bei den Orchideen sind es die vielen hundert Arten von *Pleurothallis, Stelis, Restrepia* etc. (Abb. 99b-e), die die feucht-kühlen Bergnebelwälder der Anden Südamerikas bewohnen und die in den Tropen Südostasiens ihre Entsprechung in der ebenso uferlosen Gruppe der *Bulbophyllum*-Verwandtschaft finden. Bei beiden Gruppen sind die Blüten oft klein, trüb grünlich-bräunlich gefärbt und ohne Duft und Nektar. An die Bestäubung durch Bienen, Falter oder gar Vögel sind sie sicher nicht angepasst. Wir haben jedoch oben gesehen, dass Bestäubung durch unspezifische Zufallsgäste bei den Orchideen meist nicht infrage kommt, und müssen daher davon ausgehen, dass auch diese Orchideen, wenn auch kleinblütig, ihre spezifischen Bestäuber in Form irgendwelcher winziger Fliegen und Mückchen haben müssen, die möglicherweise noch nicht mal einen wissenschaftlichen Namen tragen und über deren Lebensweise wir nahezu nichts wissen.

Ein Beispiel für eine echte Fliegenblume unter den Orchideen, die Aasgeruch imitiert, haben wir bereits in Kap. 6 gesehen: *Bulbophyllum echinolabium*. Weitere Beispiele, bei dem Vertreter aus der Familie der Bohrfliegen

---

**Abb. 100:** Zahlreiche Männchen der Fruchtfliege *Bactrocera dorsalis* sammeln Duftstoffe aus der Blüte der von Malaysia bis zu den Philippinen verbreiteten Orchidee *Bulbophyllum cheiri*. (Foto: Keng Hong Tan)

**Abb. 101:** Die auf Borneo endemische Orchidee *Bulbophyllum vinaceum* mit gedrehten (resupinierten) Blüten besitzt klappbare Lippen, mit denen sie die auf der Suche nach Duftstoffen darauf herumkrabbelnden Fruchtfliegenmännchen von *Bactrocera dorsalis* auf ihre Geschlechtsteile schleudert. Dort wird ihnen dann das Pollenpaket (Pollinium) auf den Rücken geklebt oder der Pollen eines bereits vorhandenen Polliniums auf die Narben gebracht. (Foto: Keng Hong Tan)

100

101

(Tephritidae) mit entsprechenden Düften angelockt werden, sind aus Asien bekannt geworden. Die erste Beschreibung von zwei durch kleine Fliegen bestäubten Orchideen aus der etwa 1 900 Arten umfassenden Gattung *Bulbophyllum* stammt bereits aus dem 19. Jahrhundert (Ridley 1890). Dabei beobachtete Ridley zudem, dass die bewegliche Lippe dieser Orchideen eine besondere Rolle bei der Bestäubung spielen müsse. Bei neueren Untersuchungen konnte deren Funktion im Zusammenhang mit spezifischen Duftstoffen aufgeklärt werden.

Dass diese Duftstoffe, insbesondere Methyleugenol, eine anlockende Wirkung auf Orchideen besuchende Bohrfliegen hat, konnte in Feldversuchen nachgewiesen werden: In Duftfallen, die auf Papua-Neuguinea ausgebracht wurden, fanden sich Männchen von 24 *Bactrocera*-Arten, die Pollinien von verschiedenen, überwiegend nicht bekannten Orchideen trugen (Clarke et al. 2002). Dabei blieb lange Zeit unklar, wieso Methyleugenol auf die Männchen von Bohrfliegen eine so große Anziehungskraft ausübt. Bei Untersuchungen an der in Malaysia vorkommenden *Bulbophyllum baileyi* wurde endlich festgestellt, dass in deren Lippe verschiedene Duftstoffe enthalten sind, unter denen Zingeron, Himbeerketon und Methyleugenol eine wichtige Rolle spielen. Bei weiteren Untersuchungen stellte sich dann heraus, dass die Männchen die Duftstoffe aus der Orchidee aufnehmen und sie zu artspezifischen Duftstoffen umbauen, die sie dann über eine spezielle Drüse wieder abgeben und damit ihre Weibchen anlocken (Tan 2006). Dies ist das erste Beispiel, bei dem eine Orchidee als Parfümblume keine Bienen-, sondern Fliegenmännchen anlockt.

**Käferblumen** Bereits 1979 wurden für die australische Orchideenflora siebzehn Fälle von Bestäubungen durch Käfer aufgeführt (Armstrong 1979). Doch direkt vor unserer Haustür finden wir bereits Orchideen, die von Käfern bestäubt werden. Es ist dies das Fuchs' Knabenkraut, *Dactylorhiza fuchsii* und die nahe mit ihm verwandte Art, das Gefleckte Knabenkraut, *D. maculata*. Bei beiden wurden bisher Bockkäfer beobachtet, die von den Orchideen angelockt werden und dort die Papillen auf der Lippe der Orchideenblüten fressen. Dabei werden ihnen die Pollinien auf den Kopf geklebt, wo sie beim nächsten Blütenbesuch zur sicheren Bestäubung führen. Beobachtungen in Polen zeigten, dass es bevorzugt Männchen der Bockkäferart *Alosterna tabacicolor* sind, die von *Dactylorhiza fuchsii* angelockt werden (Gutowski 1990). Obwohl dabei keine Pseudokopulationen beobachtet werden konnten, schließt Gutowski nicht aus, dass Fuchs' Knabenkraut auch Sexuallockstoffe ausscheidet, um die Käfer anzulocken. Neuere Beobachtungen von Flügel haben gezeigt, dass auch Pinselkäfer (*Trichius* spec.) aus der Familie der Blatthornkäfer die Blütenstände von Fuchs' Knabenkraut besuchen und zur sicheren Bestäubung beitragen (Abb. 102).

**Abb. 102:** Von der in Mitteleuropa verbreiteten Orchidee *Dactylorhiza fuchsii* war bisher nur bekannt, dass sie von Bockkäfern effektiv befruchtet wird. Angesichts der zahlreichen Pollinien auf dem Kopf dieses Bienenkäfers (*Trichius* spec.) kann sicher angenommen werden, dass auch durch ihn eine sichere Befruchtung erfolgt. (Foto: Flügel)

Van der Pijl & Dodson (1966) vermuten, dass etwa 1,5 % aller Orchideen weltweit von Käfern bestäubt werden. Ein besonders interessanter Fall findet sich in Südafrika. Dort wurden drei Arten der Orchideengattung *Ceratandra* auf ihre Blütenbesucher und deren Bestäubungserfolge untersucht (Steiner 1998). Die ursprüngliche Form, *C. atrata* besitzt noch Öl absonderndes Gewebe, das ursprünglich ölsammelnde Bienen anlocken und durch sie ihre Bestäubung gewährleisten sollte. Bei *C. grandiflora* besitzen noch etwa die Hälfte aller Exemplare dieses Gewebe, sondern aber kein Öl mehr ab, während das Gewebe bei *C. globosa* vollständig verschwunden ist. Die regulären Bestäuber von *C. grandiflora* sind Käfer aus der Familie der Blatthornkäfer, die bei dieser Art trotz fehlender Belohnung zu einem guten Fruchtansatz führen. Steiner vermutet, dass die Bestäubung deshalb so sicher funktioniert, weil *C. atrata* noch eine Belohnung anbietet und alle drei Arten in einem Gebiet vorkommen, also eine Art Bates'scher Mimikry. Dabei scheint die Blütenfarbe die wesentliche Anlockwirkung auszuüben, wie er mit künstlichen Blüten herausfand. Leider sind keine neueren Untersuchungen bekannt, die diese Orchideenblüten auf Pheromone untersucht haben.

Natürlich lassen sich alle Bestäuber der Orchideen jeweils einer systematischen Tiergruppe zuordnen – aber dennoch wartet die Familie der Orchideen mit so faszinierenden und im gesamten Pflanzenreich einzigartigen Anpassungen und Spezialisierungen auf, dass es schwer fällt, diese einfach unter den »Bienenblumen«, »Fliegenblumen« etc. zu verstecken. So gibt es neben den bereits beschriebenen Phänomenen der Parfümblumen, Nektartäuschblumen und Sexualtäuschblumen bei Orchideen auch Ölblumen (Kap. 4.3, *Oncidium, Trichocentrum, Ornithocephalus*), Öl-Täuschblumen (*Ceratandra grandiflora*, siehe oben, *Oncidium*) oder Blüten, die zur Ernte von Wachs oder Harz besucht werden (*Maxillaria* s.lat.). *Brassia caudata* wird von Spinnen-Wegwespen bestäubt, indem die Blüte eine Spinne, die Beute der räuberischen Wespen, imitiert. Bei *Oncidium hyphaematicum* und *O. planilabre* haben die Blüten ein insektenähnliches Aussehen und tanzen an langen, schwankenden Blütenstielen im Wind. Sie werden von angreifenden Bienenmännchen der Gattung *Centris* bestäubt, die diese vermeintlichen »Eindringlinge« aus ihrem Revier vertreiben wollen (Dodson & Frymire 1961). Vor wenigen Jahren wurde sogar ein Vertreter der Geradflügler (Orthoptera), also der Heuschrecken und Grillen, als Bestäuber publiziert (Micheneau et al. 2010) – natürlich als Bestäuber einer Orchidee (Bd. 1, S. 103)!

Wir sehen: Was schon für die Biologie im Allgemeinen gilt, gilt für die Bestäubung der Orchideen im Besonderen – es gibt nichts, was es nicht gibt! Wie schon im Vorwort zu diesem Buch ausgeführt, hat es die blütenökologische Forschung heute in vieler Hinsicht einfacher, in entlegensten Weltgegenden außergewöhnliche Phänomene aufzuspüren und diese mit moderner Technik zu analysieren. Und so sind zum Beispiel in der kleinen Lokalflora der Orchideen der Golfo-Dulce-Region (Costa Rica, Rakosy et al. 2013) neueste Arbeiten über Phänomene referiert, von denen Klassiker wie Pijl, v. d. & Dodson 1966 und auch neuere Zusammenfassungen wie van der Cingel 2001 noch keine Ahnung haben konnten.

Dabei sind von den für die ausführliche Darstellung ausgewählten 68 costaricanischen Orchideen nur bei fünf Arten die Bestäuberarten bekannt; eine Art ist selbstbestäubend (kleistogam). Von den übrigen 62 Arten wird nur aufgrund der Blütenform, Farbe und Ausstattung bzw. aufgrund der hauptsächlichen Blütenbesucher anderer Arten dieser Gattung vermutet, wer die Bestäuber sein könnten; bei zwölf Arten gibt es noch nicht einmal Vermutungen über die potenziellen Bestäuber dieser Orchideen (Rakosy et al. 2013).

Noch defizitärer ist das Allgemeinwissen um die Bestäubungsbiologie von Orchideen, Beispiele: In Ländern der Dritten Welt spricht es sich immer mehr herum, dass durch Sonderbriefmarken mit überhöhten Portowerten durch Motivsammler eine weitere Devisen-Einnahmequelle existiert. Dabei sind Orchideen als Motive sehr beliebt, und etliche Briefmarken wurden von den Ausgabeländern auch mit Besuchern versehen. So sitzt auf einer nordkoreanischen Briefmarke (grafisch sehr schlecht montiert) eine pollensammelnde Honigbiene auf einer Orchidee. Da die Pollen von Orchideen in Pollinien stecken, sind sie grundsätzlich nicht sammelbar für Bienen.

**Abb. 103a, b:** Briefmarken aus Mosambik mit fehlerhaften Darstellungen.

Mosambik toppt das Ganze mit relativ gut gemachten Montagen zu Bienen in der Serie Tierwelt Europas. Allerdings besucht auf deren erstem Briefmarkenblock (Abb. 103a) eine in Mitteleuropa verbreitete Blattschneiderbiene die Blüte einer Orchideenhybride aus der Gattung *Cattleya,* deren Wildformen jedoch von Mittelamerika bis Brasilien verbreitet sind und die außerdem verkehrt herum abgebildet ist. Auf demselben Block sucht das Männchen einer Erdhummel in der Blüte einer *Cymbidium*-Hybride vergeblich nach Nektar, und eine Honigbiene scheint an einem *Phalaenopsis*-Cultivar nach Nektar zu suchen. Noch bunter wird es auf dem zweiten Block dieser Serie (Abb. 103b) : Eine Seidenbiene (*Colletes daviesanus*), die Pollen ausschließlich an Korbblütlern wie Rainfarn sammelt, ist im Anflug auf das in Mitteleuropa verbreitete Rote Waldvögelchen (*Cephalaria rubra*) dargestellt. Am Weißen Waldvögelchen (*C. damasonium*) ist eine Grabwespe (*Ectemnius* spec.) dargestellt, doch das Weiße Waldvögelchen ist selbstbestäubend und lockt überhaupt keine Insekten an. Vor einer von Südost-Asien bis nach Neuseeland verbreiteten, blau blühenden Orchidee (*Dendrobium miyasakii*) ist die in Südeuropa verbreitete Holzbiene *Xyloco-*

*pa valga* in richtiger Position auf einer Blüte abgebildet, allerdings handelt es sich bei dieser Blüte um eine Fabaceae, vermutlich um einen Blauregen (*Wisteria* spec.), an dem Holzbienen gerne sammeln. Den Höhepunkt dieses Blockes bildet eine im tropischen Asien bis Nordost-Australien verbreitete Orchidee (*Cymbidium insigne*), an der eine in Südost-Brasilien verbreitete ölsammelnde Bienenart (*Centris analis*) scheinbar Nektar saugt, die aber das Öl und den Pollen vor allem an Malpighiaceae (98 % von *Malpighia emarginata*), daneben auch in geringem Maße (3 %) von Solanaceen und Fabaceen sammelt (Rabela et al. 2012).

Es zeigt sich hier wieder einmal, wie wenig wir tatsächlich bis heute über die Beziehungen in unserer Mitwelt wissen und welcher Aufwand noch nötig ist, um hinter all diese Geheimnisse der Natur und insbesondere jener der sexuellen Verflechtungen zu kommen. Helfen dabei könnten uns die neuen Werkzeuge der modernen Biologie, sofern uns die Zeit bleibt, diese Geheimnisse zu studieren: sowohl was den Einsatz von Forschungsmitteln als auch was die Bemühungen um den Stopp des inflationären Artensterbens angeht.

Die Erkenntnisse über den Einsatz von Sexualpheromonen und Alarmstoffen zur Täuschung potenzieller Blütenbesucher, die aktuell den Hauptteil der neuen Entdeckungen ausmachen, sind noch nicht allzu alt und es ist zu erwarten, dass in nächster Zeit noch weitere interessante und überraschende Ergebnisse bekannt werden. Zu verdanken sind diese Forschungsergebnisse neben der unvoreingenommenen Neugier der Wissenschaftlerinnen und Wissenschaftler vor allem der raschen Weiterentwicklung der Erfassung und der Messmethoden von flüchtigen Stoffen. Für deren Erfassung wurden neuartige Stoffe und Verfahren zur Aufnahme der Duftstoffe entwickelt, und die Analyse ist durch die Weiterentwicklung der Gaschromatographie und der Referenzstoffe erheblich differenzierter möglich als noch vor wenigen Jahren. Vor allem aber eine etwas blutige, doch sehr wirkungsvolle Methode hat die Forschung auf dem Gebiet der Pheromone in Kombination mit den vorgenannten Techniken vorangebracht: das Elektroantennogramm (Barth 1982). Hierzu muss ein Exemplar der zu untersuchenden Insektenart geköpft werden. Der gesamte Kopf oder nur die Antennen des Tieres werden anschließend an ein Gerät angeschlossen, das die elektrischen Ströme der Antennen misst, ähnlich einem Elektroenzephalogramm, mit dem Hirnströme gemessen werden können. Werden durch einen Duftkanal die zu testenden Düfte an den Antennen vorbeigeleitet, geben diese im Falle eines für das Tier interessanten Geruches ein elektrisches Signal ab. Hierdurch kann getestet werden, ob ein bestimmter Botenstoff oder ein anderer zu testender Duft von diesem Tier als bedeutend eingestuft wurde oder nicht.

# 8 Abiotische Bestäubung: Wasser und Wind

Nach den spektakulären und schillernden Pflanze-Tier-Interaktionen, die die Blütenökologie zu einer so interessanten Wissenschaft machen und den allergrößten Teil dieses Buches füllen, muss die letztendlich der Vollständigkeit halber noch zu erwähnende Bestäubung durch Wasser und Wind auf die Leserin, den Leser wie ein »Absacker«, geradezu wie ein »Rausschmeißer« wirken. Aber sie ist in ihrer Bedeutung größer als zunächst offensichtlich: In der Bodenzone des tropischen Regenwaldes, wo die feuchte Luft stagniert und kaum ein Lüftchen weht, spielt sie eine sehr geringe Rolle (Bawa 1990), unter den Blütenpflanzen Deutschlands sind jedoch ein Fünftel (22 %) windblütig, in Schleswig-Holstein 27 %, auf den Nordfriesischen Inseln 36 %, auf den Halligen in der Nordsee, wo das raue Klima es den Insekten schwer macht, sogar 47 % (Kugler 1970). Allgemein sinkt mit der Unwirtlichkeit der Wetterbedingungen, also je höher hinauf ins Gebirge bzw. in den Norden, die »Verfügbarkeit« tierischer Bestäuber, sodass der Anteil an Windblütigkeit zunimmt (Whitehead 1983). Und da nicht wenige Blütenpflanzen an ein Leben im Wasser angepasst sind, gibt es sogar einige, deren Bestäubung sich auf der Wasseroberfläche (ephydrogam) oder selbst unter Wasser (hyphydrogam) abspielt.

Es scheint nun offensichtlich: Die Bestäubung der Samenpflanzen durch abiotische Faktoren muss der erdgeschichtlich ursprüngliche Zustand sein; immerhin hat es ja unendlich lange vor der Geburtsstunde des ersten Insekts Wasser und Wind gegeben. Die ersten Insekten mögen sich zuerst an den proteinreichen Pollen der windblütigen Samenpflanzen bedient haben, woraus dann im Laufe der Evolution die vielfältigen ökologischen Beziehungen zwischen Pflanzen und Bestäubern entstanden sind, die letztendlich für die ungeheure Diversität der Bedecktsamigen Samenpflanzen mit heute ca. 350 000 Arten verantwortlich sind. Bestätigt wird diese Deutung scheinbar dadurch, dass die Nacktsamigen Blütenpflanzen (Gymnospermae) im Vergleich zu den Bedecktsamigen die erdgeschichtlich ältere Gruppe von Samenpflanzen, und diese – denken wir an Kiefer, Tanne, Fichte und andere Nadelbäume – bis heute windblütig sind.

In dieser Schlussfolgerung ist die Deutung des Phänomens »Windblütigkeit« jedoch falsch. Es stimmt zwar, dass die Entwicklung der ersten Nacktsamer bei den Samenfarnen (Pteridospermen) ihren Anfang nahm und dass das, was wir ab einem gegebenen Zeitpunkt »Pollen« nennen, sich auf die Mikrosporen der heterosporen Farnpflanzen zurückverfolgen lässt, die seit Urzeiten windverbreitet waren. Falsch ist jedoch, die bekannten Nadelbäume vor der Haustür als typisch für alle Gymnospermen anzusehen: Die »Verwandtschaftsgruppe« der Gymnospermen hat sich als eine Versammlung von untereinander nicht miteinander verwandten altertümlichen Samenpflanzen herausgestellt, die nur eines miteinander gemeinsam haben: dass sie keine Bedecktsamer sind. Und wir dürfen bei dieser heterogenen Gruppe nicht nur an die Koniferen denken (diese sind in der Tat windbestäubt), sondern müssen auch außereuropäische Nacktsamer wie *Ephedra* und *Welwitschia, Gnetum* und die vielen Arten von Palmfarnen (Cycadaceae) betrachten, die von Insekten bestäubt werden. Und ganz zu schweigen von den zahlreichen Gruppen von Gymnospermen, die wir heute nur noch als Fossilien kennen und die ebenfalls bereits insektenblütig waren.

Es stimmt, dass die Kiefern, Wacholder, Mammutbäume und ihre Verwandten erdgeschichtlich alt sind und heute wie vor 200 Millionen Jahren ihren Pollen dem Wind anvertrauen. Aber an Gymnospermen gibt es heute weltweit kaum mehr 1000 Arten. Die 10 000 Arten von Gräsern, Sauergräsern, unsere dikotylen Waldbäume etc. sind aber moderne Pflanzen, die sich die Windblütigkeit sozusagen »erst kürzlich« wieder zugelegt haben, dazu unten mehr.

## 8.1 Wasserblütigkeit (Hydrogamie)

Dieses Phänomen spielt artenzahlmäßig im weltweiten Bestäubungsgeschehen eine sehr geringe Rolle, auch wenn die wenigen Arten in bestimmten Lebensräumen große Bestände bilden können, wie die endlosen Seegraswiesen (*Zostera*) vor den Küsten. Bequemer zu beobachten sind Hornblatt (*Ceratophyllum*), Teichfaden (*Zannichellia*) oder das seltene Nixkraut (*Najas*) unserer Teiche und Tümpel: Bei *Ceratophyllum* können wir mit Lupe und gutem Willen noch »Blüten« mit Perigonblättern und 12-16 Staubblättern ausmachen, bei den anderen sind die winzigen Blüten, da ihnen Blütenhüllblätter fehlen, kaum zu erkennen und sind auf einzelne Staubblätter bzw. unscheinbare Fruchtblätter mit einer einzigen Samenanlage reduziert. Der Pollen – bei *Zostera* fadenförmig, bei anderen schon gekeimt und als Pollenschlauch verbreitet – schwebt im Wasser auf die Narben und kann so Bestäubung vollziehen. Die Bestäubung unter (hypo-) der Wasseroberfläche bezeichnet man als Hyphydrogamie.

Bestäubung auf (epi-) der Wasseroberfläche heißt Ephydrogamie, und hier ist der bekannteste Vertreter die »Schraubenvallisnerie« (*Vallisneria spiralis*), die zu Zeiten der »Low-energy«-Aquarien auf Großvaters Fensterbank eine beliebte Aquarienpflanze darstellte. Die Pflanzen sind zweihäusig. Die weiblichen Pflanzen – meistens sind solche in den Aquarien in Kultur – entwickeln Blüten mit länglichen, unterständigen, vielsamigen Fruchtknoten, die sie an langen, fadendünnen Stielen zur Wasseroberfläche entsenden. Dort legen sich die Blüten schräg auf die Wasseroberfläche und öffnen drei papillöse Narben, wobei die Oberflächenspannung des Wassers um die weibliche Blüte eine kleine Vertiefung bildet. Leider haben wir selten Gelegenheit, die männlichen Pflanzen zu beobachten, wie sie ihre kleinen Blüten entwickeln: Diese lösen sich zur Reife gänzlich von ihren Stielen ab, steigen zur Wasseroberfläche empor und spreizen ihre Staubblätter wie Segel eines winzigen Schiffchens auseinander. Treiben sie in die Nähe der in ihrer Vertiefung lauernden weiblichen Blüten, werden sie durch die Kräfte der Oberflächenspannung »eingesaugt« und docken mit ihren Staubblättern an die Narben an. Nach erfolgter Befruchtung windet sich der lange Blütenstiel der weiblichen Blüte spiralig auf (Name!) und bringt die reifende Frucht wieder unter der Wasseroberfläche in Sicherheit.

## 8.2 Windblütigkeit (Anemogamie)

Zur Einstimmung – für jeden Pollenallergiker eine Horrorvorstellung – die Blüte der Gräser (Poaceae, Abb. 105a-f): Gräser wachsen häufig nicht als Einzelexemplare, sondern bilden mit Ausläufern große Bestände oder besiedeln durch unkrautartige Aussaat Ödländer, Weg- und Ackerränder. Bekanntlich blühen die Gräser nicht versteckt im Inneren der Pflanze, sondern die Halme recken, dünn und schwankend, den gesamten Blütenstand hoch über das Blattwerk in den Wind hinaus. Die Blütenstände können von sehr unterschiedlichem Bau sein, so gibt es Ährengräser (Weizen, Roggen, Gerste, Weidelgras), Rispengräser (Hafer, Trespe, Zittergras und die große Gattung *Poa,* nach der die Familie ihren wissenschaftlichen Namen trägt), Ährenrispengräser, wo die verzweigte Rispe jedoch ährenartig zusammengezogen ist, Traubengräser, Fingerährengräser etc. Wo andere Pflanzenfamilien an diesen Blütenständen die einzelnen Blüten tragen würden, findet sich bei den Gräsern jedoch nochmals ein kleiner Blütenstand, das Ährchen. Dieses ist von charakteristischem Bau (Abb. 104) und unterscheidet die Familie der Poaceae (Süßgräser, Echte Gräser) zweifelsfrei von anderen

»grasartigen Pflanzen« wie Riedgrasgewächsen oder Binsen. Das Ährchen wird von zwei Hüllspelzen eingehüllt und trägt dann in den Achseln von Tragblättern (Deckspelzen) die einzelnen, winzigen Blüten.

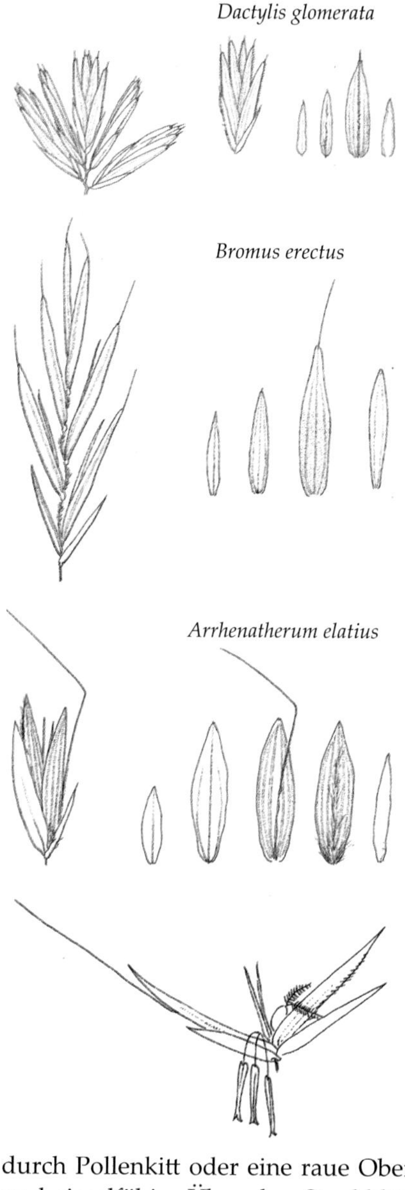


**Abb. 102:** Aufbau der Blüten und Blütenstände der Echten Gräser (Poaceae). Die winzigen, reduzierten Blüten der Gräser treten niemals einzeln auf, sondern sind immer in Ährchen organisiert. Jedes Ährchen trägt zuunterst zwei Hüllspelzen und darüber Deckspelzen, in deren Achseln die Blüten stehen. Jede Blüte beginnt mit einer Vorspelze. Der Bau des Gesamtblütenstandes und die Ausgestaltung der Hüllspelzen, Deckspelzen und Vorspelzen, ihre Nervatur, Begrannung etc. dienen zum Bestimmen der Gattungen und Arten. Von oben nach unten: *Dactylis glomerata, Bromus erectus, Arrhenatherum elatius.* Ganz unten: das charakteristische, zweiblütige Einzelährchen des Glatthafers (*Arrhenatherum elatius*); die untere Blüte ist männlich, nur die obere zwittrig. Nur eine der Deckspelzen trägt eine lange Granne.

Diese beginnen mit einer sehr unscheinbaren Vorspelze, aber Blütenhüllblätter suchen wir bei den Gräsern vergebens. An ihrer Stelle stehen lediglich zwei fast mikroskopisch kleine Schwellkörper (Lodiculae), die dafür sorgen, dass sich bei geeignetem, trocken-warmem Wetter die Spelzen auseinanderspreizen und die fertilen Teile der Blüten freigeben. Drei Staubblätter strecken nun ihre langen Filamente und lassen die relativ großen, manchmal sogar rot gefärbten Antheren schlaff nach unten aus der Blüte heraushängen, sodass auch der leiseste Lufthauch Wolken von Pollen aus der Blüte herausschütteln kann. Die Pollenkörner sind, anders als bei den meisten Insektenblütigen, nicht durch Pollenkitt oder eine raue Oberfläche griffig, sondern trocken, glatt und rieselfähig. Über den Staubblättern steht ein oberständiger Frucht-

**Abb. 105a-f:** Der Aufbau der Gesamtblütenstände liefert wichtige Unterscheidungsmerkmale beim Bestimmen der Gräser: **a, b** Ährengräser, **c, d** Rispengräser, **e, f** »Ährenrispengräser« (der Blütenstand ist ährenartig dicht, lässt aber beim Umbiegen eine rispenartig verzweigten Aufbau erkennen).

**a** Roggen (*Secale cereale*), **b** Deutsches Weidelgras (*Lolium perenne*), **c** Glatthafer (*Arrhenatherum elatius*), **d** Wiesen-Knäuelgras (*Dactylis glomerata*), **e** Wiesen-Fuchsschwanz (*Alopecurus pratensis*), **f** Wiesen-Lieschgras (*Phleum pratense*).

knoten mit nur einer einzigen Samenanlage, die hinterher zur bekannten Frucht der Gräser, der »Karyopse« reift, die wir am besten von unseren Getreidekörnern kennen. Der Fruchtknoten wird gekrönt von einer meist zwei- (beim Zittergras *Briza* drei-) zipfligen Narbe, deren Äste sich weit auseinander spreizen und zur Vergrößerung ihrer Oberfläche fein-flaumig gefiedert sind, um noch besser die in der Luft flottierenden Pollenkörner »herauskämmen« zu können. Das Erblühen wird durch die Witterung gesteuert und erfolgt dadurch über weite Strecken synchron: Es kann faszinierend sein, nach einer Regenperiode bei Hervorbrechen der Sonne die Grasblütenstände in Minuten erblühen zu sehen und zu beobachten, wie sich überall die Spelzen zurückschlagen und die Staubblätter herausschieben – freilich nur, wenn man nicht unter Pollenallergie (»Heuschnupfen«) leidet.

Was für die Gräser gilt, können wir in weiten Teilen als charakteristisch für alle windblütigen Pflanzen übernehmen und so quasi, wie für die einzelnen tierblütigen Stiltypen, auch für die Windblütigen ein Merkmalssyndrom zusammenstellen:

**Vorkommen oft in Massenbeständen**, nicht in verstreuten Einzelexemplaren, denn die Windblütigkeit ist eine unspezifische, ungezielte Art der Pollenübertragung, deren Effektivität mit der Entfernung zwischen den Individuen rasch abnimmt.

**Entfaltung der Blütenstände exponiert** über dem Laub oder, wie bei vielen Bäumen, im blattlosen Zustand vor bzw. mit dem Laubaustrieb, um den Pollen nicht durch die Blätter der eigenen Pflanze zu bremsen und abzufangen.

**Fehlen einer auffälligen Blütenhülle**. Da das Anlocken von Tieren keine Rolle spielt, wären bunte, attraktive Kronblätter nicht nur unnötig, sondern geradezu hinderlich und bremsend für den freien Abflug des Pollens.

**Blüten in der Regel eingeschlechtlich und ein- oder zweihäusig verteilt.** Bei zwittrigen Blüten wäre Selbstbestäubung fast unvermeidbar!

**Aufhängung der Antheren bzw. der gesamten Blütenstände (s. u.) schlaff und pendelnd**, um dem Wind die Möglichkeit zu geben, die Pollen herauszuschütteln.

**Pollen trocken und rieselfähig**. Der Pollenkitt, der bei tierblütigen Formen eine so große Rolle für das Festhalten des Pollens an der Anthere bis zur Abholung und für das Haften am Bestäuber spielt, ist bei Windblütigen nur in Spuren vorhanden, der Pollen ist also riesel- und flugfähig.

**Zahl der Samenanlage pro Fruchtknoten gering**. Betrachtet man das Verhältnis von Pollen zu Samenanlagen (die »Pollen-Ovule-Ratio«), dann produzieren Windblütige erheblich größere Pollenmengen als alle Tierblütigen (PROCTOR et al. 1996). Da die Übertragung des Pollens von Pflanze zu Pflanze jedoch nicht durch konditionierte Tiere gezielt, sondern völlig zufällig erfolgt, ist die Chance dennoch sehr gering, dass eine größere Anzahl von Pollenkörnern die Narbe erreicht. In aller Regel enthalten die Fruchtknoten der Windblütigen daher nur eine Samenanlage, dies wird durch die große Anzahl der kleinen Einzelblüten wettgemacht.

Der leichten Freisetzung des flugfähigen Pollens z.B. durch die Art der Aufhängung kommt besondere Bedeutung zu, sodass die klassische Blütenökologie hier noch verschiedene Prinzipien unterschied (zusammengefasst bei KUGLER 1970):

**Immotiflorae**: Die Blüten und ihre Teile stehen unbeweglich am Spross. Der Wind muss den Pollen direkt vom Ort seiner Freisetzung davonwehen. Beispiele hierfür sind die Nadelgehölze, die kerzenförmigen Blütenstände von Laichkraut, Igelkolben und Tannwedel sowie der Sanddorn.

**Longistamineae**: Die Blüten sind fest, die Antheren jedoch an langen Staubfäden beweglich wie bei den Grasartigen (s. u.), beim Wegerich und beim Rizinus.

**Amentiflorae** (»Kätzchenblütige«): Die gesamten Blütenstände hängen als »Kätzchen« lang und schlaff herab und können von Wind geschüttelt werden: Hasel, Erle, Birke, Hainbuche, Eiche etc.

**Penduliflorae**: Die Blüten hängen in nicht-kätzchenartigen Blütenständen (Buche, Esche).

**Explodiflorae**: Die Staubblätter stehen unter Spannung und schleudern den Pollen explosionsartig heraus wie bei den Brennnesselgewächsen (s. u.).

### 8.2.1 Charakteristische windblütige Pflanzengruppen

**Grasartige**. In Zeiten moderner, molekular orientierter Biologie spielt die Kenntnis einschlägiger Pflanzenfamilien für viele Biologen keine große Rolle mehr und wird häufig dementsprechend lieblos unterrichtet, sodass der Schrecken der Studierenden beim Bestimmen der Gräser nicht geringer geworden ist. Sehen sich doch die einzelnen Gattungen oft so furchtbar ähnlich, und zudem gilt es ja auch noch, die Echten Gräser (»Süßgräser«, Poaceae = Gramineae) von den Riedgrasgewächsen (»Sauergräser«, Cyperaceae) und den Binsengewächsen (Juncaceae) zu unterscheiden (Abb. 106a-f). Dass wir diese drei großen Pflanzenfamilien oft so hilflos als »Grasartige« zusammenfassen, liegt nicht nur an ihrer nahen Verwandtschaft, sondern vor allem an ihren konvergent entwickelten Anpassungen an die Windblütigkeit. Vertreter aller drei Familien heben ihre Blütenstände auf dünnen, schwankenden Schäften (»Halmen«) empor, haben keine oder unsichtbar kleine, grünliche Blütenhüllen und lassen daher bunte Blumen vermissen, haben zum Einfangen des Pollens gefiederte Narben und vertrauen ihren Pollen mit Antheren an langen, schlaffen Filamenten dem Wind an. Die Bereitschaft, sich mit der Lupe mit dem Aufbau der so kleinen und unattraktiven Blüten auseinander zu setzen, ist dementsprechend gering. Das im Zusammenhang mit der Windblütigkeit entstandene »grasartige« Erscheinungsbild lässt sich sogar bei windblütigen Vertretern aus völlig anderen Familien feststellen, etwa beim Kleinen Wiesenknopf (Pimpinelle, *Sanguisorba minor*) oder dem Spitzwegerich (*Plantago lanceolata*, Abb. 106e-f).

**Unsere Waldbäume**. Die Mehrheit unserer Waldbäume ist windblütig. Ausnahmen davon bilden z.B. die Linden (*Tilia*), deren duftende und nektarreichende Blüten bekanntlich sehr beliebt bei Honigbienen, Hummeln etc. sind. Bei anderen heimischen Gehölzen geht die Trennung zwischen Insekten- und Windblütigkeit mitten durch die Familie (bei den Weidengewächsen (Salicaceae) sind die Weiden (*Salix*) insektenblütig, die Pappeln (*Populus*) windblütig) oder gar durch die Gattung: Die heimischen Ahornarten sind insektenblütig, der nordamerikanische, bei uns eingeschleppte *Acer negundo* windblütig; unsere Esche (*Fraxinus excelsior*) ist windblütig, die südeuropäische Blumenesche (*F. ornus*) insektenblütig. Notorisch windblütig sind unsere Eichen und Buchen, Ulmen, Hainbuchen, Birken, Erlen und Haseln, und die Letzteren können bereits früh im Jahr Ursache für Pollenallergien sein.

**Brennnesselgewächse**. Auch wenn es sich hier um eine relativ kleine Familie mit nur wenigen heimischen Vertretern handelt, so sind diese doch in Bezug auf ihre Pollenfreisetzung besonders interessant: Am leichtesten zugänglich ist die große Brennnessel (*Urtica dioica*), deren Blüten getrenntgeschlechtlich und oft, jedoch längst nicht immer, zweihäusig verteilt sind. Die Blüten sind, wie bei Windblütigen üblich, klein und kronblattlos, und

---

**Abb. 106a-f:** Windblütige, »grasartige« Pflanzen, die nicht zur Familie der Echten Gräser (Poaceae) gehören: Sauergräser (Cyperaceae).

**a** Blaugrüne Segge (*Carex flacca*), **b** Kugel-Binse (*Scirpus holoschoenus*), **c** *Rhynchospora colorata*. Unter den Sauergräsern ist sie einer der wenigen insektenblütigen Vertreter. **d** Weiße Hainsimse (*Luzula luzuloides*, Juncaceae) hat zwar grünlich-unscheinbare Blütenhüllblätter, aber den typischen Aufbau einer Lilienblüte.

**e** Kleiner Wiesenknopf (*Sanguisorba minor*, Rosaceae) und **f** Spitz-Wegerich (*Plantago lanceolata*, Plantaginaceae) haben nichts mit Gräsern zu tun, aufgrund ihrer Anpassungen an Windbestäubung aber dennoch ein »grasartiges« Aussehen. Besonders eindrucksvoll ist die Ähnlichkeit von *Platago lanceolata* (rechts) mit dem echten Gras *Phleum pratense* (links).

a
b
c
d
e
f

die vier Perigonblätter umfassen bei den männlichen nur die vier Staubblätter, bei den weiblichen allein den Fruchtknoten. Die vier Staubblätter sind zur Mitte eingekrümmt und hängen mit ihren Staubbeuteln am höckerförmigen Rudiment des Fruchtknotens fest. Die bogig gekrümmten Staubfäden strecken sich und bauen so eine Spannung auf, die sich schließlich löst, indem die Staubblätter nach außen schnellen und den Pollen in kleinen Wölkchen »explosionsartig« davonschießen. Die tropischen, nicht nesselnden *Pilea*-Arten verdanken ihren altmodischen deutschen Namen »Kanonierblümchen« diesem Abschießen der Pollen. Pileen finden ihrer hübschen Blätter wegen als Bodenwuchs in Gewächshäusern botanischer Gärten oder in Terrarien Verwendung.

**Windblütige Vertreter anderer Familien.** Die Windblütigkeit ist eine blütenökologische Anpassung, die sich konvergent und unabhängig voneinander in ca. 60 Pflanzenfamilien gymnospermer und angiospermer, dikotyler und monokotyler Pflanzen entwickelt hat (Ackerman 2000). Ca. 18 % aller Pflanzenarten sind anemophil; eine Übersicht über die weite Verbreitung der Windblütigkeit bei den verschiedenen Pflanzenfamilien gibt Culley et al. 2002. Manche Familien sind vollständig oder weitestgehend (Grasartige, kuriose Ausnahmen: die insektenblütigen Sauergräser *Carex baldensis* und *Rhynchospora colorata* (Abb. 106c), andere teilweise oder nur mit einzelnen Vertretern windblütig (Abb. 108a-3). Einzelne windblütige Vertreter finden sich sogar bei Rosengewächsen *(Sanguisorba)*, Wolfsmilchgewächsen *(Mercurialis, Ricinus)* oder Korbblütlern *(Artemisia, Ambrosia)*. Die beiden letztgenannten Gattungen haben jüngst sogar traurige Berühmtheit erlangt: In unserer Gesellschaft wird die Neigung zu Unverträglichkeiten und Allergien immer verbreiteter, und so leiden immer mehr Pollenallergiker unerwartet spät im Jahr noch einmal an »Heuschnupfen«, wenn im August der Beifuß (*Artemisia vulgaris*) stäubt. *Ambrosia artemisiifolia* aus Nordamerika, ein ebenfalls windblütiger Korbblütler, bürgert sich derzeit an nährstoffreichen Standorten in sommerwarmen Gebieten auch Mitteleuropas ein. Sein Pollenflug ruft bei vielen Patienten unerwartet heftige Allergien hervor, sodass die Ausbreitung dieser Art für diese Personen sehr besorgniserregend ist.

**Abb. 107a-f:** Wichtige Familien mit überwiegend windblütigen Vertretern.

Birkengewächse (Betulaceae): **a** Amerikanische Hainbuche (*Carpinus caroliniana*), **b** Hasel (*Corylus avellana* 'Contorta').

Buchengewächse (Fagaceae): **c** Rot-Buche (*Fagus sylvatica*), **d** Stiel-Eiche (*Quercus robur*).

Brennnesselgewächse: **e** Große Brennnessel (*Urtica dioica*), **f** *Pilea involucrata*.

a
b
c
d
e
f

## 8.2.2 Die Entwicklung der Windblütigkeit

Am Schluss dieser Betrachtungen können wir zu den Überlegungen vom Beginn zurückkehren: Ist die Windblütigkeit ein ursprünglicher, erdgeschichtlich alter Zustand, aus dem heraus sich dann die Tierblütigkeit entwickelt hat? Was unsere Gräser, Bäume etc. betrifft: definitiv nicht! Die Bedecktsamer sind »von Geburt an« tierblütig; und ihre ursprünglichsten Vertreter muss man sich etwa wie die heutigen Magnolien, Gewürzsträucher, Lorbeergewächse oder Winteraceae vorstellen, die bereits Blütenhülle, klebrigen Pollen und andere Attribute der Tierblütigkeit aufwiesen. Die Windbestäubung bei Gräsern, Bäumen und anderen »modernen« Pflanzengruppen ist eine erneut erworbene Anpassung an einen Modus der Pollenübertragung, der keine tierischen Bestäuber benötigt. Dies wird vor allem daran deutlich, dass wir in den meisten windblütigen Pflanzengruppen rudimentäre Überbleibsel ihrer insektenblütigen Ursprünge finden. Als Wichtigstes sind da die Reste von Pollenkitt zu nennen: Der Pollen der Windblütigen muss flugfähig sein, und der ölig-klebrige Pollenkitt findet sich nur noch in Spuren, die man allenfalls unter dem Elektronenmikroskop sehen kann. Man kann sie allerdings spüren: Die allergischen Reaktionen auf eingeatmeten Pollen (»Heuschnupfen«) gibt es gegen Hasel und Birke, Gräser, Beifuß und andere Windblütige mit tierblütiger Vergangenheit, da sie durch die Spuren von Pollenkitt ausgelöst werden. Kiefern und andere Nadelbäume schwängern im Mai unsere Luft mit ungeheuren Pollenmengen (»Schwefelregen«). Da diese Nacktsamer aber nie insektenblütige Vorfahren gehabt haben, erbten sie dementsprechend auch keinen Pollenkitt und lösen keine Allergien aus (Stützel & Röwekamp 1999).

Ein weiteres Indiz auf die sekundär wieder erworbene Windblütigkeit der Angiospermen finden wir in den Resten auffälliger Blütenhüllblätter: Die Gräser sind in ihrer Entwicklung zur Windblütigkeit so weit fortgeschritten, dass nur versierte Botaniker in den Schwellkörpern (Lodiculae) reduzierte Reste der Blütenhülle zu sehen vermögen. Besser gelingt dies bei den Binsengewächsen: Viele der eigentlichen Binsen (*Juncus*) haben sehr reduzierte, vollständig windblütige Blüten, aber betrachten wir aus der glei-

**Abb. 108a-e:** Vergleich windblütiger und insektenblütiger naher Verwandter.

Plantaginaceae: **a** Spitz-Wegerich (*Plantago lanceolata*) und **b** Mittlerer Wegerich (*Plantago media*)

Polygonaceae: **c** Krauser Ampfer (*Rumex crispus*) und **d** *Polygonum amplexicaule*

**e** China-Beifuß (*Artemisia lactiflora*)

Unter den Korbblütlern hat sich die Gattung *Artemisia* (Wermut, Beifuß) an Bestäubung durch den Wind angepasst. Innerhalb seiner Verwandtschaft ist *A. lactiflora* jedoch »relativ attraktiv«, und häufig sieht man Insekten daran.

a
b
c
d
e

chen Familie die Hainsimsen (*Luzula*): Bei der in unseren sauren Wäldern häufigen Weißen Hainsimse (*Luzula luzuloides*) können wir mit der Lupe den Aufbau einer typischen, vollständigen »Blume« erkennen: drei äußere und drei innere Perigonblätter, sechs Staubblätter und einen oberständigen Fruchtknoten mit den Narben. Der typische Aufbau einer Lilienverwandten also, nur nicht groß und bunt wie bei einer Tulpe, sondern klein und grünlich. Etwas größer und strahlender weiß sind die Perigonblätter bei der Schnee-Hainsimse (*Luzula nivea*) aus den Alpen; und hier können wir an den hübschen, zierlichen Blütenständen sogar gelegentlich Hummeln beim Pollensammeln beobachten. Wenn also die Gräser und Sauergräser in der Windblütigkeit schon sehr weit fortgeschritten sind, so treffen wir die Hainsimsen soeben »auf halber Strecke« an (Abb. 106d).

Haben wir uns mit den Merkmalsmodifikationen zwischen Insekten- und Windblütigkeit vertraut gemacht, so können wir sie leicht sogar innerhalb einer Pflanzenfamilie oder Gattung feststellen: Sehr eindrucksvoll ist dies z. B. bei den Wiesenrauten (*Thalictrum*): *Th. rochebrunianum* und *Th. dipterocarpum* sind wunderhübsche Gartenstauden mit zierlich gefiederten Blättern und nickenden Blüten mit rosavioletten Blütenhüllblättern. Bei unserer heimischen Wiesenraute *Th. aquilegifolium* sind die Blütenhüllblätter unscheinbar, dennoch ist die Pflanze sowohl die Gartenkultur wie den Besuch durch Hummeln wert, da hier die Attraktivität der Blüte auf den keulig verdickten, rosaweiß gefärbten Staubfäden beruht. Bei *Th. flavum* und noch schöner bei der südwesteuropäischen *Th. speciosissimum* sind die Staubfäden gelb und ebenso attraktiv. Bei *Th. minus* sind die Filamente jedoch dünn, schlaff und ungefärbt und lassen die Antheren im Wind schaukeln. Auch innerhalb der bei uns artenarmen Gruppe der Wegeriche (*Plantago*) finden wir beides: windblütige, unattraktive Ähren bei Spitz- und Breitwegerich, und im Kontrast dazu die hübschen »Flaschenbürsten« des Mittleren Wegerich (*Plantago media*) mit ihren attraktiven, rosa Staubfäden (Abb. 108a-b). Innerhalb der Familie der Knöterichgewächse (Polygonaceae) blühen die Ampfer-(*Rumex*) Arten unscheinbar und sind windblütig, die Knöterich-Arten (die gute alte Gattung *Polygonum* wird neuerdings in mehrere Gattungen wie *Aconogonon, Persicaria, Reynoutria* etc. aufgeteilt) locken mit ihren oft weiß oder rosa gefärbten Blütenkerzen Insekten an und stellen teilweise recht attraktive Gartenpflanzen (Abb. 108c-d). Ebenfalls in Gärten gezogen wird der China-Beifuß *Artemisia lactiflora* (Abb. 108e). Wie oben beschrieben, haben sich unter den Korbblütlern die *Artemisia*-Arten an Windblütigkeit angepasst. Anders als bei den üblichen *Artemisia*-Arten sind bei *A. lactiflora* die Blütenstände jedoch nicht dürr und unscheinbar, sondern elfenbeinweiß und »für einen Beifuß relativ attraktiv« – man hat den Eindruck, als würde sich die Art entgegen dem Trend ihrer windblütig gewordenen engsten Gattungsgenossen soeben wieder »umentscheiden«. Hierzu passt die Beobachtung eines der Autoren (FLÜGEL, Bd. 1, S. 56), dass die Blütenstände des Waldgrases *Festuca gigantea* nachts Besuch durch Kleinschmetterlinge erfahren, da sie offenbar etwas Nektar produzieren. Länger bekannt ist das Gras *Pariana radiciflora* (Poaceae), das in der stagnierenden Luft des neotropischen Tieflandregenwaldes von kleinen Fliegen besucht wird, und das Sauergras *Rhynchospora (= Dichromena) colorata*, das seine unscheinbaren Blütchen mit weißen Hochblättern schmückt und von pollensammelnden Bienen bestäubt wird (Abb. 106c). An allen diesen Beispielen sehen wir, wie nah und unaufwendig die Entwicklung von der Insekten- zur Windblütigkeit – und wieder zurück – oft ist.

# 9 Literatur


ACKERMAN, J. D. (2000): Abiotic pollen and pollination: ecological, functional, and evolutionary perspectives. – In: PACINI, E., A. DAFNI & M. HESSE (Hrsg.): Pollen and Pollination. 167-185, Springer, Wien.

AHRENS, W. (2011): Die Gattung *Anagallis Linnaeus* 1753 in Mitteleuropa. – URL: <http://offene-naturfuehrer.de/web/Die_Gattung_Anagallis_Linnaeus_1753_in_Mitteleuropa_(Wolfgang_Ahrens>, geöffnet am 23.01.2014.

ALBERS, F. & U. MEVE (2002): Illustrated Handbook of Succulent Plants: Asclepiadace. – 322 S. + XLVII Tafeln, Springer, Berlin & Heidelberg.

ANDERSSON, S. (2003): Antennal responses to floral scent in the butterflies *Inachis io, Aglais urticae* (Nymphalidae) and *Gonepteryx rhamni* (Pieridae). – Chemoecology 13: 13-22.

ANDERSSON, S. & H.E.M. DOBSON (2003): Behavioural foraging responses by the butterfly *Heliconius melpomene* to *Lantana camara* floral scent. – J. Chem.Ecol. 29: 2302-2318.

ANGULO, D. F., V. SOSA & J. G. GARCIA-FRANCO (2014): Floral movements: Stamen motion on *Berberis trifoliolata*. – Botanical Sciences 92: 141-144.

ARMBRUSTER, S. (1984): The role of resin in angiosperm pollination: ecological and chemical considerations. – Amer. J. Bot. 71: 1149–1160.

ARMSTRONG, J. A. (1979): Biotic pollination mechanisms in the Australian flora – a review. – New Zealand Journal of Botany 17: 467-508.

ATWOOD (1985): Pollination of *Paphiopedilum rothschildianum* Brood-site imitation. –National Geographic Research 1: 247-254

BAKER, H. G. & I. BAKER (1975): Nectar constitution and pollinator-plant coevolution. – In: GILBERT, L. E. & P. H. RAVEN (eds.): Coevolution of animals and plants. Austin: Univ. of Texas Press.

BAKER, H. G. & I. BAKER (1983a): Floral nectar sugar constituents in relation to pollinator type. – In. JONES, C. E. & R. J. LITTLE (eds.): Handbook of experimental pollination biology. New York: Van Nostrand Reynold.

BAKER, H. G. & I. BAKER (1983b): A brief historical rewiev of the chemistry of floral nectar. – In: BAKER, H. G. & I. BAKER (1986): The occurrence and significance of amino acids in floral nectar. – Plant Systematics and Evolution 151: 175-186.

BARTH, F. G. (1982): Biologie einer Begegnung – Deutsche Verlags-Anstalt, Stuttgart, 304 S.

BAWA, K. S. (1990): Plant-pollinator interactions in tropical rainforests. Ann.Rev.Ecol.Syst. 21:399-422.

BEIER, K. M., H. A. G. BOSINSKI & K. LOEWIT (2005): Sexualmedizin. Grundlagen und Praxis. – 2., neu bearb. u. erweiterte Aufl., Urban & Fischer, München & Jena, 862 S.

BENTLEY, B. L., ELIAS, T. S. (eds.) (1983). The biology of nectaries. New York: Columbia Univ. Press.

BIERZYCHUDEK, P. (1981): *Asclepias, Lantana* and *Epidendrum*: a floral mimicry complex? Biotropica 13: 1354-1358.

BÖHNER, P. (1934): Zur Thermonastie der Tulpenblüte. – Berichte der Deutschen Botanischen Gesellschaft 52: 336-347.

BOLAND, W., J. HOPKE, J. DONATH, J. NÜSKE & F. BUBLITZ (1995): Jasmonic acid and coronatin induce odor production in plants. – Angewandte Chemie, Internat. Edit. England 34: 1600-1602.

BOOKMAN, S. S. (1983): Costs and benefits of flower abscission and fruit abortion in *Asclepias speciosa*. – Ecology 64: 264–273.

BOYDEN, T. C. (1980): Floral mimicry by *Epidendrum ibaguense* (Orchidaceae) in Panama. – Evolution 34: 135-136.

BRAGA, P. (1977): Aspectos biologicos das Orchidaceae da Amazônica Central. – Acta amazonica 7: 1-89.

BRODMANN, J., R. TWELE, W. FRANCKE, G. HÖLZLER, Q.-H. ZHANG & M. AYASSE (2008a): Orchids mimic green leaf volatiles to attract prey-hunting wasps for pollination. – Current Biology 18: 1-5.

BRODMANN, J., R. TWELE, W. FRANCKE & M. AYASSE (2008b): Polinator-attracting semiochemicals of the wasp-flower *Epipactis helleborine*. – Mitteilungen der Deutschen Gesellschaft für allgemeine und angewandte Entomology 16: 171-174.

BRODMANN, J., R. TWELE, W. FRANCKE, L. YI-BO, S.

Xi-Qiang & M. Ayasse (2009): Orchid mimics honey bee alarm pheromone in order to attract hornets for pollination. – Current Biology 19: 1-5.

Brodmann, J., D. Emer & M. Ayasse (2012): Pollinator attraction of the was-flower *Scrophularia umbrosa* (Scrophulariaceae). – Plant Biology 14: 500-505.

Buchmann, S. L. & M. D. Buchmann (1981): Anthecology of Mouriri myrtilloides (Melastomataceae: Memecyleae), an oil flower in Panama. – Biotropica 13: 7-24.

Buchmann, S.L. (1983): Buzz pollination in angiosperms. In. Jones, c.e., R.J.Little (eds.) (1983): Handbook of experimental pollination biology. New York: Van Nostrand Reynold.

Burd, M., (1988): "Excess" flower production and selective fruit abortion: a model of potential benefits. – Ecology 79: 2123–2132.

Cane, J. H. (1993): Reproductive role of sterile pollen in cryptically dioecious species of flowering plants. – Current Science 65: 223-225.

Camerarius, R. J. (1899): Über das Geschlecht der Pflanzen. (De sexu plantarum epistola) – Hrsg. und übersetzt von M. Möbius. Ostwalds Klassiker der exakten Wissenschaft, Nr. 105, Leipzig, 78 S.

Carter, C., S. Shafir, L. Yäehonatan, R. G. Palmer & R. W. Thornburg (2006): A novel role for proline in plant floral nectars. – Naturwissenschaften 93: 72-79.

Castellanos, M. D., P.Wilson & J. D. Thompson (2002): Dynamic nectar replenishment in flowers of *Penstemon* (Scrophulariaceae). – Am. J. Bot. 89: 111-118.

Chittka, L. & R. Menzel (1992): The evolutionary adaptation of flower colors and the insect pollinators' color vision systems. – Journal of Comparative Physiology A 171: 171-181.

Clarke, A. R., S. Balagawi, B. Clifford, R. A. I. Drew, L. Leblanc, A. Mararuai, D. McGuire, D. Putulan, S. A. Sar & D. Tenakanai (2002): Evidence of orchid visitation by *Bactrocera* species (Diptera: Tephritidae) in Papua New Guinea. – Journal of Tropical Ecology 18. 441-448.

Culley, T. M., S. G.Weller & A. K. Sakai (2002): The evolution of wind pollination in angiosperms. – Trends Ecol. Evol. 17: 361-369.

Darwin, C. (1859): On the origin of species by means of natural selection, or the preservation of favoured races in the struggle for life. – Murray, London, 502 S.

Darwin, C. (1877a): Die Wirkungen der Kreuz- und Selbst-Befruchtung im Pflanzenreich. – Schweizerbart, Stuttgart, 459 S.

Darwin, C. (1877b): Die verschiedenen Einrichtungen, durch welche Orchideen von Insecten befruchtet werden. – Schweizerbart, Stuttgart, 304 S.

Darwin, C. (1887) The life and letters of Charles Darwin including an autobiographical chapter, vol. 3 (ed. Darwin F., editor.). – London, UK: John Murray.

Daumann, E. (1930): Das Blütennektarium von Magnolia und die Futterkörper in der Blüte von Calycanthus. – Planta 11: 108-116.

Daumer, K. (1958): Blumenfarben, wie sie die Bienen sehen. – Z. vergl. Physiol. 41: 49–110.

Davies, K. L. & M. Stpiczynska (2012): Comparative labellar anatomy of resin-secreting and putative resin-mimic species of *Maxillaria* s.l. (Orchidaceae:Maxillariinae). – Bot. J. Linn. Soc. 170: 405-435.

Davies, K. L. & M. P. Turner (2004): Pseudopollen in *Dendrobium unicum* Seidenf. (Orchidaceae): Reward or Deception? – Annals of Botany 94: 129-132.

Dellinger, A. S., D. S. Penneys, Y. M. Staedler, L. Fragner, W. Weckwerth & J. Schönenberger (2014): A Specialized Bird Pollination System with a Bellows Mechanism for Pollen Transfer and Staminal Food Body Rewards. – Current Biology 24: 1615-1619.

Dobat, K. & T. Peikert-Holle (1985): Blüten und Fledermäuse. – Senckenberg Buch 60, 370 S.

Dodson, C. H. & G. P. Frymire (1961): Natural pollination of orchids. – Miss.Bot.Gard.Bull. 49: 135-152.

Dudareva, N. & E. Pichersky (2006): Metabolic engineering of floral scent of ornamentals. – Journal of Crop Improvement 18: 325-346.

Dyer, C.D., H.M. Whitney, S.E.J. Aranold, B.J. Glover & L. Chittka (2006): Bees associate warmth with floral color. – Nature 442: 525.

Edwards, J. (2014): Coevolution: Puff Pollination in Tropical Flowers. – Current Biology 24: 649-651.

Ehrlén, J. (1991): Why do plants produce surplus flowers? A reserve-ovary model. – American Naturalist 138: 918-933.

Endress, P. K. (1994): Diversity and evolutionary biology of tropical flowers. – Cambridge: Univ. Press.

Endress, P. K. (2010): The evolution of floral biology in basal angiosperms. – Philosophical Transactions of the Royal Society B 365: 411-421.

Faegri, K. & L.van der Pijl (1979): The principles of pollination ecology. – 3rd ed. Oxford: Pergamon.

Flügel, H.-J. (2011): Die Rotfrüchtige Zaunrübe. – der Staudengarten 63: 16-19.

Flügel, H.-J. (2013): Blütenökologie. Band 1: Die Partner der Blumen. – Die Neue Brehm Bücherei 43, 245 S., VerlagsKG Wolf, Magdeburg.

Flügel, H.-J. (2014): Über einige Fundnachweise und den Blütenbesuch von *Trichodes*-Arten (Coleoptera: Cleridae). – Philippia 16: 155-171.

Gaskett, A.C. (2011): Orchid pollination by sexual deception: pollinator perspectives. – Biological Reviews 86: 33-75.

Gerlach, G. (1999): Mit allen Tricks – über Strategien von Orchideen. – In: Zizka, G. & S. Scheckenburger (Hrsg.): Blütenökologie. – Kleine Senckenberg-Reihe 33: 135-140.

Gerlach, G. (2002): Die Orchideen des Berggartens in Hannover. – In: Klingenstein, F., M. v.d. Driesch & L. Lobin: Pflanzensammlungen in Deutschland, Österreich und der Schweiz. Bundesamt für Naturschutz, Bonn-Bad Godesberg: 42-43.

Gerlach, G. & R. Schill (1991): Composition of Orchid Scents Attracting Euglossine Bees. – Bot. Acta 104: 379–391.

Gibernau, M. & D. Barabé (2000): Thermogenesis in three *Philodendron* species (Araceae) of French Guinea. – Canadian Journal of Botany 78: 685-689.

Gilbert, L. E. (1972): Pollen feeding and the reproductive biology of *Heliconius* butterflies. – Proc. Nat. Acad. Sci. 69: 1403-1407.

Gilbert, L. E. (1975): Ecological consequences of a coevolved mutualism between butterflies and plants. – S. 210-240. In: Gilbert, L.E. & P. H. Raven: Coevolution of animals and plants. – Austin: Univ. of Texas press.

Goethe, J.W. (1790): Versuch, die Metamorphose der Pflanzen zu erklären. – Ettingersche Buchhandlung, Gotha, 79 S.

Gottsberger, G. (1999a): Bestäubungsbiologie altertümlicher Bedecktsamer (Angiospermen). – In: Zizka, G. & S. Scheckenburger (Hrsg.): Blütenökologie. – Kleine Senckenberg-Reihe 33: 118-124.

Gottsberger, G. (1999b): Pollination and evolution in neotropical annonaceae. – Plant Spec. Biol. 14: 143–152.

Grime, J. P., J. G. Hodgson & R. P. Hunt (1988): Comparative plant ecology. – London: Unwin Hyman.

Guimarães, E., L. C. Stasi & R. C. S. Maimoni-Rodella (2008): Pollination biology of *Jacaranda oxyphylla* with an emphasis on staminode function. – Annals of Botany 102: 669-711.

Gutowski, J. M. (1990): Pollination of the orchid *Dactylorhiza fuchsii* by longhorn beetles in primeval forests of Northeastern Poland. – Biological Conservation 51: 287-297.

Hammer, K. (1975): Zur Blütenökologie der Roten Lichtnelke, *Silene dioica* (L.) Clairv. [*Melandrium rubrum* (Weigel Garcke)]. – Hercynia N. F. 12: 213-216, Leipzig.

Harder, L. D. & W. G.Wilson (1994): Floral evolution and male reproductive success – optimal dispensing schedules for pollen dispersal by animal-pollinated plants. – Evol. Ecol. 8: 542-559.

Helversen & Helversen (1999): Nature 398, 759-760 (29. April 1999), doi:10.1038/19648.

Henderson, A., R. Pardini, J. F. Rebello, S. Vanin & D. Almeida (2000): Pollination of *Bactris* (Palmae) in an Amazon forest. – Brittonia 52: 160-171.

Henning, T. (2012): Systematics and floral ecology of *Nasa* (Loasaceae subfam. Loasoideae) and its allies. – Diss., FU Berlin, 233 S.

Herberstein, M. E., H. J. Baldwin & A. C. Gaskett (2014): Deception downunder: is Australia a hot spot for deception? – Behavioural Ecology 25: 12-16.

Herrera, C. M., I. M. Garcia & R. Pérez (2008): Invisible floral larcenies: microbial communities cegrade floral nectar of bumble bee-pollinated plants. – Ecology 89: 2369-2376.

Herrera, C. M. & M. I. Pozo (2010): Nectar yeasts warm the flowers of a winter-blooming plant. – Proceedings of the Royal Society B: Biological Sciences 277: 1827-1834.

Hess, D. (1983): Die Blüte. – Eugen Ulmer, Stuttgart, 458 S.

Hesse, M. (2006): Reasons and consequences of the lack of a sporopollenin ektexine in Aroideae (Araceae). – Flora 201: 421-428.

Hochuli, P. A. & S. Feist-Burkhardt (2013): Angiosperm-like pollen and Afropollis from the Middle Triassic (Anisian) of the Germanic Basin (Northern Switzerland). – Frontiers in Plant Science, doi: 10.3389/fpls.2013.00344.

Hofmann, U. & M. Schwerdtfeger (1998): … und grün des Lebens goldener Baum. Lustfahrten und Bildungsreisen im Reich der Pflanzen. – 480 S., Burgdorf, Göttingen.

Holland, J. N., J. L. Bronstein & D. L. deAngelis (2004): Testing hypotheses for excess flower production and low fruit-to-flower ratios in a pollinating see-consuming mutualism. – Oikos 105: 633-640.

Inouye, D. W. (1980): The terminology of floral larceny. – Ecology 61: 1251-1253.

Inouye, D. W. (1983): The ecology of nectar robbing. – In: Bentley, B. L. & T. S. Elias (eds.): The biology of nectaries. New York: Columbia univ. Press.

Jesson, L. K. & S. C. H.Barrett (2005): Experimental tests of the function of mirror-image flowers. – Biol. J. Linn. Soc. 85: 167-179.

Jesson, L. K., J. Kang, S. L. Wagner, S. C. H. Barrett & N. G. Dengler (2003): The development of enantiostylie. – American Journal of Botany 90: 183-195.

Johnson, S. D., H. P. Linder & K. E. Steiner (1998): Phylogeny and radiation of pollination systems in *Disa* (Orchidaceae). – American Journal of Botany 85: 402-411.

Johnson, S. D., A. Pauw & J. Midgley (2001): Rodent pollination in the African lily *Massonia depressa* (Hyacinthaceae). – American Journal of Botany 88: 1768-73.

Johnson, S. D., A. L. Hargreaves & M. Brown (2006): Dark bitter-tasting nectar functions as a filter of flower visitors in a bird-pollinated plant. – Ecology 87: 2709–2716.

Jürgens, A. (2004): Floral scent composition in diurnal *Silene* species (Caryophyllaceae): Phylogenetic constraints or adaptation to flower visitors? – Biochemical Systematics and Ecology 32: 841-859.

Jürgens, A., T. witt & G. Gottsberger (2002): Flower scent composition in night-flowering *Silene* species (Caryophyllaceae). – Biochemical Systematics and Ecology 30: 383-397.

Kabsch, W. (1861): Anatomische und physiologische Untersuchungen über die Reizbarkeit der Geschlechtsorgane. – Botanische Zeitung 19: 33 ff.

Kaiser, R. (1993). Vom Duft der Orchideen. Olfaktorische und chemische Untersuchungen. – Basel: Editiones Roche.

Kaiser, R. (2006): Flowers and Fungi use scents to mimic each other. – Science 311: 806-807.

Kessler, D. & I. T. Baldwin (2007): Making sense of nectar scents: the effects of nectar secondary metabolites on floral visitors of *Nicotiana attenuata*. – Plant. J. 49: 840–854.

Kitaoka, T. K. & J. C. Nieh (2009): Bumble bee pollen foraging regulation: role of pollen quality, storage levels, and odor. – Behaviour of Ecol. Sociobiol. 63: 501–510.

Klein, A.-M., B. E. Vaissiere, J. H. Cane, I. Steffan-Dewenter, S. A. Cunningham, C. Konzmann, S. & K. Lunau (2014): Divergent Rules for Pollen and Nectar Foraging Bumblebees – A Laboratory Study with Artificial Flowers Offering Diluted Nectar Substitute and Pollen Surrogate. – PLoS-ONE 9: e91900, DOI: 10.1371/journal.pone.0091900.

Koechlin, Florianne (2008): PflanzenPalaver. Belauschte Geheimnisse der botanischen Welt. – Basel, 256 S., Lenos-Verlag.

Köhler, A., C. W. W. Pirk & S. W. Nicolson (2012): Honeybees and nectar nicotine: Deterrence and reduced survival versus potential health benefits. – Journal of Insect Physiology 58: 286-292.

Kugler, H. (1970): Blütenökologie. – G. Fischer, Stuttgart, 345 S.

Kullenberg, B. (1956): Field experiments with chemical sexual attractantson aculeate Hymenoptera males. – Zool.Bidr.Uppsala 31: 253-353.

Kullenberg, B. (1961): Studies in *Ophrys* pollination. – Zool.Bidr.Uppsala 34: 1-340.

Kullenberg, B. & G. Bergström (1976): The polli nation of Ophrys orchids. – Bot.Not. 129: 11-19.

Leins, P. & C. Erbar (2008): Blüte und Frucht. – Schweizerbart'sche Verl.buchh., Stuttgart, 412 S.

Loew, E. (1889): Beiträge zur blütenbiologischen Statistik. – Verh. Bot. Ver. Prov. Brandenburg 31: 1-63.

Lohaus, G. & C. Möllers (2000): Phloem transport of amino acids in two *Brassica napus* genotypes and one *Brassica carinata* in relation to their seed protein content. – Planta 211: 833-840.

Lohaus, G. & M. Schwerdtfeger (2014): Comparison of Sugars, Iridoid Glycosides and Amino Acids in Nectar and Phloem Sap of *Maurandya barclayana, Lophospermum erubescens,* and *Brassica napus*. – PloS ONI 9: e87689. doi: 10.1371/journal.pone.0087689.

Lunau, K. (2000): The ecology and evolution of visual pollen signals. – Plant Systematics and Evolution 222: 89-111.

Lunau, K. (2006): Stamens and mimic stamens as components of floral colour patterns. – Botanische Jahrbücher für Systematik, Pflanzengeschichte und Pflanzengeographie 127: 13-41.

Mamut, J., Y.-Z. Xiong, D.-Y. Tan & S.Y. Huang (2014): Pistillate flowers experience more pollen limitation and less geitonogamy than perfect flowers in a gynomonoecious herb. – New Phytologist 201: 670-677.

Marazzi, B. & P. K. Endress (2008): Patterns and development of floral asymmetry in *Senna* (Leguminosae, Cassiinae). – American Journal of Botany 95: 22-40.

Martinez del Rio, C. (1990): Sugar preferences in hummingbirds: the influence of subtile chemical differences on food choice. – Condor 92: 1022-1030.

Martinez del Rio, C. & W. H.Karasov (1990): Digestion strategies in nectar- and fruit-eating birds and the sugar composition of plant rewards. – Am.Nat. 136: 618-637.

Mayr, G. & V. Wilde (2014): Eocene fossil is earliest evidence of flower-visiting by birds. – Biology Letters 10: doi: 10.1098/rsbl.2014.0223.

Micheneau, C., J. Fournel, B. H. Warren, S. Hugel, A. Gauvin-Bialecki, T. Pailler, D. Strasberg & M. Chase (2010): Orthoptera, a new order of pollinator. – Ann. Bot. 105: 355–364.

Miedaner, T. (2010): Grundlagen der Pflanzenzüchtung. – DLG-Verlag, 263 S.

Mosquin, T. (1985): *The explosive pollination mechanism in the pop flower Chamaepericlymenum (Cornaceae). – Canadian Field-Naturalist.* 99: 1-5.

Müller, A. & M. Kuhlmann (2008): Pollen hosts of western palaearctic bees of the genus *Colletes* (Hymenoptera: Colletidae): the Asteraceae paradox. – Biol. J. Linnean Soc. 95: 719–733.

Negre, F., C. M. Kish, J. Boatright, B. Underwood, K. Shibuya, K. Wagner, D. G. Clark & N. Dudareva (2003): Regulation of methylbenzoate emission after pollination in snapdragon and petunia flowers. – The Plant Cell 15: 2992-3006.

Nicolson, S. W., M. Nepi & E. Pacini (Hrsg.) (2007): Nectaries and Nectar. – Springer-Verlag, 396 S.

Nordt, B. (2007): Die Bestäubung. Blüten und Bienen und ... - eine Millionen Jahre alte Liebensgeschichte. – URL: < http://www.bgbm.org/sites/default/files/documents/Bestaeubung.pdf>, geöffnet am 12.04.2011.

Nuttman, C. & P. Willmer (2008): Hoverfly Visitation in Relation to Floral Colour Change (Diptera: Syrphidae). – Entomologia Generalis 31: 33-47.

Oberrath, R. & K. Böhning-Gaese (1999): Floral color change and the attraction of insect pollinators in lungwort (*Pulmonaria collina*). – Oecologia 121: 383-391.

Oehlschlägel, B., M. Nuss, M. v. Tschirnhaus, C. Pätzold, C. Neinhuis, S. Dötterl & S. Wanke (2014): The betrayed thief – the extraordinary strategy of *Aristolochia rotunda* to deceive its pollinators. – New Phytologist, DOI: 10.1111/nph.13210.

Okuyama, Y., M. Kato & N. Murakami (2004): Pollination by fungus gnats in four species of the genus *Mitella* (Saxifragaceae). – Botanical Journal of the Linnean Society 144: 449-460.

Ornelas, J. F., M. Ordano & C. Lara (2007): Nectar removal effects on seed production in *Moussonia deppeana* (Gesneriaceae), a hummingbird-pollinated shrub. – Ecoscience 14: 117-123.

Ortega-Olivencia, A., T. Rodriguez-Riano, J. L. Pérez-Bote, J. López, C. Mayo, F. J. Valtuena & M. Navarro-Pérez (2012): Insects, birds and lizards as pollinators of the largest-flowered *Scrophularia* of Europe and Macaronesia. – Annals of Botany 109: 153-167.

Patiño, S., J. Grace & H. Bänzinger (2000): Endothermy by flowers of *Rhizanthes lowii* (Rafflesiaceae). – Oecologia 124: 149-155.

Penz, C. M. & H. W. Krenn (2000): Behavioural adaptations to pollen-feeding in Heliconius butterflies (Nymphalidae, Heliconiinae): an experiment using Lantana flowers. – J. Insect behaviour 13: 865-880.

Percival, M. S. (1961): Types of nectar in angiosperms. – New Phytologist 60: 235-281.

Pijl, L. v. d. & C. H. Dodson (1966): Orchid flowers: their pollination and evolution. – Univ. Miami Press, 214 S.

Purves, W. K., D. Sadava, G. H. Orians & H. C. Heller (2006): Biologie. – 7. Aufl., Hrsg. J. Markl, 1577 S., Elsevier-Verl., München.

Proctor, M., P. Yeo & A. Lack (1996): The Natural History of Pollination. – Timber Press, 487 S.

Rabela, L. S., A. M. G. D. Vilhena, E. M. A. F. Bastos & S. C. Augusto (2012): Larval food sources of *Centris* (*Heterocentris*) *analis* (Fabricius 1804) (Hymenopterea: Apidae), an oil-collecting bee. – Journal of Natural History 46: 17-18.

Raju., A. J. S. & S. P. Rao (2006): Explosive pollen release and pollination as a function of nectar-feeding activity of certain bees in the biodiesel plant, *Pongamia pinnata* (L.) Pierre (Fabaceae). – Current Science 90: 960-967.

Rakosy, D., M. Speckmaier, A. Weber, W. Huber & A. Weissenhofer (Hrsg.) (2013): Orchids: botanical Jewels of the Golfo Dulce Region, Costa Rica. – Verein zur Förderung der Tropenstation La Gamba, Wien, 204 S.

Ramírez, S. R., T. Eltz, M. K. Fujiwara, G. Gerlach, B. Goldman-Huertas, N. D. Tsutsui & N. E. Pierce (2011): Diversification in a Specialized Plant-Pollinator Mutualism. – Science 333: 1742-1746.

Raven, P. H. (2000): Biologie der Pflanzen. – de Gruyter-Verl., 1037 S., Berlin.

Reid, M. S. & M.-J. Wu (1992): Ethylene and flower senescence. – Plant Growth Regulation 11: 37-43.

Reinhardt, S. D. & N. Blüthgen (2012): The same, but different: pollen foraging in honeybee and bumblebee colonies. – Apidologie 43: 449-464, DOI: 10.1007/s13592-011-0112-y.

Ren, M.-X. (2010): Stamen movements in hermaphroditic flowers: diversity and adaptive significance. – Chinese J. of Plant Ecology 34: 867-875.

Ren, M.-X. & J.-Y. Tang (2012): Up and down: stamen movements in *Ruta graveolens* (Rutaceae) enhance both outcrossing and delayed selfing. – Annals of Botany 110: 1017-1025.

Ren, M.-X. & Z.-J. Bu (2014): Is there Anther-Anther Interference within a Flower? Evidences from One-by-One Stamen Movement in an Insect-Pollinated Plant. – PLoS ONE 9: e86581, DOI: 10.1371/journal.pone.0086581.

Ridley, H. N. (1890): On the method of fertilization in *Bulbophyllum macranthum*, and allied orchids. – Annals of Botany 4: 327–336.

Rogers, H. J. (2006): Programmed Cell Death in Floral Organs: How and Why do Flowers Die? – Annals of Botany 97: 309–315.

Roscher, W. H. (1883): Nektar und Ambrosia. – 133 S., Teubner-Verlag, Leipzig.

Roubik, D. W. (1989): Ecology and Natural History of tropical Bees. – Cambridge Uni. Press.

Roulston, T'ai H., J. H. Cane & S. L. Buchmann (2000): What governs protein content of pollen: pollinator, preferences, pollen-pistil interactions, or phylogeny? – Ecol. Monogr. 70: 617–643.

Rumpf, G. E. (1743): Herbarium Amboinense. Band 3. – Hrsg.: Changuion, Catuffe & Uytwerf, Amsterdam, 507 S.

Sakai S. & T. Inoue (1999): A new pollination system: dung-beetle pollination discovered in *Orchidantha inouei*. – American Journal of Botany. 86: 56-61.

Schiestl, F. P., F. Steinebrunner, C. Schulz, S. von Reuss, W. Francke, C. weymuth & A. Leuchtmann (2006): Evolution of 'pollinator'-attracting signals in fungi. – Oecologia 139: 347-404.

Schiestl, F. P. (2010): The evolution of floral scent and insect chemical communication. – Ecological Letters 13: 643-656.

Schwerdtfeger, M. (1991): Blütenökologie ausgewählter Compositae in Griechenland. – Diplomarbeit Univ. Göttingen (unpubl.).

Schwerdtfeger, M. (1996): Die Nektarzusammensetzung der Asteridae und ihre Beziehung zu Blütenökologie und Systematik. – Diss. Bot. 264: 95 S.

Schwerdtfeger, M., G. Gerlach & R. Kaiser (2002): Anthecology in the neotropical genus *Anthurium* (Araceae) – a preliminary report. – Selbyana 23: 258-267

Schwerdtfeger, M. (2008): Unsere wichtigsten Pflanzenfamilien. (Skript zur Vorlesung: Botanische Bestimmungsübungen für Anfänger). Georg-Augfust-Universität Göttingen: Alter Botanischer Garten (Selbstverlag).

Seymour, R. S. & P. Schultze-Motel (1997): Heat-producing flowers. – Endeavour 21: 125–129.

Seymour, R. S., C. R. White & M. Gibernau (2003): Heat reward for insect pollinators. – Nature 426: 243–244.

Seymour, R. S., Y. Iro, Y. Onda & K. Ito (2009): Effects of floral thermogenesis on pollen function in Asian skunk cabbage *Symplocarpus renifolius*. – Biology Letters 5: 568-570.

Shi, J., J. Cheng, D. Luo, F. Z. Shangguan & B. Y. Luo (2007): Pollination syndromes predict brood-site deceptive pollination by female hoverflies in *Paphiopedilum dianthum* (Orchidaceae). – Acta Phytotaxonomica Sinica 45: 551-560.

Silberbauer-Gottsberger, I. (1999): Blütenbiologie und Bestäubung von Palmen – In: Zizka, G. & S. Scheckenburger (Hrsg.): Blütenökologie. – Kleine Senckenberg-Reihe 33: 125-134.

Simon, R., M. W. Holderied, C. U. Koch & O. v. Helversen (2011): Floral acoustics: conspicuous echoes of a dish-shaped leaf attract bat pollinators. – Science 333: 631-633.

Simpson, B. B. & J. L.Neff (1983): Evolution and Diversity of floral rewards. – In: Handbook of Experimental Pollination Biology. Ed.: C. E. Jones & R. J. Little, 142-195. New York: Van Nostrand Reinhold.

Singaravelan, N., M. Inbar, G. Ne'eman, A. Detzel, M. Wink & I. Izhaki (2006): The effects of nectar-nicotine on colony fitnes of caged honeybees. – Journal of Chemical Ecology 32: 49-59.

Singer, R. B. (2002): The Pollination Mechanism in Trigonidium obtusum Lindl. (Orchidaceae: Maxillariinae): Sexual Mimicry and Trap-flowers. – Annals of Botany 89: 157-163.

Singer, R. B. & S. Koehler (2004): Pollinarium morphology and floral rewards in Brazilian Maxillariinae (Orchidaceae). – Ann.Bot. 93: 39-51.

Spektrum der Wissenschaft (2001): Parasexualität. – Kompaktlexikon der Biologie. URL: http://www.spektrum.de/lexikon/biologie-kompakt/parasexualitaet/8659>, besucht am 22.12.2014.

Sprengel, C. K. (1793). Das entdeckte Geheimniß der Natur im Bau und in der Befruchtung der Blumen. – J. Cramer, Lehre, Reprint 1972, 447 S. + 25 Tafeln.

Steiner, K. (1998): The evolution of beetle pollination in a South african orchid. – American Journal of Botany 85: 1180.

Stiles, F. G. (1981): Geographical aspects of bird-flower coevolution with particular reference to Central America. – Ann. Miss. Bot. Gard. 68: 323-351.

Stiles, F. G. & C. E.Freeman (1993): Patterns in floral nectar characteristics of some bird-visited plant species from Costa Rica. - Biotropica 25: 191-205.

Stökl, J., J. Brodmann, A. Dafni, M. Ayasse & B. S. Hansson (2010a): Smells like aphids: orchid flowers mimic aphid alarm pheromones to attract hoverflies for pollination. – Proceedings of the Royal Society B: doi:10.1098/rspb.2010.1770.

Stökl, J., A. Strutz, A. Dafni, A. Svatos, J. Doubsky, M. Knaden, S. Sachse, B. S. Hansson & M. C. Stensmyr (2010b): A deceptive pollination system target in Drosophilids through olfactory mimicry of yeast. – Current Biology 20: 1846-1852.

Stützel, T. & I. Röwekamp (1999): Bestäubungsbiologie bei Nacktsamern. – In: Zizka, G. & S. Scheckenburger (Hrsg.): Blütenökologie. – Kleine Senckenberg-Reihe 33: 107-117.

Sugiura, N. (1996): Pollination of the orchid *Epipactis thunbergii* by syrphid fliles (Diptera: Syrphidae). – Ecological Research 11: 249-255.

Sukopp, H. (2011): Gleditschs Experimentum berolinense aus den Jahren 1749–1751. – Verh. Bot. Ver. Berlin Brandenburg 144: 45-62.

Tack, K. J. & H.-J. Flügel (1985): Blütenökologischer Spaziergang. – 96 S., Ökoteufel-Verl., Berlin.

Tan, K. H. (2006): Fruit Fly Pests as Pollinators of Wild Orchids. – Proceedings of the 7th International Symposium on Fruit Flies of Economic Importance 10-15 September 2006, Salvador, Brazil: 195-206.

Teichert, H., S. Dötterl & G. Gottsberger (2011): Heterodichogamy and nitidulid beetle pollination in *Anaxagorea prinoides*, an early divergent Annonaceae. – Plant Systematics and Evolution 291: 25-33.

Teixeira, S. d. P., E. L. Borba & J. Semir (2004): Lip Anatomy and its Implications for the Pollination Mechanisms of *Bulbophyllum* Species (Orchidaceae). – Annals of Botany 93: 499-505.

Theis, N., M. Lerdau & R. A. Raguso (2007): The challenge of attracting pollinators while evading floral herbivores: patterns of fragrance emission in *Cirsium arvense* and *Cirsium repandum* (Asteraceae). – International Journal of Plant Sciences 168: 587-601.

Theissen, G. & R. Melzer (2007): Molecular mechanisms underlaying origin and diversification of the angiosperm flower. – Annals of Botany 100: 1-17.

Todd, J. E. (1882). On the flowers of *Solanum rostratum* and *Cassia chamaecrista*. – The American Naturalist 16: 281–287.

Torres, C. & L. Galetto (1999). Factors constraining fruit set in *Mandevilla pentlandiana* (Apocynaceae). – Botanical Journal of the Linnean Society 129: 187-205.

van der Cingel, N. A. (2001): An atlas of Orchid Pollination. Vol. 2: America, Africa, Asia, and Australia. – 299 S., A. A. Balkema, Rotterdam.

Van der Niet, T., D. M. Hansen & S. D. Johnson (2011): Carion mimicry in a South African orchid: flowers attract a narrow subset of the fly assemblage on animal carcasses. – Ann. Bot. 107: 981–992.

van der Pijl, L. & C. H. Dodson (1966): Orchid flowers. Their pollination and evolution. – 214 S., University of Miami Press, Coral Gables, Florida.

Vogel, S. (1950): Farbwechsel und Zeichnungsmuster bei Blüten. – Österr. Bot. Z. 97: 44–100.

Vogel, S. (1954): Blütenbiologische Typen als Elemente der Sippengliederung: dargestellt anhand der Flora Südafrikas. – Botanische Studien 1, 338 S.

Vogel, S. (1961): Die Bestäubung der Kesselfallen-Blüten von *Ceropegia*. Beitr.Biol.Pflanzen 36 (2):159-237.

Vogel, S. (1963): Duftdrüsen im Dienste der Bestäubung. Über Bau und Funktion der Osmophoren. – Akad.Wiss. (Mainz) Abh. Math.-Naturwiss. Kl. 1962: 600-736.

Vogel, S. (1969): Flowers offering fatty oil instead of nectar. – Abstr. XI, Int. Bot. Congr., Seattle: 229.

Vogel, S. (1974): *Ölblumen* und ölsammelnde Bienen. – Trop. Subtrop. Pflanzenwelt 7: 1-267.

Vogel, S. (1977): Nektarien und ihre ökologische Bedeutung. – Apidologie 8: 321-335.

Vogel, S. (1978): Pilzmückenblumen als Pilzmimeten. – Flora 167: 329–366 und 367–398.

Vogel, S. (1984): The Diascia flower and its bee – an oil-based symbiosis in Southern Africa. – Acta Bot.Neerl. 33: 509-518.

Vogel, S. (1993): Betrug bei Pflanzen. Die Täuschblumen. – Abh. Akad. Wiss. Lit.- Math. Naturwiss. Kl. 1: 1-48.

Vogel, S. (1999): Von Ölblumen und Parfümblumen. – In: Zizka, G. & S. Scheckenburger (Hrsg.): Blütenökologie. – Kleine Senckenberg-Reihe 33: 74–87.

Vogel, S. (2002): Flickering bodies: floral attraction by movement. – Beitr. Biol. Pflanzen 72: 89-154.

Vogel, S. & S. Renner (1990): The role of scent glands in pollination: on the structure and function of osmophores. – Smithsonian Inst., Washington, D.C., 202 + XVI S.

Wagenitz, G. (1976): Was ist eine Achaene? Zur

Geschichte eines karpologischen Begriffs. – Candollea 31: 79-85.

Wagenitz, G. (1981): Orchideen und Compositen, Vergleich zweier Familien und Evolutionsstrategien. – Ber.Deutsch.Bot.Ges. 94 :229-247.

Wasserthal, L. T. (1997): The Pollinators of the Malagasy Star Orchids *Angraecum sesquipedale, A. sororium* and *A. compactum* and the Eolution of Extremely Long Spurs by Pollinator Shift. – Botanica Acta 110: 343–359.

Wasserthal, L. T. (1999): Nachtfalterblüten. – In: Zizka, G. & S. Scheckenburger (Hrsg.): Blütenökologie. – Kleine Senckenberg-Reihe 33: 74–87.

Wasserthal, L. T. (2001): Anpassungen bei Sphingiden zur Vermeidung von Spinnen- und Fledermaus-Attacken. – Verh. Westd. Entom. Tag 2000: 13–30.

Watling, J. R., S. A. Robinson & R. S. Seymour (2006): Contribution of the alternative pathway to respiration during thermogenesis in flowers of the sacred Lotus. – Plant Physiology 140: 1367-1373.

Weiss, M. R. (1995) Floral Color Change: A Widespread Functional Convergence. – American Journal of Botany 82: 167-185.

Westerkamp, C. (1999): Blüten und ihre Bestäuber. – In: Zizka, G. & S. Scheckenburger (Hrsg.): Blütenökologie. – Kleine Senckenberg-Reihe 33: 25-47.

Westerkamp, C. & R. Classen-Bockhoff **(2007):** Bilabiate flowers: the ultimate response to bees? – Annals of Botany 100: 361-374.

Whitehead, D. R. (1983): Wind pollination: some ecological and evolutionary perspectives. – In: Real, L. (ed.): Pollination Biology, New York: Academic Press. 97-108.

Wiens, F., A. Zitzmann, M.-A. Lachance, M. Yegles, F. Pragst, F. M. Wurst & J. R. d. v. Wikes (1952): references of honey bees for solutions of various sugars which occur in nectar. - J. Exp. Biol. 29: 511-518.

Wikipedia (2014a): Pflanzenbewegung. Zuletzt geändert am 06.10.2014. – URL: http://de.wikipedia.org/wiki/Pflanzenbewegung, besucht am 23.10.2014.

Wikipedia (2014b): Blüte. Zuletzt geändert am 26.11.2014. – URL: http://de.wikipedia.org/wiki/Blüte, besucht am 28.11.2014.

Willmer, P. (2011): Pollination and floral ecology. – Princetown U.P., UK., 778 S.

Wright, G. A., D. D. Baker, M. J. Palmer, D. Stabler, J. A. Mustard, E. F. Power, A. M. Borland & P. C. Stevenson (2013): Caffeine in Floral Nectar Enhances a Pollinator's Memory of Reward. – Science 339: 1202-1204.

Wykes, G. R. (1952): The preferences of honeybees for solutions of various sugars which occur in nectar. – The Journal of Experimental Biology 29: 511-519.

Zizka, G. & S. Schneckenburger (Hrsg.) (1999): Blütenökologie. Faszinierendes Miteinander von Pflanzen und Tieren. – Kleine Senckenberg-Reihe 33, 173 S.

# 10 Register

## A



## B



## C

# D



# E



# F



# G

## H



## I



## J



## K



## L



## M



## N



## O

# P



# R



# S



# T

## U



## V



## W



## X



## Z